普通高等教育"十四五"规划教材

液压可靠性与故障诊断

（第3版）

主　编　湛从昌

副主编　郭　媛　钱新博　陈新元　傅连东

主　审　曾良才

扫码获得
数字资源

北　京

冶金工业出版社

2024

内 容 提 要

本书共分 13 章，第 1 章至第 7 章主要介绍了液压设备可靠性，内容包括液压设备可靠性的基本概念、基本知识、可靠性设计、可靠性最优化、可靠性模型和可靠性试验等；第 8 章至第 13 章详细介绍了液压设备故障诊断，内容包括液压系统共性故障、在线状态监测、液压元件和液压回路故障诊断、液压系统智能故障诊断和案例等。书中加入思政内容，各章均有重点内容提示和思考题。

本书可作为高等学校机械类及近机械类专业本科生和研究生的教学用书，也可供工矿企业、科研院所和设计单位从事液压设备设计、运行、管理和维修的工作人员及有关科技人员学习和参考。

图书在版编目(CIP)数据

液压可靠性与故障诊断/湛从昌主编．—3 版．—北京：冶金工业出版社，2024.6

普通高等教育"十四五"规划教材

ISBN 978-7-5024-9830-6

Ⅰ.①液…　Ⅱ.①湛…　Ⅲ.①液压装置—可靠性—高等学校—教材②液压装置—故障诊断—高等学校—教材　Ⅳ.①TH137

中国国家版本馆 CIP 数据核字(2024)第 072661 号

液压可靠性与故障诊断　（第 3 版）

出版发行	冶金工业出版社	电　话	(010)64027926
地　址	北京市东城区嵩祝院北巷 39 号	邮　编	100009
网　址	www.mip1953.com	电子信箱	service@ mip1953.com

责任编辑　郭冬艳　　美术编辑　吕欣童　　版式设计　郑小利
责任校对　梁江凤　责任印制　窦　唯
三河市双峰印刷装订有限公司印刷
1995 年 1 月第 1 版，2009 年 8 月第 2 版，2024 年 6 月第 3 版，2024 年 6 月第 1 次印刷
787mm×1092mm　1/16；20.5 印张；499 千字；312 页
定价 59.00 元

投稿电话　(010)64027932　投稿信箱　tougao@cnmip.com.cn
营销中心电话　(010)64044283
冶金工业出版社天猫旗舰店　yjgycbs.tmall.com
(本书如有印装质量问题，本社营销中心负责退换)

第3版前言

《液压可靠性与故障诊断》一书自 1995 年第 1 版和 2009 年第 2 版出版以来，经过许多高等院校和有关单位使用，受到广大读者的欢迎和强力推荐。

进入新时代，我国在大数据、网络化和人工智能等方面，得到快速发展，可靠性技术与液压故障诊断技术也有了新的发展，因此，在教学理念、教学内容和教学方法方面也应更新和深化，以适应新时代科技、经济、人才发展需要。为此，作者遵循"加强基础研究，突出原创，鼓励自由探索"精神，在保留第 2 版体系和特色的基础上，对第 2 版做了较大的修改和补充，删除和修改了第 2 版中第 9、12、14 章部分内容，删除第 13 章，增加了作者近年来新的研究成果和思政内容，在本书第 13 章中增加了故障树的基础知识和液压系统智能故障诊断案例，同时，在每一章增加了重点内容提示和思考题。修订后的本书能较好地反映新时代液压可靠性与故障诊断技术的特色和先进性与实用性，更适应人才培养需要。

本书由武汉科技大学湛从昌教授主编，编写分工为：湛从昌教授编写第 1、2、4、6、7、10~12 章内容，郭媛教授编写第 7、8、13 章部分内容及部分章的重点内容提示和思考题，钱新博副教授编写第 3、5 章部分内容及部分章的重点内容提示和思考题，陈新元教授编写第 9 章，傅连东教授编写第 8 章部分内容，本书主要由湛从昌教授统稿，郭媛教授参与完成统稿工作，武汉科技大学曾良才教授主审。陈奎生教授、王念先教授、邓江洪副教授对本书编写提出了许多宝贵意见和建议。此外，全国液压气动标准化技术委员会罗经秘书长对本书编写也提出了宝贵意见。

    武汉科技大学在读硕士研究生万巍涛、李孟飞、汪胜、周星宇等帮助整理书稿和绘图工作，本书还引用了一些其他作者资料，在此一并表示感谢。

    由于作者水平所限，书中不妥之处，敬请读者批评指正。

湛从昌

2023 年 12 月

第 2 版前言

本书自 1995 年出版以来，经有关冶金院校及其他院校与相关单位使用后，取得了较好的效果。近些年来，可靠性技术及液压技术有了新的发展，因此教学内容也应相应有所更新和深化，为了适应当前科技发展需要，我们对本书作了较大幅度的修改，保留了本书的特色，充实了理论，增加了我们近年来新的研究成果，使之更加适应教学、科研和生产的需求。

经修订后，原书第 1 章分为两章，并相应补充了一些内容；删除了原书第 2 章 "可靠性的概率分布"、第 3 章 "分布的适应性检验" 和第 4 章 "可靠性中的贝叶斯方法"；本书第 3 章至第 8 章和第 10 章保留原书的基本内容和结构，但章节号有所变化；增加了第 9 章 "液压系统在线状态监测在故障诊断中的应用"、第 11 章 "液压基本回路故障诊断"、第 13 章 "液压系统污染监测与控制"、第 14 章 "基于人工智能液压系统故障诊断方法"；在第 12 章 "典型液压系统故障诊断实例" 中增加了炼铁、炼钢、连铸、轧钢、起重机和装载机等液压系统故障诊断实例。修订后本书更好地反映先进性和实用性。

本书由武汉科技大学部分教师编写，其中湛从昌教授编写了第 1、2、3、4、5、6、7、8、10、11、12、14 章，傅连东教授编写了第 13 章，陈新元副教授编写了第 9 章。全书的统稿工作由湛从昌教授完成。编写过程中，陈奎生教授和曾良才教授提供了许多资料来充实本书内容，在读硕士研究生李成、范伯利等协助整理大量资料并承担部分章节的绘图工作，再版过程中还引用了一些参考文献，在此对这些文献作者和相关工作人员一并致谢。

本书存在不足之处，恳请读者批评指正。

湛从昌

2009 年 5 月

第1版前言

在科学技术迅速发展，新的技术革命浪潮正在兴起的今天，为人类服务的各种设备和系统日趋繁多复杂，对这些设备和系统的可靠性要求也越来越高。为了适应教学、科研、生产这一新形势的要求，作者编写了《液压可靠性与故障诊断》一书。

可靠性工程是近期发展起来的一门新兴学科。液压设备可靠性，是衡量液压设备质量的一个重要指标。它以提高产品质量为核心，以概率论、数理统计理论为基础，是综合运用工程力学、系统工程学、人类因素工程学、运筹学等多方面知识来研究液压设备的选配和最佳设计问题。

液压故障诊断是由现代机器设备及其元件的高度可靠性要求和需要迅速排除故障而提出的。在许多要害工业部门，已逐渐发展机器状态监视和控制技术，利用机器在运行过程中的二次效应来诊断机器的状态。所谓二次效应，是指机器在运行中所出现的现象，如温升、噪声、振动、压力振摆、泄漏量、流量、润滑油状态、运动速度以及各种性能指标。因此，深入研究这些现象，有助于逐步建立完善的诊断理论，发展完善的测试技术及实现预知维修，提高现代化维修技术水平，把定期维修改变为预知维修。这样，不仅可节约大量的维修费用，减少许多不必要的维修时间，而且还可大大增加机器设备的正常运行时间，大幅度地提高生产率，产生巨大的经济效益。

液压可靠性与故障诊断之间有着极其密切的关系。提高液压设备的可靠性，可降低其故障率，迅速而准确地诊断出故障的性质和部位，及时进行处理，既能提高有效度，又能提高可靠度。在这种思想指导下，作者总结多年给本科生和研究生讲课的实践及研究成果，并参考有关资料，撰写出本书。

　　本书在编写和定稿工作中曾得到过玉卿教授和武汉钢铁学院液压教研室有关老师的大力支持和帮助，在此一并致以衷心感谢。

　　限于作者水平，书中定有不妥之处，恳请读者批评指正。

编著者

1994 年 6 月

目　　录

1 引 言

扫码获得
数字资源

思政之窗:

堅持把发展经济的着力点放在实体经济上,推进新型工业化,加快建设制造强国、质量强国、航天强国、交通强国、网络强国、数字中国。

(摘自《中国共产党第二十次全国代表大会关于十九届中央委员会报告的决议》)

推动制造业高端化、智能化、绿色化发展。

1.1 可靠性的地位和作用

液压技术及装备的应用越来越广泛,如冶金、矿山、机床、交通、石油化工、工程机械、农机、军工等部门都在扩大其应用范围,经济效益明显。

轧钢机的压下装置由电动机械传动改为液压控制,提高辊缝调整速度,能适应高速轧制要求,如热轧带钢的轧速从 20 m/min 提高到 1600 m/min。由于轧制速度很快,如果液压控制系统或其他部位失灵,在短时间内就会造成大量钢材报废。

在我国生产的 0.1 mm 超薄型不锈钢带中,若液压控制系统不可靠,工作不正常,必然影响钢带质量和产量,造成经济损失。

在综合性很强的现代化工业企业中,由于设备布局紧凑,生产控制非常复杂,因此对设备可靠性的要求很严格。若设备使用不当,任何细小的差错和故障都可能引起燃烧、爆炸甚至是人员伤亡,造成极大损失。

例如,1957 年,美国发射先锋号卫星只因一个 2 美元的元件失效,造成了价值 220 万美元的卫星坠毁,3 名宇航员死亡。1963 年,美国海军航空兵每飞行 10000 h 就有 1.46 次事故,仅在这一年里就发生了 514 次重大事故,毁机 275 架,死亡驾驶员 222 人,损失2.8 亿美元。分析其事故原因,有 43%归因于器材和液压设备不可靠。另外国外合作发射的载人卫星,因返回时操作失灵,造成宇航员丧命。由此可见,任何产品,只要可靠性不高,都会造成极为严重的后果。

据有关资料报道,20 世纪 60 年代中期,美国因机械产品等质量问题每年损失 400 亿美元。1989 年 7 月,美国联合航空公司 PC-10 大型客机从丹佛飞往芝加哥途中,由于液压系统失灵,造成 110 名乘客和机组人员遇难。2004 年 1 月 3 日上午 10 时,埃及客机从沙姆沙伊赫起飞后不久,就因机械液压故障在红海坠毁,机上 148 人全部遇难。2004 年 11月 15 日,中国东方航空公司一架客机因液压系统故障迫降广州。2004 年 5 月,某大钢厂四号步进式加热炉液压系统出现故障,停产十余天,造成很大的经济损失。2008 年 11 月19 日,上海航空公司一架波音 737 客机在飞往柬埔寨金边途中,液压控制系统出现液压油泄漏故障，紧急迫降海口美兰机场。

由于具有独特的优点，液压设备广泛应用于各行各业，特别是某些重要设备的关键部位，如轧钢机的辊缝调节、电弧炼钢炉的电极升降、连铸机结晶器的振动、取向硅钢大型电感加热炉等均采用液压控制系统，如果液压系统中某个元件乃至某个密封圈不可靠，都会造成机器不能运行，给生产和安全带来很大损失。

由此可见，可靠性在产品的生产和使用中具有举足轻重的地位和作用。

1.2　可靠性的发展简史

研究可靠性始于 20 世纪 40 年代。第二次世界大战时德国对火箭的诱导装置的可靠性研究。该装置因电子设备很复杂，工作又不可靠，造成有的火箭在发射台上爆炸，有的坠入英吉利海峡。参加研制的数学家 R. Lusser 首先提出对串联系统利用概率乘积法则，把一个系统的可靠度视为该系统部件的可靠度乘积，即 $R_s = R_1 R_2 \cdots R_n$ 或 $R_s = \prod_{i=1}^{i=n} R_i$，最后算得火箭诱导装置的可靠度 $R_s = 0.75$。可靠度较低，容易出故障。这个计算开创了可靠性建立在数值基础上的先例。

1942 年，美国以麻省理工学院一研究室为中心，对当时电子设备产生故障的主要元件真空管的可靠度问题作了深入的调查研究。

1950 年，美国成立了海、陆、空三军"国防部电子设备的可靠性专门工作组"，1952 年发表了关于可靠性 17 项建议的报告，并将该工作组改名为"国防部电子设备可靠性顾问团"（AGREE）。

1958 年，日本科学技术联盟设立了可靠性研究委员会。

1962 年，法国由国立通讯研究所成立了"可靠性中心"；英国出版了《可靠性与微电子学》杂志；苏联和东欧也先后开展了可靠性研究。

1965 年，国际电工委员会（IEC）设立了可靠性技术委员会 TC56，在东京召开了第一次电子产品可靠性学术讨论会，统一了各国可靠性名词术语，并制定了标准。1968 年，在布达佩斯召开了第二次电子产品可靠性学术讨论会。

我国可靠性研究是从 20 世纪 50 年代末开始的，当时第四机械工业部在广州成立了可靠性研究所。到了 60 年代，第七机械工业部也成立了相关的研究所。1975 年，中国科学院应用数学研究所举办了"可靠性数学讨论班"。1979 年，中国电子学会成立了可靠性与质量管理学会。1980 年，在全国可靠性学术交流会之后，不少高等学校开设了可靠性理论及应用方面的课程，并开展这方面的研究，主要是针对电子产品、电子设备方面的可靠性研究。国防工业、航空航天工程十分重视可靠性工程研究，在人员培训、可靠性技术开发等方面均取得了可喜成果。从 2005 年开始，中国航天科工集团公司系统地开展了导弹武器系统全寿命期可靠性保障工程的论证和规划工作，比较全面和准确地勾画出了航天科工集团公司可靠性工作的整体结构和发展思路，为今后有计划、有组织、系统地开展可靠性工作奠定了基础。集团公司在"十一五"专题规划中，在标准化、信息化等领域里对可靠性工作进行了专题研究和论证。为可靠性专业技术和管理工作的长足发展奠定了基础。我国液压与气动标准化技术委员会专门成立液压元件可靠性试验工作组，负责实施对液压元件可靠性寿命试验并制订相关标准。

可靠性理论及技术在机械工程方面的应用有一定进展，目前对齿轮、轴承等零件及整机已开始应用可靠性设计。可靠性理论及技术在液压设备方面的应用得到较大进展，本书对液压可靠性作基础性和探讨性介绍。

1.3 液压可靠性研究概述

可靠性这一新兴的学科，从问题的提出到现在已得到了广泛的应用。狭义的可靠性是指产品在规定的条件和时间内，完成规定功能的能力。这种能力的概率则称为可靠度，记为 $R(t)$。显然，可靠度是时间的函数。随着机电产品功能的完善，容量和参数的增大以及向机电一体化方向发展，产品的结构日趋复杂，使用条件日趋苛刻，于是产品发生故障和失效的潜在可能性越来越大，可靠性问题日趋突出。现代社会生活中不乏由于产品失效或发生故障而造成机毁人亡的实例，使企业乃至国家的形象受到影响；反之，也有很多因重视产品质量和可靠性，而获得巨大效益和良好声誉的典型。正因为如此，世界各工业发达国家对其产品规定了可靠性指标。指标值的高低决定着产品价格的高低和销路的好坏，因而成为市场竞争的重要内容。随着液压产品失效和发生故障概率的增加，液压可靠性理论、技术、方法的发展和应用也日益引起各国的重视。液压可靠性研究的主要任务是提高产品的可靠性，延长使用寿命，降低维修费用。

1.3.1 液压可靠性研究的现状

1.3.1.1 液压元件的可靠性研究

对于任何一个液压系统，其元件的可靠性都是系统可靠性的基础。液压元件大多精密贵重，结构复杂，不少是单件小批量生产和设计的，因而液压元件的可靠性研究工作十分重要且有不少困难。

现阶段液压元件的可靠性研究工作主要有以下几个方面：

（1）利用故障树分析法（FTA）、失效模式效应和致命度分析法（FMECA）对液压元件进行可靠性分析和设计。

（2）利用新理论对液压元件进行深入分析和创新设计，采用新的设计理论代替旧的设计方法，采用建模仿真方法，设计出新型可靠性高的元件。

（3）大力开展液压元件可靠性试验研究，以获得可靠度和使用寿命来制订有关标准。

1.3.1.2 液压系统的可靠性研究

液压系统的可靠性研究和其他系统一样，主要以整修液压系统为目标，进行液压系统可靠性预测和分配，包括液压系统可靠性分析、液压系统可靠性设计、液压系统可靠性试验、液压系统可靠性增长、液压系统可靠性管理等几方面的工作。目前研究的主要方向有：

（1）液压系统的可靠性预测。计算一个系统的可靠度是衡量一个系统优劣以及是否满足任务要求的一个重要参数，也是系统和系统间相互评判的一个重要手段，是系统可靠性研究的重要部分。

（2）液压系统的可靠性分析。通过对液压系统进行可靠性分析得出的可靠性信息、故障模式、故障间的传播关系等，可以用来深层地了解液压系统的内部结构，为液压系统的设计管理和故障诊断提供大量的方便和依据。

（3）液压系统的可靠性设计。可靠性设计是可靠性工程中最重要的一环，"可靠性是设计出来的"这一概念已被人们认同，在设计中提高系统的可靠性是十分重要的。

（4）可靠性与使用的材料及加工密切相关。在设计中选用可靠性高和工作寿命长的材料，在零部件加工中提高加工精度，对摩擦副进行表面改性，这些都有助于提高液压设备可靠性。

（5）液压系统的可靠性管理。管理工作融入人工智能技术，延长了液压设备使用寿命。

1.3.2　液压系统可靠性研究的展望

随着人工智能技术的高速发展，计算机技术、模糊理论和神经网络在各个学科的渗入，液压系统和液压元件的可靠性研究工作必将更加迅速发展，预测今后液压系统的可靠性研究工作的热点和方向有以下几个方面：

（1）计算机辅助综合可靠性分析。把可靠性研究和系统的故障诊断融合在一起，利用计算机计算速度快的特点，建立专家系统，实施在线故障检测和失效分析，提高故障诊断的效率。

（2）建立可靠性系统工程体系。把可靠性技术与维修性、保障性相结合（Reliability & Maintenance，R&M），把管理、工程、技术联为一体，综合考虑系统的可靠性、性能、费用和质量等因素，建立我国可靠性系统工程。

（3）模糊可靠性研究。模糊可靠性是经典可靠性的继承和发展。现阶段，模糊可靠性在液压可靠性中有所应用。在模糊可靠性理论研究中，着重对率模、能双、能模三个分支以及模糊故障树和模糊可靠性评价等进行研究。模糊可靠性研究涉及的内容很广，对它的研究丰富了可靠性研究的手段。然而，从总体上看，模糊可靠性理论现今仍处于起步、摸索阶段，它不像常规可靠性理论那样成熟，有较完善的方法分析来计算零部件和系统的可靠性。尽管如此，模糊可靠性理论的研究由于突破了常规可靠性理论的局限性，必将使可靠性理论取得根本性进展。

（4）液压系统软件的可靠性研究。我国的软件可靠性研究在理论上有了不小的进步，但是在工程实践上还远落后于发达国家。对于液压系统的软件来说，应结合液压系统自身的特点开发适用于液压系统工程实践的软件可靠性分析理论。总之，要提高可靠性能水平，就要系统地从各个方面开展可靠性的建设、教育、培训和实践。在提高技术实现手段的同时，提高工程技术人员的可靠性意识；在提高可靠性设计和试验技术的同时，提高可靠性验证和检测能力；在提高可靠性技术水平的同时，提高可靠性管理水平。只有做到这"三个同时"才能使投入真正发挥效用，才能真正提高可靠性水平。

1.4 液压故障诊断技术的现状及其发展

各门学科的发展是互相渗透和互相促进的。液压故障诊断技术是由现代液压机械设备高度的工作可靠性要求和需要及时排除液压故障而提出来的，是将医疗诊断中的基本逻辑思想推广到液压工程技术中而形成的。在 20 世纪 60 年代初期，由于航天、军工生产的需要，液压诊断技术发展起来，随后逐步推广到核能设备、水轮机等动力设备、金属切削机床、液压机、矿山冶金设备、建筑和农业机械、运输机械、橡胶塑料机械等。

1.4.1 液压故障诊断技术的应用现状

（1）目前液压故障诊断技术在液压机械的使用与维修中得到广泛应用，并且在液压故障的诊断理论、诊断方法、诊断仪器装置等方面的研究都有不少的突破。

（2）现在的液压故障诊断方法，虽然从传统的拆检感官直接诊断进入充分利用近代检测技术诊断的阶段，但由于受诊断理论和诊断仪器设备的限制，目前多数还是以经验诊断和分析诊断法为主。将觉检辩证诊断、逻辑诊断、功能跟踪筛检诊断与过渡特性法诊断结合起来的综合诊断方法，液压系统运行过程中或极少断开液压系统局部点而定性地判断液压故障的主要手段，其查找液压故障的诊断准确率可达 90% 以上。

（3）静态参数法诊断目前应用也较多，主要应用于泵、阀、液压马达、液压缸、液压试验台、液压测试器及万能液压检测仪等，对组成液压系统的液压元件按顺序检测进行逻辑诊断。其中将泵、阀、液压马达、液压缸拆下，单独在固定的试验台上进行测试是比较方便的，但试验台总体价格高，故应用较少。而简单的常用液压测试装置价格便宜，一般均能购买，故应用较为广泛。其他多功能的液压故障诊断仪器，一般价格高，多由国外进口，故应用较少。且应用这些仪器诊断时，必须将液压系统局部点断开，使测试仪器接入液压系统，这样就降低了液压系统连接的可靠性，并有可能使液压油污染。由于各种不同型号尺寸的液压元件的流量和压力范围很宽，故上述几种诊断参数测试仪器难以实现通用化。

（4）为了不拆开液压系统进行诊断，又能实现诊断仪器通用化，主要采用振动声学法、热力学法和油样分析法等。但这种诊断仪器价格较高，故除重大关键成套液压设备有所应用外，一般还不具备应用的条件。

（5）液压故障电子计算机诊断及其在线监测的专用系统已得到了应用。如大型塑料注射成型机上采用的液压故障微型计算机诊断及其在线监视系统，直接安装在机器上，通过键盘操作，随时可以在显示器上指示出液压系统各部位的技术状态及出现的液压故障。这样可直接检出液压故障并及时排除，使液压系统工作的可靠性得到很大提高。

1.4.2 液压故障诊断技术的发展趋向

（1）运用大数据和数理统计理论进一步发展和完善液压系统工作可靠性的判别方法。

（2）在一些重大关键液压设备、液压系统中推广应用故障树分析诊断技术，以提高其诊断效果。

（3）发展重大关键液压设备、液压系统在线监测和预测液压故障的专用系统。如进一步发展和推广液压故障电子计算机诊断及在线监测系统，特别是发展国产液压设备、液压系统的液压故障微型计算机诊断及在线监测系统，具有很高的经济技术价值。

（4）发展和推广先进的诊断方法，研制现代先进的诊断仪器。如直接在液压系统运行过程中在油管外壁测量流量的超声流量计和管外测量压力的仪器等。

（5）进一步发展和完善觉检辩证诊断、逻辑诊断、功能跟踪筛检诊断与过渡特性法诊断的综合诊断技术，使之成为更加简便可行的诊断方法。

（6）加紧开发研制国产的、价廉的、不需拆开液压系统进行诊断的简易实用的小型便携式液压故障诊断仪器，是当前液压故障诊断技术发展所面临的一大紧迫任务。

（7）人工智能化故障诊断，开发用于诊断的专家系统，在数据处理、分析、识别等方面能自动完成，从而提高诊断速度和准确性。

（8）网络化故障诊断，利用相关的通信手段，将多个故障诊断结果联系起来，实现资源共享，减少设备投资，提高设备利用率，促进企业管理一体化和现代化。

（9）新理论与传统方法相结合诊断。传统诊断方法具有一定优点，仍将广泛应用，但需不断注入新的内容和方法。如液压泵泄漏的诊断，将混沌分形理论应用于故障信号处理中，基于神经网络的故障诊断，将遗传算法和模拟退火算法应用于 MLP 神经网络的学习算法，解决网络训练易限于局部极小等问题。

（10）多传感器信息融合诊断技术，基于多源信息综合处理的信息融合技术逐渐成为液压故障诊断研究的亮点。这种方法将来自液压系统某一目标的多源信息加以智能合成，产生更精确、更安全的估计和判决。

1.5　本书的主要内容

本书内容包括液压可靠性和液压故障诊断两部分，基本保留了原书的体系、基础理论、基本知识和应用知识，增加了一些新知识、现代故障诊断方法和故障诊断实例。本书的主要内容如下：

（1）液压可靠性与故障诊断基础知识。主要包括液压可靠性的地位和作用，基本内容，可靠性、失效率、有效度定义，液压故障诊断技术现状及发展趋势等。

（2）可靠性设计。从可靠性理念出发，对如何提高液压元件及液压系统可靠性进行叙述，如设计液压系统时进行可靠性预测和可靠性分配，减额使用元件进行系统设计等。书中还介绍液压系统可靠性模型，并针对冶金设备液压系统进行可靠性分析。

（3）可靠性试验与管理。从可靠性角度对液压元件及系统进行试验，重点介绍寿命试验方法和加速寿命试验方法。可靠性管理侧重介绍其必要性、经济性和管理方法。

（4）可靠性最优化。液压系统可靠性最优化是在液压系统可靠性基础上，使液压系统在可靠性、经济性、体积和重量方面达到最优，通过基本动态规划法和用拉格朗日乘子的动态规划法等方法来确定其最佳值。

（5）液压系统故障诊断基础知识。介绍液压故障诊断的重要性，讲解如何识别液压系统故障，简述液压系统共性液压故障和可靠性维修。

（6）液压系统在线状态检测。状态检测的目的是全面了解当前液压系统运行情况，为故障诊断提供数据，有利于维修。书中主要论述液压系统在线检测概念、重要性和内容，介绍测控硬件系统的建立和软件画面编制，并应用于步进式加热炉液压系统中。

（7）液压元件故障诊断。液压元件是液压系统基础件，其好坏直接影响液压系统工况。书中对液压泵、液压缸、液压马达、液压阀、电液比例阀、电液伺服阀、液压辅件进行故障诊断，并提出处理意见。

（8）液压系统故障诊断。首先对液压基本回路进行故障分析，并提出排除故障的意见。然后举例讲解液压机、轧钢机、起重机、带钢跑偏控制等典型液压系统的故障诊断。

（9）基于人工智能液压系统故障诊断方法。这些方法主要有基于人工神经网络的液压系统故障诊断、基于模糊推理的液压系统故障诊断和故障树分析法的液压系统故障诊断方法等。这些方法有助于进一步提高液压故障诊断水平，使液压故障诊断达到准确、迅速。

（10）介绍人工智能故障诊断案例，供有关从事故障诊断的工作人员参考。

教育、科技、人才是全面建设社会主义现代化国家的基础性、战略性支撑。必须坚持科技是第一生产力、人才是第一资源、创新是第一动力，深入实施科教兴国战略、人才强国战略、创新驱动发展战略，开辟发展新领域新赛道，不断塑造发展新动能新优势。

———————— **重点内容提示** ————————

了解液压可靠性与故障诊断基本内容，同时了解液压可靠性工程在实践中的应用。进一步了解液压可靠性与故障诊断的研究对象、内容、方法、应用以及研究前沿，同时掌握液压可靠性的基本概念，包括五大要素。

思 考 题

1. 可靠性在日常生活中有哪些应用实例？
2. 如何提高液压系统或液压元件的可靠性？
3. 简要阐述液压故障诊断技术的途径。
4. 简要阐述液压故障诊断的基本内容。

2 可靠性与故障诊断概论

扫码获得
数字资源

思政之窗：

加快实施创新驱动发展战略。坚持面向世界科技前沿、面向经济主战场、面向国家重大需求、面向人民生命健康，加快实现高水平科技自立自强。以国家战略需求为导向，集聚力量进行原创性引领性科技攻关，坚决打赢关键核心技术攻坚战。

（摘自《高举中国特色社会主义伟大旗帜 为全面建设社会主义现代化国家而团结奋斗》——在中国共产党第二十次全国代表大会上的报告）

加强基础研究，突出原创，鼓励自由探索。

2.1 可靠性工作的基本内容与特点

液压设备可靠性的高低，取决于它的设计研究、生产制造、检验及使用全过程。因此，需要全程环环紧扣，处处把关。例如，在设计参数的确定、材料的选用、加工和检测中，都应考虑提高可靠性；在使用液压设备时，应有一套完整的、科学的可靠性管理制度。

要提高液压设备可靠性，对于从事这方面工作的技术人员来说，除了要具备产品本身的设计、制造等专业知识外，还要具备数学、物理、环境技术、试验分析技术等有关可靠性方面的知识。

要提高液压设备可靠性，各个部门在组织管理上需要协同工作，部门和企业单位内部要有专门的机构来从事可靠性管理、规划，制订方针政策和组织领导等工作。

此外，可靠性问题与国家经济制度、经费投入、管理政策以及国际上的技术政策密切相关。

可靠性技术大致可分为四个方面：

（1）设计制造出故障少、不易损坏的产品，这是狭义的可靠性技术，是设计和生产部门的重点。

（2）将有故障的产品尽快修理好，这是维修性技术。

（3）对数据作统计分析和技术分析，把从生产上考虑的可靠性技术和从使用上考虑的维修性技术有机地联系起来，这是情报技术。

（4）可靠性管理技术。如可靠性分配，采用复合系统、更新设备、培训工作人员等。

可靠性覆盖的范围十分广泛，其工作的基本内容，如表 2-1 所示。在液压设备方面，其可靠性主要工作有设计、加工、性能检测和使用等内容，如图 2-1 所示。

表 2-1 可靠性工作的基本内容

基 本 内 容		举 例
基础工作	技术理论基础	可靠性数学，可靠性物理，环境技术，预测技术，数据处理技术，基础实验
	基本设备条件	环境实验设备，可靠性实验设备，特殊检测设备，分析设备，测量设备，辅助设备，实验保证技术
技术工作	元件可靠性	用户要求的调查，原材料质量要求，失效分析，新技术应用，可靠性设计，可靠性评价，质量与可靠性控制，可靠性认证，现场数据收集与反馈
	整机可靠性	用户要求调查，可靠性分配，可靠性与维护性设计，元件合理选择与应用，可靠性预测，可靠性评价，使用可靠性规定，现场数据收集和反馈
	应用可靠性	使用条件设置与保证，人的因素维护技术及合理备份，现场数据收集分析与反馈
	可靠性评价	环境界限度试验，失效模拟监视试验，寿命与失效率试验，可靠性选择（包括非破坏检测技术），可靠性认证，现场数据分析与评价，试验设备评价
管理工作	可靠性标准	基础标准，试验方法标准，认证标准，管理标准，设计标准，产品标准，使用标准
	国家级职能管理	制定规划、政策，任务下达与协调，基础研究可靠性，认证制度，可靠性数据交换，可靠性标准，宣传教育，国际协作，技术协会、会议
	企业级可靠性管理	设置可靠性管理体系，制定企业可靠性管理纲要，制定产品可靠性管理规范，制定质量反馈制度，监督与审查，成果鉴定、教育，故障处理
	技术教育工作、技术交流工作	编写教材，办学习班，内外培训，内外考察，情报交流，出版刊物，学术研讨会

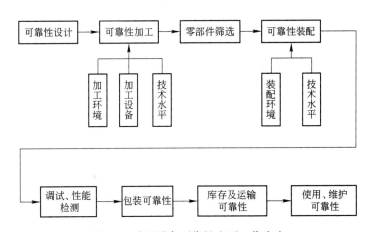

图 2-1 液压设备可靠性主要工作内容

2.2 可靠性与可靠度的定义

2.2.1 可靠性

产品在规定的条件下和规定的时间内完成规定功能的能力称为产品的可靠性。或者说，出厂后的产品在规定的条件下、在规定的时间内、完成规定的任务，称为可靠性。所谓规定的条件，是指产品所处的环境条件、负荷条件及其工作方式等，如液压装置中的温度、压力、环境等。

可靠性是时间的函数，随着时间的推移，产品的可靠性会越来越低。通常在设计产品时，就要考虑产品的使用期、保险期或有效期等。例如，轴向柱塞泵设计寿命为 3000 h，电磁换向阀设计换向寿命为 100 万次等。

可靠性与规定的功能有着极为密切的联系。所谓规定的功能，就是指产品的性能指标，如液压泵的压力、流量、转速、容积效率和总效率等。可靠性只是一个定性的名词，没有数量概念，不能作定量计算。如要定量计算，则用可靠度。

2.2.2   可靠度

产品在规定的条件下和规定的时间内完成规定功能的概率称为产品的可靠度，即产品可靠性的概率度量，记为 $R(t)$。可靠度包含五个要素：

（1）对象。产品，包括系统、设备、机器、部件、元件等。它可以是一个简单的零件，也可以是一个复杂的大系统，亦包括物和人等。

（2）规定的条件。对象预期运行的环境及维修、使用条件，如载荷、温度、介质、润滑等。

（3）规定的时间。对产品的质量和性能有一定的时间要求，即产品的工作期限，可以用时间表示，也可以用距离、次数、循环次数等来表示。例如，方向阀用换向次数，液压泵用时间等。

（4）规定的功能。产品处于正常工作状态，能实现的功能，可用功能的指标来衡量属于正常工作或失效（故障）。例如，液压泵的容积效率达到百分之多少，才符合要求等。

（5）概率。在可靠性中只说明完成功能的能力的大小（即可能性的大小）。这有两种可能性：1）可能完成规定的功能；2）可能不能完成规定的功能。这是属于随机事件，就是在一定条件下可能发生，也可能不发生的事件。

对 54 张扑克牌抽签，在一次抽签中，有可能抽到一张梅花 A，也有可能抽不到梅花 A。往上抛掷一枚硬币，硬币落地时，有可能是币值的一面向上，也可能是另一面向上。这些随机事件表面上看来杂乱无章，是一些偶然现象，其实，它们是具有统计规律的。偶然性与必然性之间没有不可逾越的鸿沟。

假定在 n 次抽签或抛掷中，梅花 A 或硬币某一面向上出现 m 次，则可以称 m/n 为某事件在 n 次试验中出现的频率（或相对频数）。经过大量的客观实践，发现无数次抽扑克牌的行动中，梅花 A 出现的频率，总是在 1/54（即 1.85%）附近摆动；投掷硬币，币值的一面向上的频率总是在 1/2（即 50%）附近摆动。

上述这些频率所趋向的稳定值 1.85% 或 50% 是用来表征随机事件出现的可能性大小的。这种用来表征随机事件出现可能性大小的数值估计量就称为概率。它是一个介于 0~100% 之间的数值，即 0~1 之间的数值。根据定义，产品正常工作出现的概率为可靠度。它是用小数、分数或百分数来表示的，所以可靠度 R 的取值范围为 $0 \leq R \leq 1$。同理，液压可靠度也是建立在概率论的基础上，每种类型液压元件可靠度的确定，均经过多台同类型液压元件实验后获得，其可靠度在 0~1 之间。

但要注意，必须是在规定的时间内完成规定的功能。

假定规定的时间为 t，产品的寿命为 T，而 $T>t$，这就是产品在规定时间 t 内能够完成规定的功能。

产品在规定的条件和时间内丧失规定功能的概率称为不可靠度，或称为失效概率，记为 F。由于失效与不失效（正常工作）是相互对立的事件，根据概率互补定理，两对立事件的概率之和恒等于 1。因此 R 与 F 之间的关系为 $R=1-F$ 或 $R+F=1$。

现有 N 个产品从开始工作到 t 时刻失效数为 $n(t)$，则当 N 足够大时，产品在该时刻的可靠度可近似地用它的不失效的频率表示为：

$$R(t) \approx \frac{N-n(t)}{N} = 1-F(t)$$

失效频率可表示为：

$$F(t) \approx \frac{n(t)}{N}$$

通俗地说，某时刻的可靠度即为一批产品的正常工作产品数与总数之比。

当开始使用产品时，即 $t=0$，认为所有产品都是好的，失效产品 $n(0)=0$，不可靠度 $F(0)=0$，而可靠度 $R(0)=1$。随着时间的增加，失效数不断地增加，不可靠度也增加，那么可靠度相应要减少，所有产品使用到最后都要失效，即 $t \to \infty$ 时，$n(\infty)=N$，$F(\infty)=1$，$R(\infty)=0$。最后全部产品都失效后，不可靠度为 1，可靠度为 0。

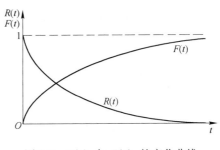

图 2-2　$R(t)$ 与 $F(t)$ 的变化曲线

可靠度与不可靠度的变化曲线如图 2-2 所示。

2.3　失效率与失效曲线

2.3.1　失效率

所谓失效率，严格定义，是指产品工作到 t 时刻后，Δt 的单位时间内发生失效的概率，记为 $\lambda(t)$。当 $\Delta t \to 0$ 时，其数学表达式为：

$$\lambda(t) = \lim_{\substack{N \to \infty \\ \Delta t \to 0}} \frac{n(t+\Delta t) - n(t)}{[N - n(t)]\Delta t} \tag{2-1}$$

式中　N——产品总数；

$n(t)$——N 个产品工作到 t 时刻的失效数；

$n(t+\Delta t)$——N 个产品工作到 $n(t+\Delta t)$ 时刻的失效数。

失效率（故障率）的简化定义为，产品工作到 t 时刻后，单位时间内发生失效的概率。也就是说，失效率等于产品在 t 时刻后的一个单位时间 $(t,t+1)$ 内失效数与时刻 t 尚在工作的产品数（也称残存产品数）之比。

设有 N 个产品从 $t=0$ 开始工作，到时刻 t 时的失效数为 $n(t)$，即 t 时刻的残存产品数

为 $N-n(t)$，又设在 $(t, t+\Delta t)$ 时间内有 $\Delta n(t)$ 个产品失效。则根据上面的简化定义，在时刻 t 的失效率可用式（2-2）估计。

$$\lambda(t) = \frac{\Delta n(t)}{[N-n(t)]\Delta t} = \frac{n(t+\Delta t)-n(t)}{[N-n(t)]\Delta t} \tag{2-2}$$

显然，失效率是时间 t 的函数，记为 $\lambda(t)$，也称为失效率函数。

失效率是标志产品可靠性常用的数量特征之一，失效率越低，则可靠性越高。反之亦然。

失效率的单位用时间表示，常用 %/10^3 h = 10^{-5}/h 表示。对可靠度高，失效率特别低的产品，有时也用 Fit(failure unit) = 10^{-9}/h 表示，即 100 万个元件工作 1000 h 后出现 1 个失效元件。失效率的单位，也可以用动作次数、转数或距离来表示。

一般的，失效率可用图 2-3 所示的失效率曲线来表示。

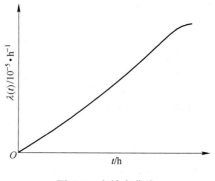

图 2-3   失效率曲线

2.3.2   失效密度函数与失效率和可靠度的关系

如上所述，$R(t)+F(t)=1$。对 $F(t)$ 用时间微分，即得到时刻 t 发生失效的密度，可称为失效密度函数（故障密度函数）$f(t)$。

$$f(t) = \frac{\mathrm{d}F(t)}{\mathrm{d}t} = -\frac{\mathrm{d}R(t)}{\mathrm{d}t}$$

通俗地说，失效密度函数 $f(t)$ 等于产品在 t 时刻后的一个单位时间内的失效数与试验产品总数 N 之比。

根据失效率 $\lambda(t)$ 的定义，式（2-2）可改写为

$$\lambda(t) = \frac{1}{N-n(t)}\frac{\mathrm{d}n(t)}{\mathrm{d}t}$$

分子分母各除以 N，得

$$\lambda(t) = \frac{1}{(N-n(t))/N}\frac{\mathrm{d}n(t)/N}{\mathrm{d}t} = \frac{1}{R(t)}\frac{\mathrm{d}F(t)}{\mathrm{d}t} = \frac{f(t)}{R(t)}$$

于是根据 $f(t)$ 及 $R(t)$，可建立故障率（失效率）$\lambda(t)$ 与可靠度 $R(t)$ 之间的关系式：

$$\lambda(t) = \frac{f(t)}{R(t)} = -\frac{1}{R(t)}\frac{\mathrm{d}R(t)}{\mathrm{d}t} \tag{2-3}$$

当 $R(t)$ 或 $F(t)=1-R(t)$ 求得后，可按式（2-3）求出 $\lambda(t)$。反之，当 $\lambda(t)$ 已知时，将式（2-3）积分，可求得 $R(t)$：

$$\int_0^t \lambda(t)\,\mathrm{d}t = -\int_1^R \frac{1}{R(t)}\mathrm{d}R(t) = -\ln R(t)$$

$$R(t) = \mathrm{e}^{-\int_0^t \lambda(t)\mathrm{d}t} = \exp\left[-\int_0^t \lambda(t)\,\mathrm{d}t\right] \tag{2-4}$$

式（2-4）即为以 $\lambda(t)$ 为变量的可靠度函数 $R(t)$ 的一般方程。$R(t)$ 是以 $\lambda(t)$ 的时间积分为指数的指数型函数。特别当 $\lambda(t)=\lambda=\mathrm{const}$ 时，有

$$R(t) = \mathrm{e}^{-\lambda t}$$
$$f(t) = \lambda \mathrm{e}^{-\lambda t}$$

2.3.3 失效曲线与失效类型

产品的失效可以分为三种基本类型,如图 2-4 所示。

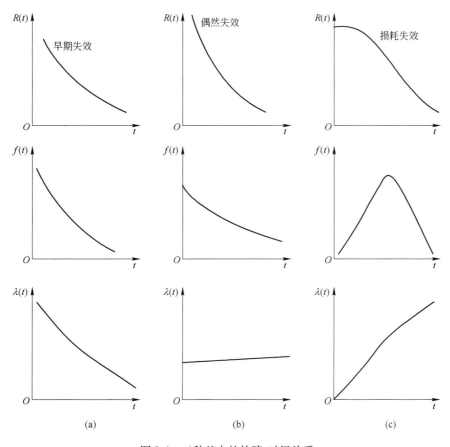

图 2-4 三种基本的故障-时间关系

(a) 第二种;(b) 第一种;(c) 第三种

(1)第一种类型,如图 2-4(b)所示。失效率 $\lambda(t) = \lambda =$ 常数,密度函数 $f(t)$ 和可靠度 $R(t)$ 都是指数形式。它是可靠性研究中的基本形式之一。这种形式反映了失效过程是偶然的(随机的),没有一种失效机理在产品失效中起主导作用,产品的失效完全出于偶然的因素。

(2)第二种类型,如图 2-4(a)所示。失效率 $\lambda(t)$ 随时间而减少,即产品开始使用时失效率高,以后逐渐降低,到后来留下的就不容易发生故障了。它可用来描述产品的早期失效过程。这种失效是由于设计、制造、加工、配合等因素造成的。

(3)第三种类型,如图 2-4(c)所示。失效率 $\lambda(t)$ 随时间而增大。即产品经过一段稳定的运行后,进入损耗阶段。此时,失效率急剧增长,失效密度函数 $f(t)$ 近似成正态分布。掌握它的特点，在零件寿命的分布下限处把零件换下来，可避免发生故障。

对单个元件来说，其失效类型可能属于上述三种失效类型中的一种。但对于为数众多相同的或不相同的零件构成的产品或复杂的大系统来说，其失效率曲线的典型形态如图 2-5 所示。此曲线形状似浴盆，故称"浴盆曲线"，它代表了系统失效过程的普遍规律。

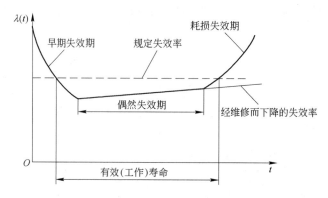

图 2-5　产品典型失效率曲线

图 2-5 曲线中明显地分为三个阶段：

（1）第一阶段早期失效期。早期失效期出现在产品开始工作后的较早时间，一般为试车跑合阶段，其特点是失效率较高，且产品失效率随使用时间的增加而迅速下降。产生早期失效的主要原因有设计缺点、材料不良、制造工艺缺陷和检验差错等。新产品的研制阶段出现的失效多数为早期失效。当采取纠正措施排除缺陷后，可使失效率下降。这个时期的长短随产品的规模和设计而异。因此，为提高可靠性，产品在正式使用前应进行试车和跑合，查找失效原因，纠正缺陷，使失效率下降，运行逐渐趋于稳定。新产品的工业性试验主要是消除这种类型的故障。

（2）第二阶段偶然失效期。偶然失效期出现在早期失效期后，其特点是呈现随机失效，失效率低且稳定，近似为常数，与时间的变化关系不大。产品的偶然失效期是产品可靠工作的时期，是设备处于最佳状态时期，这个时期越长越可靠。把规定失效率（故障率）以下的区间称为产品的有效寿命 t。台架寿命试验与可靠性试验一般都是针对偶然失效期而言的，即消除了早期故障之后才进行这种试验。研究这一时期的失效因素，对提高产品可靠性具有重要意义。

（3）第三阶段耗损失效期。耗损失效期出现在产品使用的后期，其特点是失效率随工作时间的增加而上升。耗损失效是由构成设备的某些零件老化、疲劳、过度磨损等原因所造成的。改善耗损失效的方法是不断提高零部件的工作寿命。对寿命短的零部件，在整机设计时就应制订一套预防性检修和更新措施，在它们到达耗损失效期前就及时予以检修或更换。这样，就可以把上升的失效率降下来，延长系统的有效寿命。但如果为此花费很大，故障仍然很多时，不如把已老化的产品报废更为合算。

为了提高产品的可靠性，掌握产品的失效规律是非常重要的。液压设备产生故障的原因，可从如下几点进行分析。

（1）液压泵常见的故障有输油量不足、压力提不高、油吸不上、噪声、压力不稳定等。

（2）控制阀中溢流阀常见的故障有压力不稳定、噪声、振动、压力提不高等。

（3）液压缸常见的故障有推力不足或工作速度渐渐下降、液压缸爬行、外漏、冲击及振动等。

（4）液压系统常见故障有振动、噪声、液压冲击、空化与气蚀、爬行、液压卡紧、油温过高、液压系统压力建立不起来或压力提不高、执行机构的工作速度在负载下显著降低、工作循环不能正确实现、换向时出现死点、工作机构启动突然冲击等。

2.4 可靠性寿命尺度

2.4.1 平均寿命

在可靠性寿命尺度中最常见的是平均寿命 m，即产品从投入运行到发生故障（失效）的平均工作时间。它分两种情况：

（1）不可修性：用 MTTF（mean time to failure）表示，指发生故障就不能修理的零部件或系统。从开始使用到发生故障的平均时间，称为平均无故障工作时间。

$$\text{MTTF} = \frac{1}{N} \sum_{i=1}^{N} t_i \qquad (2\text{-}5)$$

式中 t_i——第 i 个零部件或设备的无故障工作时间，h；

   N——测试零部件或设备的总数。

元件平均工作寿命是可靠性的重要度量值之一，在可靠性试验中，其失效分布大多属威布尔分布，所以进行统计试验时，可靠性寿命试验一般用式（2-6）计算其平均工作寿命。

$$\text{MTTF} = \eta \cdot \Gamma\left(1 + \frac{1}{\beta}\right) + t_0 \qquad (2\text{-}6)$$

式中 η——特征寿命；

   β——威布尔分布斜率；

   $\Gamma(\cdot)$——伽马分布函数；

   t_0——位置参数。

平均危险失效（功能丧失所引起危险状态的失效模式）前时间用 MTTF_d（mean time to dangerous failure）表示，指从开始使用到发生危险失效时的平均工作时间。其计算如式（2-7）所示：

$$\text{MTTF}_d = \frac{B_{10d}}{0.1 \times n_{op}} \qquad (2\text{-}7)$$

式中 n_{op}——年平均动作次数（或时间），动作次数/a；

   MTTF_d——平均危险失效前时间，a；

   B_{10}——在规定工作条件下，预期有 10% 的元件将发生失效时的平均寿命（元件可靠度为 90% 时的寿命）。

$$B_{10} = \exp\left(\frac{1}{\beta}\ln\frac{1}{0.9} + \ln\eta\right) + t_0 \qquad (2\text{-}8)$$

$$B_{10d} = 2 \times B_{10} \tag{2-9}$$

（2）可修性：用 MTBF（mean time between failure）表示，指发生故障经修理或更换零部件后还能继续工作的可修理产品（或系统）。从一次故障到下一次故障的平均时间，称为平均故障间隔时间。

$$\text{MTBF} = \left(1 \bigg/ \sum_{i=1}^{N} n_i\right) \sum_{i=1}^{N} \sum_{j=1}^{n_i} t_{ij} \tag{2-10}$$

式中 t_{ij}——第 i 个产品从第 $j-1$ 次故障到第 j 次故障工作时间，h；

n_i——第 i 个测试产品的故障数；

N——测试产品的总数。

MTTF 与 MTBF 等效，统称为平均寿命 m。

$$m = \frac{\text{所有参加测试产品的总工作时间}}{\text{总失效个数（或总故障次数）}} \tag{2-11}$$

如果测试产品数（称为子样）N 比较大，计算总和工作量大，也可按一定的时间间隔进行分组。设 N 个观测值共分为 a 组，以每组的中值 t_i 作为组中每个观测值的近似值，则总工作时间就可用各组中值 t_i 与频数 Δn_i 的乘积和来近似，故平均寿命为：

$$m = \frac{1}{N} \sum_{i=1}^{a} t_i \Delta n_i \tag{2-12}$$

上述式（2-5）~式（2-12）是子样平均寿命的计算公式。

由于每一产品出现故障的时间 t_i 是一个随机变量，具有确定的统计规律，因此，求平均寿命的问题实际上是求这个变量的数学期望（平均数）。

若已知产品总体的失效率密度 $f(t)$，则 m 为 $f(t)$ 与时间 t 乘积的积分。

$$m = \int_0^{\infty} t f(t) \, \mathrm{d}t$$

由于

$$f(t) = \frac{\mathrm{d}F(t)}{\mathrm{d}t} = -\frac{\mathrm{d}R(t)}{\mathrm{d}t}$$

所以

$$m = \int_0^{\infty} t\left(-\frac{\mathrm{d}R(t)}{\mathrm{d}t}\right) \mathrm{d}t = \int_0^{\infty} -t \mathrm{d}R(t)$$

用分部积分法对上式积分，得

$$m = -\left[tR(t)\right]\Big|_0^{\infty} + \int_0^{\infty} R(t) \, \mathrm{d}t$$

因为 $t = \infty$ 时，$R(\infty) = 0$，则

$$-\left[tR(t)\right]\Big|_0^{\infty} = -t \times 0 - 0 \times R(t) = 0$$

所以

$$m = \int_0^{\infty} R(t) \, \mathrm{d}t$$

这说明，一般情况下，在 $0 \sim \infty$ 的时间区间上，对可靠性函数 $R(t)$ 积分，可以求出产品总体的平均寿命。

可靠度函数 $R(t)$ 的一般方程前面已求得为 $R(t) = \mathrm{e}^{-\int_0^t \lambda(t) \mathrm{d}t}$。对于 $\lambda(t) = \lambda$ 的特殊情况，$R(t) = \mathrm{e}^{-\lambda t}$，则

$$m = \int_0^{\infty} R(t) \, \mathrm{d}t = \int_0^{\infty} \mathrm{e}^{-\lambda t} \, \mathrm{d}t = \int_0^{\infty} \mathrm{e}^{-\lambda t}\left(\frac{-\lambda}{-\lambda}\right) \mathrm{d}t$$

$$= -\frac{1}{\lambda} \int_0^\infty \mathrm{e}^{-\lambda t} \mathrm{d}(-\lambda t) = -\frac{1}{\lambda} (\mathrm{e}^{-\lambda t}) \Big|_0^\infty$$

$$= -\frac{1}{\lambda} (\mathrm{e}^{-\infty} - \mathrm{e}^0) = \frac{1}{\lambda}$$

所以对指数分布 $\lambda(t) = \lambda =$ 常数，即有 $m = \dfrac{1}{\lambda}$。即指数分布的平均寿命 m 等于失效率 λ 的倒数。当 $t = m = 1/\lambda$ 时，$R(t) = \mathrm{e}^{-1} = 0.37$。因此，对于失效规律服从指数分布的一批产品而言，能够工作到平均寿命的仅占 37% 左右。换句话说，约有 63% 的产品在平均寿命之前失效。

由于 $R(t) = \mathrm{e}^{-1}$ 的寿命为特征寿命，因此指数分布的特征寿命就等于平均寿命。

例 2-1　某产品运行情况为：工作 600 h，修理 2 h；工作 800 h，修理 7 h；工作 400 h，修理 3 h；工作 200 h 发生故障后停止工作（不再修理）。试求其失效概率 λ 与平均寿命 MTBF。

解　　　$$\lambda = \frac{总故障次数（或失效个数）}{总的使用时间（或所有产品的总使用时间）}$$

$$= \frac{4}{600+800+400+200} = 0.2\%/\mathrm{h}$$

$$= (2/10^3)/\mathrm{h}$$

即该产品平均运行 1000 h，发生故障 2 次。

$$m = \mathrm{MTBF} = \frac{总的使用时间}{总故障次数} = \frac{600+800+400+200}{4} = 500\ \mathrm{h}$$

2.4.2　可靠寿命

可靠度等于给定值 r 时的产品寿命称为可靠寿命，记为 t_r，其中 r 称为可靠水平。这时只要利用可靠度函数 $R(t_\mathrm{r}) = r$，就可反解出 t_r。

$$t_\mathrm{r} = R^{-1}(r)$$

式中　R^{-1}——R 的反函数；

　　　t_r——可靠度 $R = r$ 时的可靠寿命。

例如，对 $\lambda =$ 常数的指数分布，因为 $R(t_\mathrm{r}) = \mathrm{e}^{-\lambda t_\mathrm{r}} = r$，两边取对数后有：$-\lambda t_\mathrm{r} \lg \mathrm{e} = \lg r$，所以

$$t_\mathrm{r} = -\frac{1}{\lambda} \frac{\lg r}{\lg \mathrm{e}} = -\frac{1}{\lambda} (2.302 \lg r) \tag{2-13}$$

因此，利用对数表可以求得指数分布在任意可靠水平下的可靠寿命。由此可以看出各种可靠水平下是以平均寿命 $m = 1/\lambda$ 为单位的指数分布的可靠寿命。

2.4.3　中位寿命

可靠度 $R(t) = r = 0.5$ 时的可靠寿命 $t_{0.5}$ 又称为中位寿命。当产品工作到中位寿命时，可靠度与不可靠度（累积失效概率）都等于 50%，即 $F(t) = R(t) = 0.5$，参加测试的产品有一半已失效，只有一半产品仍在正常工作。

中位寿命也是一个常用的寿命特征。对于指数分布，由式（2-13）得：

$$t_{0.5} = -\frac{1}{\lambda}(2.302\lg 0.5) = 0.693\frac{1}{\lambda} = 0.693m$$

2.4.4　寿命方差和寿命标准离差

寿命方差 σ^2 和寿命标准离差 σ 是反映产品寿命相对于平均寿命 m 离散程度的数量指标。σ^2 和 σ 可根据产品样本测试所取得的寿命数据按式（2-14）计算。

$$\sigma^2 = \frac{1}{N-1}\sum_{i=1}^{N}(t_i - m)^2$$

$$\sigma = \sqrt{\frac{1}{N-1}\sum_{i=1}^{N}(t_i - m)^2}$$

（2-14）

式中　t_i——第 i 个测试产品的实际寿命，h；

　　　m——测试产品的平均寿命，h；

　　　N——测试产品的总数。

寿命方差 σ^2 也可用失效概率密度函数 $f(t)$ 直接求得。

$$\sigma^2 = \int_0^\infty (t-m)^2 f(t)\,\mathrm{d}t$$

如对 $\lambda(t) = \lambda$ 的指数分布 $f(t) = \lambda\mathrm{e}^{-\lambda t}$，$m = 1/\lambda$，则

$$\sigma^2 = \int_0^\infty t^2 f(t)\,\mathrm{d}t - 2m\int_0^\infty tf(t)\,\mathrm{d}t + m^2\int_0^\infty f(t)\,\mathrm{d}t$$

$$= \int_0^\infty t^2\lambda\mathrm{e}^{-\lambda t}\mathrm{d}t - 2mm + m^2$$

$$= \int_0^\infty t^2\mathrm{e}^{-\lambda t}\mathrm{d}t - \frac{1}{\lambda^2}$$

$$= \frac{2}{\lambda^2} - \frac{1}{\lambda^2} = \frac{1}{\lambda^2}$$

$$\sigma = \frac{1}{\lambda} = m$$

可见，在 $\lambda(t) = \lambda$ 的指数分布中，寿命标准离差与平均寿命等值。

2.5　维修度与有效度

2.5.1　维修度

维修度（maintainability）是指对可以维修的产品，在规定的条件下和规定的时间内完成维修的概率，记为 $M(\tau)$。因为完成维修的概率是与时俱增的，是对时间累积的概率，故它的形态与不可靠度的形态相同。若 $M(\tau)$ 依从指数分布，则

$$M(\tau) = 1 - \mathrm{e}^{-\mu t}$$

式中　μ——修理率。

μ 和可靠度 $R(t)$ 中的失效率（故障率）λ 相对应，修理率 μ 的倒数是平均修理间隔

时间 MTTR，即 MTTR $=1/\mu$。MTTR 和 MTTF 及 MTBF 相对应。一般 $M(\tau)$ 服从对数正态分布。

维修度和可靠度一样，虽然也用概率来度量，但是与可靠度不同的是，它除了具有产品或系统等物的固有质量外，还与人的因素有关。这就是说，如果要提高维修度，就必须考虑以下四个因素：

（1）进行结构设计时，要使产品发生故障后容易发现或检查故障，且易于维修（维修性设计）。

（2）维修人员有熟练的技能。

（3）维修工具齐全而良好。

（4）满足维修所需的备品备件及材料。

2.5.2 有效度

有效度（availability）是指可以维修的产品在某时刻 t 维持其功能的概率，也称为可用率、可利用度，记为 $A(t)$。产品如果在可靠度（不发生故障的概率）之外，还存在发生故障的概率后经过修理恢复正常的概率，那么这个产品处于正常的概率就会增大，有效率就是可靠度和维修度结合起来的尺度。

产品的可靠度、维修度和有效度分别为 $R(t)$、$M(\tau)$ 和 $A(t,\tau)$，它们之间的关系为 $A(t,\tau)=R(t)+(1-R(t))M(\tau)$。等号右边第 1 项是在时间 t 内不发生故障的概率，第 2 项则包括在时间 t 内发生故障的概率 $(1-R(t))$ 和在时间 τ 内修好的概率 $M(\tau)$。τ 是维修容许的时间，一般 $\tau \leqslant t$，其关系如图 2-6 所示。

用时间的平均数表示的有效度称为时间有效率。设产品系统发生故障而不能工作的时间为 D，能工作的时间为 U，则时间有效率 A 为：

$$A=\frac{可使用时间（能工作时间）}{可使用时间+故障（停机）时间}=\frac{U}{U+D}$$

$$(2\text{-}15)$$

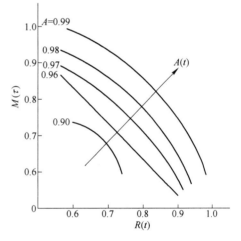

图 2-6 可靠度、维修度和有效度的关系

若可靠度、维修度分别用指数分布的形式 $R(t)=\mathrm{e}^{-\lambda t}$ 及 $M(t)=1-\mathrm{e}^{-\mu t}$ 表示，则式（2-15）可写成

$$A=\frac{\mathrm{MTBF}}{\mathrm{MTBF}+\mathrm{MTTR}}=\frac{\mu}{\mu+\lambda}$$

$$(2\text{-}16)$$

由式（2-16）可以看出，要使时间有效率 A 提高，就要使 MTBF 值提高，或使 MTTR 下降（或使修理率 μ 提高）。

例 2-1 中，$m=\mathrm{MTBF}=500\,\mathrm{h}$，$\mathrm{MTTR}=4\,\mathrm{h}$，则有效度为：

$$A=\frac{500}{500+4}=0.9960$$

请注意，对不可修的产品，没有有效度 A 的概念。因为一旦出现故障，产品就失效了，不能修复。所以，要进行高标准的可靠性设计，使其发生故障的可能性极小。

在进行可靠性设计时，成本、可靠性、维修性、生产性等各种因素要全面权衡，并以此作为设计的尺度。可靠性主要数量特征之间的关系如图2-7所示。知道了其中任何一个特征量，就可以求出其他的特征量，而失效率 $\lambda(t)$ 是核心的特征量。在可靠性工程实施中，一是要抓可靠性，二是要抓可维修性。一般情况下，产品的可靠性主要由 MTBF（平均无故障工作时间）来描述，可维修性由平均维修时间 MTTR 来描述，而有效度 A 是这两个特征的综合描述指标。

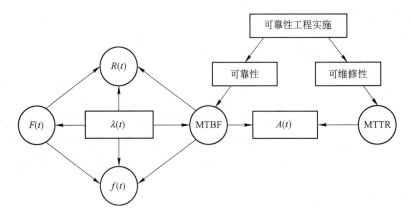

图 2-7　可靠性主要数量特征之间的关系

平均无故障时间：

$$\text{MTBF} = \sum_{i=1}^{N} \Delta t_i / N$$

式中　Δt_i——第 i 个产品无故障工作时间，h；

　　　　N——产品的总数量。

平均维修时间：

$$\text{MTTR} = \sum_{i=1}^{N} \Delta t_i / N$$

式中　Δt_i——第 i 次故障维修时间，h；

　　　　N——修复次数。

例 2-2　有 10 台齿轮泵投入试验，经过实测，它们失效时间如图 2-8 所示。求工作 400 h 的 $R(t)$、$F(t)$ 及在 300~400 h 之间的 $f(t)$、$\lambda(t)$。

解

$$R(400) = \frac{N-n(t)}{N} = \frac{10-5}{10} = 50\%$$

$$F(400) = \frac{n(t)}{N} = \frac{5}{10} = 50\%$$

或

$$1-R(400) = F(400)$$

失效密度函数：

$$f(300) = \frac{n(t+\Delta t) - n(t)}{N\Delta t} = \frac{n(300+100) - n(300)}{10 \times 100}$$

$$= \frac{5-2}{1000} = 3 \times 10^{-3}/\text{h}$$

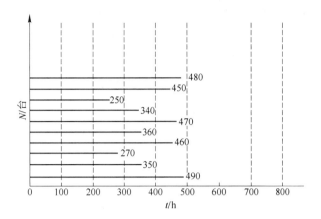

图 2-8   10 台齿轮泵试验结果

例 2-3   有 1 台叶片泵，运转工作时间为 900 h，出现 10 次故障，故障维修时间共 50 h，求此台叶片泵的有效度。

解   无故障平均工作时间（平均工作时间）为：

$$MTBF = (900-50)/10 = 85 \text{ h}$$

平均修理时间（维修度）$MTTR = 50/10 = 5$ h，有效度为：

$$A = \frac{MTBF}{MTBF+MTTR} = \frac{85}{85+5} = \frac{85}{90} = 0.9444 = 94.44\%$$

—————— **重点内容提示** ——————

熟悉可靠性工作的基本内容，掌握可靠性与可靠度的定义、失效率，掌握失效率曲线的规律，掌握可靠性寿命尺度的基本计算，了解维修度与有效度，并熟悉其计算公式。

思 考 题

一、选择题

1. 可靠性是通过_____工作时间提高产品的可用性，而维修性是通过_____因维修停机的时间提高可用性。

   A. 缩短，延长   B. 延长，缩短

   C. 减少，缩短   D. 延长，延长

2. 关于有效度，表达正确的是_____。

   A. 工作时间/（工作时间+总的停机时间）

   B. 工作时间/（工作时间-维修时间）

   C. 工作时间/总的停机时间

   D. 停机时间/工作时间

二、简答题

1. 简述可靠性与可靠度的定义。

2. 了解产品的失效曲线三种类型；写出浴盆曲线三个典型阶段。

3. 有 10 台叶片泵投入试验，经过实测，它们的失效时间如表题 2-1 所示。

（1）分别求叶片泵工作 4000 h、5000 h 的可靠度 $R(t)$、不可靠度 $F(t)$；

（2）求叶片泵工作在 4000~5000 h 之间的失效密度函数 $f(t)$，失效率 $\lambda(t)$。

表题 2-1　叶片泵试验的失效时间

被试件	泵 1	泵 2	泵 3	泵 4	泵 5	泵 6	泵 7	泵 8	泵 9	泵 10
失效时间/h	5400	4500	3600	5800	5300	4200	4900	5200	4700	3500

4. 有 1 台叶片泵，运转工作时间 900 h，其中出现 10 次故障，故障维修总时间为 50 h，求此台叶片泵的有效度。

3 可靠性设计

思政之窗：

　　"产品的可靠性是设计出来的"，而"设计决定了产品固有可靠性"。这是我国著名科学家钱学森在 20 世纪 70 年代末国防科工委的一次会议上提出的，明确了设计在产品可靠性中的重要性。

3.1　可靠性设计的目的

　　在制定新产品生产计划时，要求与市场上类似产品相比较，要着重考虑其是否有特殊的性能，是否小型轻巧、使用方便。另外，对于价格是否合适，出厂后的保修措施等也应考虑。为此需进行广泛的市场调查，订出研制计划。但从用户的角度来看，希望产品在使用当中故障少、性能可靠、寿命长、价格低廉，即使发生故障，也能马上修好，也就是希望可靠性高，维修性好。但在试制阶段中，这些问题却容易被忽视。

　　在产品故障中，大部分是工艺不良及检验差错等所谓质量管理上的问题，不一定是设计上的问题。

　　故障发生之后，经过调查，得出"设计不良，应加改造"的结论。这只能在故障发生后才知道，而在设计时无法预知。由于错误的使用方法而造成的故障，或者在设计预期以外的恶劣条件下使用而造成的故障等，都不能说是设计上的错误。

　　对产品要求的条件，一般有以下三项：

　　（1）关于产品性能及价值方面的要求（A 项），包括性能、机能、精确度、质量、尺寸、形状、型式（新型）、噪声、振动等。这方面的特性大多可作定量考虑。

　　（2）关于产品的实用性方面的要求（B 项），包括可靠性、维护性、安全性、操作性、使用性。这些性能虽然在实用上很重要，但只停留在定性上，还没有定量的表现方法。

　　（3）关于费用即购置方面的要求（C 项），包括购置费（包括试制费用及生产费用）、维护费、生产性、交货期、运输、储存等。这些项目可根据供需状况，做出定量的估计。

　　在这里，要根据供需状况做出定量的估计，就应根据产品种类及目的，调整设计思路使以上三项相协调。在设计阶段，必须选出经过协调的综合指标最佳的设计方案。为此，对于一种产品的各种设计方案要一一权衡。产品的种类及使用目的的不同，权衡的方法也不同，但无论是哪一种方法，都要对以上三项条件做出定量的估计。

　　对 A 项、C 项做出定量估价是可能的，而对 B 项的诸特性没有统一的尺度，定量是有困难的。为了解决这个难题，需对各项目进行定量化研究。目前研究进展最大的是可靠性和维护性。

利用概率来定义可靠性及维护性，也就是从这里开始的。A、B、C 三项间有密切的关系。例如，如果利用最新的工艺技术，可使 A 项的各种特性有所提高，但 B 项的实用性不一定合适。如果保证 B 项，C 项就不能完全采用新技术和新方案，则 A 项各种特性就不得不下降。因此对产品的评价 E 是 A、B、C 的函数，即

$$E=f(A,B,C)$$

三个项目内的各种特性相互间也有密切的关系，特别是 B 项的诸特性，几乎全与故障有关系，因此，仅仅讨论其中一种特性是不合适的。过去在机械及液压方面，设计新产品的技术人员只注意性能和强度等方面的要求，不注意可靠性方面的要求。近十年来，对可靠性调查研究结果表明，新产品的设计到最后阶段才考虑可靠性问题就太晚了。目前，随着可靠性理论的发展，在设计开始阶段就有可能考虑可靠性，并且只有这样做才能达到可靠性要求。总之，可靠性可以和性能、机能一起作为设计的参数，在设计开始时就加以考虑。如此看来，完整而可靠的设计，对系统或产品的可靠性有根本性的影响。

有关统计资料表明，产品出现故障的原因很多，各种故障占总故障的百分比如表 3-1 所示。

表 3-1　故障原因占总失效数的百分比

故 障 原 因	设计	元件质量	操作与维护	制造
占总失效数的比例/%	40	30	20	10

从表 3-1 可以得出如下结论：设计奠定产品的可靠性，制造保证产品的可靠性，使用保持产品的可靠性。所以，采取有效的可靠性设计措施，是提高设备可靠性的关键。

3.2　可靠性设计应考虑的问题

（1）可靠性设计的组成。

1）明确系统、设备、产品可靠性要求，明确给出可靠性指标和进行可靠性分配。这是设计可靠性的前提条件。

2）确定可靠性部件和危险部件，减轻部件的负载并要安全而谨慎使用。

3）估测可靠性、维修性。

4）可靠性验证试验（验收试验、环境和寿命试验、筛选试验、维修性试验等）。

5）审查设计、修改设计，使其可靠性、维修性进一步提高。

（2）减少环境影响。尽量减少振动、冲击、温度、潮湿、灰尘、气体等环境影响。

（3）综合考虑各种因素。

1）可靠性，即安全裕度、安全系数、寿命等。

2）维修性，即抽检、修理等。

3）功能和性能。

4）经济性、生产性。

5）尺寸、重量、外观等。

在进行液压系统设计时，首先明确对系统、产品的要求。所要求的性能，除可靠性之外，还应考虑到产品的维修性（抽检、易修理性等），操作方便程度，尺寸、重量、成本、时间等方面的限制，然后再决定可靠度（维修度）。最后再把这些要求分配给子系统、设备和部件。

众所周知，系统和产品所要求的质量不只限于可靠性。利用有限资源（成本、时间、人力）生产出复杂的产品，一方面要赶超最新技术，满足系统和产品的功能要求，另一方面，还要考虑产品的可靠性和安全性的问题。同时做到这两方面是很困难的，只能在这些互相矛盾的因素之间进行折中取舍，这称为平衡。对于系统设计而言，就是在有限资源限制的条件下，如何获得尽可能大的系统有效性。另外，系统设计还要受到研制期限的限制，所以必须进行可靠性分配。如采用贮备系统（双重系统、三重系统），就可以提高可靠度，但重量、体积、成本（包括维修费）也随之增加。因此，在考虑安全贮备问题时，决不能忽视自重问题。

3.3　系统可靠性预测

系统（或称设备）的可靠性与组成系统的零部件数量、零部件的可靠性以及零部件之间的相互关系有关。这里所说的零部件相互关系主要是指功能关系，而不是物理关系。

3.3.1　逻辑图

研究一个液压系统时，特别是在研究一个大的复杂液压系统时，必须首先了解组成该系统的各单元或子系统的功能、相互关系和对所研究的系统的影响。一个系统小则由两个子系统组成，大则由几百个或上千个子系统组成。为了清晰地研究它们，在可靠性工程中，往往用系统图和逻辑图来描述，进而对系统及其组成零部件进行定量的设计与计算。

系统结构图表示系统单元的物理关系。可靠性逻辑图或方框图表示系统单元的功能关系，它指出了系统为完成规定的功能，哪些单元必须成功地工作。最简单的逻辑图如图 3-1 所示。

图 3-1　由两零件组成的逻辑图

图 3-1 中 A 和 B 分别代表一个零件（如 A 和 B 各代表一根链条中的一个环，或 A 代表齿轮泵中齿轮，B 代表轴）。只要有一个零件失效，该系统便不能工作，这种功能关系称为 A 和 B 之间的串联系统。

为了减少功能失效的概率，往往采用冗余法。这就是说，一个功能可以由几个系列去完成，必须等所有系列失效后，功能才完不成；只要其中一个还能工作，功能就可完成。这种布置单元的方法称为冗余法。

逻辑图通常由一组框图或单元连成一个或几个系列所构成。一个系列包含的单元数（如 A、B 等）可以少至几个，也可以多到上百个。每个系列都表示系统完成某一功能或几个功能的逻辑关系。图 3-2 就是由三个串联的子系统构成的一个并联的系统逻辑图。

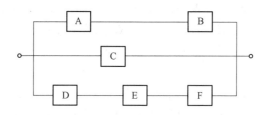

图 3-2   三个串联的子系统所构成的并联系统逻辑图

值得注意的是，有一些单元在系统结构图中是并联的，而它们的功能关系却是任一单元失效都将导致系统不能完成功能。因此，这种单元在逻辑图中用串联表示。同样，有一些单元，它们在系统结构中是串联的，而它们的功能关系却是任一单元失效并不会导致系统不能完成功能。因此，这种单元在逻辑图中用并联表示。

例如，有一液压系统由一个泵和两个控制阀串联组成，如图 3-3 所示。图中串联的压力阀 1、压力阀 2 是给泵作调压之用的冗余系统。它的逻辑图如图 3-4 所示，其中两个压力阀用并联表示。

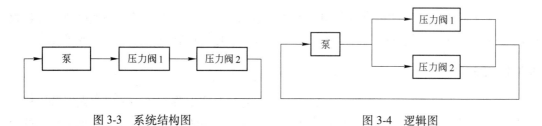

图 3-3   系统结构图   图 3-4   逻辑图

逻辑图的作用，一是反映零部件之间的功能关系，二是为计算系统的可靠度提供数学模型。

3. 3. 2   串联系统的可靠度计算

在构成一个系统的元件中，只要有一个失效，该系统就失效。这种系统称为串联系统。串联系统的逻辑图如图 3-5 所示。

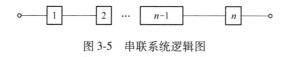

图 3-5   串联系统逻辑图

例如，轴向柱塞泵的轴、缸体、柱塞、斜盘、配油盘、泵壳等，从功能关系来看，它们中任一部件失效，都会使泵不能正常工作，因此，它们的逻辑图是串联的。同样，齿轮减速器由齿轮、轴、键、轴承、箱体、螺栓、螺母等组成，逻辑图也是串联的。

设各单元的可靠度分别为 R_1、R_2、$\cdots$、R_n，如果各单元的失效互相独立，则根据概率乘法定理，由 n 个单元组成的串联系统的可靠度可按式（3-1）计算。

$$R_s = R_1 R_2 R_3 \cdots R_n = \prod_{i=1}^{n} R_i \quad (0 \leq R_i \leq 1) \tag{3-1}$$

由此可见，串联系统的可靠度 R_s 与串联单元的数量 n 及其可靠度 R_i 有关。

图 3-6 的曲线表示串联系统中各单元可靠度相同（$R_1 = R_2 = \cdots = R_n = R$）的情况下，$R_s$ 与 R_i 及 n 之间的关系。

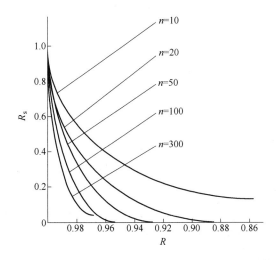

图 3-6　n 个可靠度相同的单元串联后 R_s 的典型数值

由图 3-6 中的曲线可得表 3-2 的一些典型数值。由表 3-2 可见，随着单元可靠度的减小和单元数量的增加，串联系统的可靠度迅速降低。

表 3-2　n 个可靠度相同的单元串联后 R_s 的典型数值

单元可靠度	n 个单元串联后的 R_s				
	$n = 10$	$n = 20$	$n = 50$	$n = 100$	$n = 300$
0.99	0.904	0.818	0.605	0.366	0.049
0.95	0.599	0.358	0.077	0.006	0.000

若设备单元的失效率分别为 $\lambda_1(t)$、$\lambda_2(t)$、$\cdots$、$\lambda_n(t)$，则

$$R_1(t) = \exp\left[-\int_0^t \lambda_1(t)\,\mathrm{d}t \right]$$

$$R_2(t) = \exp\left[-\int_0^t \lambda_2(t)\,\mathrm{d}t \right]$$

$$\vdots$$

$$R_n(t) = \exp\left[-\int_0^t \lambda_n(t)\,\mathrm{d}t \right]$$

代入式（3-1），得：

$$R_s(t) = \exp\left\{ -\int_0^t \left[\lambda_1(t) + \lambda_2(t) + \cdots + \lambda_n(t) \right]\mathrm{d}t \right\}$$

于是
$$\lambda_s(t) = \lambda_1(t) + \lambda_2(t) + \cdots + \lambda_n(t) \tag{3-2}$$

$$R_s(t) = \exp\left[-\int_0^t \lambda_s(t)\,\mathrm{d}t \right] \tag{3-3}$$

对串联系统来说，式中系统失效率 $\lambda_s(t)$ 是各单元失效率 $\lambda_i(t)$ 之和。

由于可靠性预测主要是针对设备的正常工作期，因此可以认为各单元的失效率基本上

为常量。所以式（3-2）和式（3-3）可改为：

$$\lambda_s(t) = \lambda_1(t) + \lambda_2(t) + \cdots + \lambda_n(t) = \sum_{i=1}^{n} \lambda_i$$

$$R_s = e^{-\lambda_s t} = e^{\sum_{i=1}^{n} \lambda_i t}$$

$$m_s = \frac{1}{\lambda_i} = 1 \Big/ \sum_{i=1}^{n} \lambda_i$$

式中，m_s 为系统工作的平均寿命。

3.3.3 　并联系统的可靠度计算

构成系统的元件，只有在全部发生故障后整个系统才不能工作，这种系统称为并联系统。

由于并联系统有单元的重复，而且只要有一个单元不失效，就能维持整个系统工作，所以又称为工作冗余系统。并联系统在液压系统中用得较多，其逻辑图如图 3-7 所示。

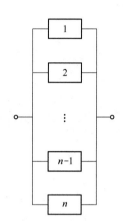

图 3-7　并联系统逻辑图

设各单元的可靠度分别为 R_1、R_2、$\cdots$、R_n，则各单元的失效概率就分别为 $(1-R_1)$、$(1-R_2)$、$\cdots$、$(1-R_n)$，如果各单元组成的并联系统的失效概率为 F_s，则根据概率乘法定理有：$F_s = (1 - R_1)(1 - R_2) \cdots (1 - R_n) = \prod_{i=1}^{n}(1 - R_i)$，所以并联系统的可靠度为：

$$R_s = 1 - F_s = 1 - \prod_{i=1}^{n}(1 - R_i) \tag{3-4}$$

当 $R_1 = R_2 = \cdots = R_n$ 时，则 $R_s = 1-(1-R)^n$。在机械和液压系统中，实际上用得较多的是 $n=2$ 的情况。当 $n=2$ 时，并联系统的可靠度为 $R_s = 1-(1-R)^2 = 2R - R^2$。如令 $R(t) = e^{-\lambda t}$，则

$$R(s) = 2e^{-\lambda t} - e^{-2\lambda t} \tag{3-5}$$

系统的失效率 $\lambda_s(t)$ 为：

$$\lambda_s(t) = \frac{1}{R_s(t)} = \frac{dR_s(t)}{dt} = 2\lambda \frac{1-e^{-\lambda t}}{2-e^{-\lambda t}} \tag{3-6}$$

失效率曲线如图 3-8 所示。由图可见，在元件 λ 等于常数时，并联系统的 λ_s 不是常数，但随时间 t 的增长，λ_s 趋于常数。

现在来求并联系统工作的平均寿命 m_s。

由 $m = \int_0^\infty R(t)dt$ 可求出并联系统的寿命：

$$m_s = \int_0^\infty R_s dt = \int_0^\infty \left[2e^{-\lambda t} - e^{-2\lambda t} \right] dt = \frac{3}{2\lambda} \tag{3-7}$$

一般情况下，即 $\lambda_1 \neq \lambda_2$ 时，

$$R_s = R_1 + R_2 - R_1 R_2 = e^{-\lambda_1 t} + e^{-\lambda_2 t} - e^{-(\lambda_1+\lambda_2)t} \tag{3-8}$$

把式（3-8）代入 $m = \int_0^\infty R(t)dt$，可以求得：

$$m_s = \frac{1}{\lambda_1} + \frac{1}{\lambda_2} - \frac{1}{\lambda_1 + \lambda_2} \tag{3-9}$$

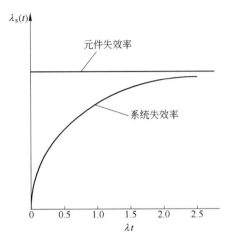

图 3-8　失效率曲线

3.3.4　后备系统的可靠度计算

后备系统也是并联系统。系统中有的单元一开始并不工作，而是在某一个工作单元失效后才开始工作，从而将失效单元换下修理或更换。这种系统称为后备冗余系统，也称非工作后备系统，其逻辑图如图 3-9 所示。

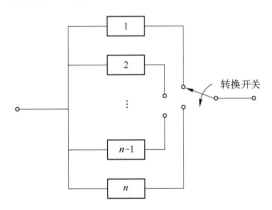

图 3-9　后备冗余系统逻辑图

由 n 个元件构成的后备系统，在给定的时间 t 内，只要失效元件数不多于 $n-1$ 个，系统均处于可靠状态。设元件的失效率 $\lambda_1(t) = \lambda_2(t) = \cdots = \lambda_n(t) = \lambda$，则可按泊松分布的分部求和公式求出系统的可靠度：

$$R_s(t) = e^{-\lambda t}\left[1 + \lambda t + \frac{(\lambda t)^2}{2!} + \frac{(\lambda t)^3}{3!} + \cdots + \frac{(\lambda t)^{n-1}}{(n-1)!} \right]$$

当 $n=2$，则

$$R_s(t) = e^{-\lambda t}(1 + \lambda t) \tag{3-10}$$

$$\lambda_s = \frac{1}{R_s} = \frac{\mathrm{d}R_s}{\mathrm{d}t} = \frac{\lambda^2 t}{1+\lambda t} \tag{3-11}$$

$$m_s = \int_0^\infty R_s \mathrm{d}t = \int_0^\infty e^{-\lambda t}\mathrm{d}t + \int_0^\infty \lambda t e^{-\lambda t}\mathrm{d}t = \frac{1}{\lambda} + \frac{1}{\lambda} = \frac{2}{\lambda} \tag{3-12}$$

在一些重要的液压系统中，为了提高系统供油可靠性，将泵站设计成双泵并联结构，其工作制度为一泵工作、一泵备用。当工作泵出现故障时，通过转换开关，启动另一泵工作，保证液压系统继续工作。

3.3.5 表决系统的可靠度计算

一个由 n 个元件组成的并联系统，只要其中任意 m 个不失效，系统就不会失效。这就是 n 个取 m 个的表决系统。图 3-10 所示为 3 中取 2 表决系统逻辑图。此系统要求失效数不多于 1 个元件，故有四种成功的工况：没有失效、只有第 1 元件失效、只有第 2 元件失效、只有第 3 元件失效。按概率乘法定理和加法定理，可求得系统的可靠度：

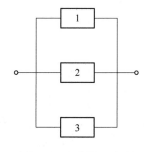

图 3-10 3 中取 2 表决系统逻辑图

$$R_s = R_1 R_2 R_3 + (1-R_1)R_2 R_3 + R_1(1-R_2)R_3 + R_1 R_2(1-R_3)$$

当各元件的可靠度相同，即 $R_1 = R_2 = R_3$ 时，有：

$$R_s = R^3 + 3R^2 - 3R^3 = 3R^2 - 2R^3 \tag{3-13}$$

若 $R = e^{-\lambda t}$，则

$$\lambda_1 = \lambda_2 = \lambda_3 = \lambda = 常数 \tag{3-14}$$

$$m_s = \int_0^\infty R_s \mathrm{d}t = \int_0^\infty (3e^{-2\lambda t} - 2e^{-3\lambda t})\mathrm{d}t = \frac{3}{2\lambda} - \frac{2}{3\lambda} = \frac{5}{6\lambda} \tag{3-15}$$

3.3.6 串联、并联系统的可靠度计算

串联、并联系统是一种由串联系统和并联系统组合起来的系统，是一复杂的串并联系统。其处理方法如图 3-11 所示。

（1）求出串联单元 3、4 和 5、6 两个子系统 S_{34}、S_{56} 的可靠度。

$$R_{34} = R_3 R_4$$
$$R_{56} = R_5 R_6$$

（2）求出 S_{34} 和 S_{56} 以及 7 和 8 并联的子系统的可靠度。

$$R_{3456} = [1-(1-R_{34})(1-R_{56})]$$
$$R_{78} = [1-(1-R_7)(1-R_8)]$$

（3）得到一个等效串并联系统，如图 3-11（c）所示，其可靠度为：

$$\begin{aligned} R_s &= R_1 R_2 R_{3456} R_{78} \\ &= R_1 R_2 [1-(1-R_{34})(1-R_{56})][1-(1-R_7)(1-R_8)] \\ &= R_1 R_2 [1-(1-R_3 R_4)(1-R_5 R_6)][1-(1-R_7)(1-R_8)] \end{aligned}$$

3.3.7 上下限法

当系统特别复杂时，如回路、元件很多，动作也很多，要求也很高，不易建立可靠度

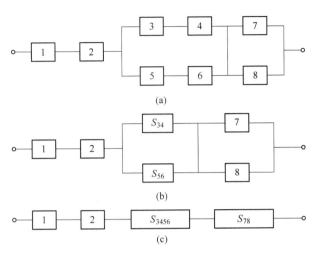

(a)

(b)

(c)

图 3-11 串并联系统的简化

预测的数学模型时，可用上下限法。

上下限方法是对系统作一定的简化，以计算其可靠度的上下限值，并通过上下限值再计算出系统可靠度的预测值。

3.3.7.1 上限计算

现以图 3-12 所示系统为例进行可靠度计算。

当系统中并联回路的可靠性很高时，可这样认为，系统失效主要是串联单元所引起的。因此，可靠度的上限可以只考虑串联单元。

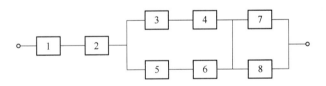

图 3-12 可靠度的上限计算逻辑图

该系统的可靠度上限为 $R_{\text{上}} = R_1 R_2$。公式的一般形式为：

$$R_{\text{上}} = R_1 R_2 \cdots R_m = \prod_{i=1}^{m} R_i$$

式中　R_1，R_2，$\cdots$，R_m——系统中各串联单元的可靠度；

　　　　m——串联单元数。

当并联单元的可靠度较低时，串联单元所得的上限值会偏高，因而只考虑并联单元对系统可靠度的影响。如图 3-12 所示，并联回路中的元件 3 和 5、3 和 6、4 和 5、4 和 6、7 和 8 中任一对单元失效，都会使系统失效，其失效概率分别为：$R_1 R_2 Q_3 Q_5$、$R_1 R_2 Q_3 Q_6$、$R_1 R_2 Q_4 Q_5$、$R_1 R_2 Q_4 Q_6$、$R_1 R_2 Q_7 Q_8$。将这几项相加，便得到两个并联单元失效所引起系统失效的概率：

$$p = R_1 R_2 \left[(Q_3 Q_5) + (Q_3 Q_6) + (Q_4 Q_5) + (Q_4 Q_6) + (Q_7 Q_8) \right]$$

写成一般式为：

$$p = \prod_{i=1}^{m} R_i \sum_{(k,\,k')=1}^{n} (Q_k Q_{k'})$$

式中　　m——串联单元数；

　　　　n——并联单元对的数目；

　　Q_k，$Q_{k'}$——同时引起系统失效的一对并联单元的失效概率。

故两种失效可能同时出现的系统可靠度的上限值为：

$$R_{上} = \prod_{i}^{m} R_i - \prod_{i=1}^{m} R_i \sum_{(k,\,k')=1}^{n} (Q_k Q_{k'})$$

$$= \prod_{i=1}^{m} R_i \left[1 - \sum_{(k,\,k')=1}^{n} (Q_k Q_{k'}) \right] \tag{3-16}$$

3.3.7.2　下限计算

首先把系统中所有元件均看成串联系统中的元件，这时系统的可靠度就是所有元件可靠度的乘积。

$$R_{s} = \prod_{j=1}^{m} R_j$$

式中　　R_j——任意一个串联单元的可靠度；

　　　　m——单元总数。

实际上，如果有一个并联单元失效，而其他并联单元都好，则系统也能成功。如图3-12所示，即使3、4、5、6、7、8中之一失效，系统仍能成功。此种状态的可靠度为：

$$(R_1 R_2 Q_3 R_4 R_5 R_6 R_7 R_8) + (R_1 R_2 R_3 Q_4 R_5 R_6 R_7 R_8) + \cdots + (R_1 R_2 R_3 R_4 R_5 R_6 R_7 Q_8)$$

$$= (R_1 R_2 R_3 R_4 R_5 R_6 R_7 R_8) \left(\frac{Q_3}{R_3} + \frac{Q_4}{R_4} + \cdots + \frac{Q_8}{R_8} \right)$$

其一般形式为：

$$R_{s}' = \prod_{i=1}^{m} R_i \left[\sum_{k=1}^{n} \left(\frac{Q_k}{R_k} \right) \right]$$

式中　　Q_k——并联单元的失效概率；

　　　　R_k——并联单元的可靠度；

　　　　n——系统中并联单元的数目。

故可得没有单元失效和有一个单元失效时系统成功的概率：

$$R_{下} = \prod_{j=1}^{m} R_j + \prod_{j=1}^{m} R_j \left[\sum_{k=1}^{n} \left(\frac{Q_k}{R_k} \right) \right]$$

$$= \prod_{j=1}^{m} R_j \left[1 + \sum_{k=1}^{n} \left(\frac{Q_k}{R_k} \right) \right]$$

同理，两个并联单元失效，同时又不引起系统失效的表达式为：

$$R_{s}' = \prod_{j=1}^{m} R_j \left[\sum_{(k,\,e)=1}^{n'} \left(\frac{Q_k}{R_k} \right) \left(\frac{Q_e}{R_e} \right) \right]$$

式中 k, e——同时失效又不引起系统失效的并联单元；

n'——单元对的数目。

因此，没有单元失效、有一个单元失效和有两个单元失效的系统成功的概率下限为：

$$R_{下} = \prod_{j=1}^{m} R_j + \prod_{j=1}^{m} R_j \left[\sum_{k=1}^{n} \left(\frac{Q_k}{R_k} \right) \right] + \prod_{j=1}^{m} R_j \left[\sum_{(k, e)=1}^{n'} \left(\frac{Q_k}{R_k} \right) \left(\frac{Q_e}{R_e} \right) \right]$$

$$= \prod_{j=1}^{m} R_j \left[1 + \sum_{k=1}^{n} \left(\frac{Q_k}{R_k} \right) + \sum_{(k, e)=1}^{n'} \left(\frac{Q_k}{R_k} \right) \left(\frac{Q_e}{R_e} \right) \right] \tag{3-17}$$

3.3.7.3 组合预测（系统的可靠度）

上下限法的最后一步就是根据上面所求得系统可靠度的上、下限值，求出系统可靠度的单一预测值。其中，最简单的方法就是求上、下限的算术平均值。但经验表明，此值偏于保守，而往往采用经验式（3-18）计算。

$$R_s = 1 - \sqrt{(1-R_{上})(1-R_{下})} \tag{3-18}$$

在计算时注意，上下限的立足点应相同。如果上限值 $R_{上}$ 在计算中仅考虑一个单元失效的情况，则下限值 $R_{下}$ 也只考虑没有单元失效和有一个单元失效的情况。如果上限是在考虑两个单元失效同时发生的情况下求得，则下限也要考虑在两个单元失效同时发生的情况下求得。

例 3-1 如图 3-13 所示的串、并联系统，已知各元件的可靠度分别为 $R_1 = 0.97$、$R_2 = 0.92$、$R_3 = 0.95$、$R_4 = 0.94$、$R_5 = 0.93$、$R_6 = 0.96$。试用数学模型和上下限法计算系统的可靠度。

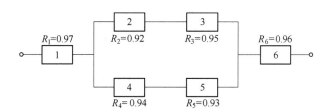

图 3-13 串联、并联系统可靠度计算例图

解 （1）数学模型法：

$$R_{23} = R_2 R_3 = 0.92 \times 0.95 = 0.874$$
$$R_{45} = R_4 R_5 = 0.94 \times 0.93 = 0.8742$$
$$R_{2345} = 1 - (1-R_{23})(1-R_{45}) = R_{23} + R_{45} - R_{23} R_{45}$$
$$= 0.874 + 0.8742 - 0.874 \times 0.8742 = 0.98415$$
$$R_s = R_1 R_{2345} R_6 = 0.97 \times 0.98415 \times 0.96 = 0.91644$$

（2）上下限法，只考虑一个并联元件失效：

$$R_{上} = R_1 R_6 = 0.97 \times 0.96 = 0.9312$$
$$R_{下} = R_1 R_2 R_3 R_4 R_5 R_6 \left(1 + \frac{1-R_2}{R_2} + \frac{1-R_3}{R_3} + \frac{1-R_4}{R_4} + \frac{1-R_5}{R_5} \right)$$

$$= 0.97{\times}0.92{\times}0.95{\times}0.94{\times}0.93{\times}0.96{\times}$$

$$\left(1+\frac{1-0.92}{0.92}+\frac{1-0.95}{0.95}+\frac{1-0.94}{0.94}+\frac{1-0.93}{0.93}\right) = 0.90977$$

（3）系统可靠度的单一预测值：

$$R_s = 1-\sqrt{(1-R_上)(1-R_下)}$$

$$= 1-\sqrt{(1-0.9312)(1-0.90977)} = 0.92121$$

由此可见，上下限法预测值 0.92121 与数学模型法计算的精确值 0.91644 相差很小，相对误差只有（0.92121−0.91644）/0.91644＝0.52%，所以精度是较高的。

例3-2　如图3-14所示，$R_A=0.99$，$R_B=0.99$，$R_C=0.94$，$R_D=0.94$，$R_E=0.95$，$R_F=0.95$，$R_G=0.90$，$R_H=0.90$，系统的可靠度 R_s 为多少？

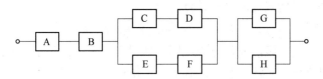

图3-14　系统的可靠度计算例图

解　（1）上限计算：

$$R_上 = R_A R_B = 0.99{\times}0.99 = 0.9801$$

（2）下限计算（对应地只考虑没有单元失效和有一个单元失效的情况）：

$$R_下 = \prod_{j=1}^{m} R_j \left[1 + \sum_{k=1}^{n}\left(\frac{Q_k}{R_k}\right)\right]$$

$$= R_A R_B R_C R_D R_E R_F R_G R_H \left(1 + \frac{Q_C}{R_C} + \frac{Q_D}{R_D} + \frac{Q_E}{R_E} + \frac{Q_F}{R_F} + \frac{Q_G}{R_G} + \frac{Q_H}{R_H}\right)$$

$$= 0.99^2 \times 0.94^2 \times 0.95^2 \times 0.90^2 \times \left(1 + \frac{0.06}{0.94}{\times}2 + \frac{0.05}{0.95}{\times}2 + \frac{0.10}{0.96}{\times}2\right)$$

$$= 0.9213$$

（3）系统可靠度：

$$R_s = 1-\sqrt{(1-0.9801)(1-0.9213)} = 0.960$$

若用串联、并联系统可靠度的计算公式来求系统的可靠度，则为 0.959，也与此值很接近。

3.4　可靠性分配

可靠性分配是指系统的可靠度指标按一定的数学方法合理地分配给分系统、部件、零件（元件）的全过程。为了计算的方便，往往不是直接对可靠性进行分配，而是把系统允许的不可靠度或允许的失效率合理地分配给分系统或部件、零件。其主要原因是一般分系统或部件、零件的可靠性指标往往以失效度的形式来表达。

可靠性分配的主要目的有三个：

（1）落实系统的可靠度指标。

（2）落实各分系统或部件的可靠性要求。

（3）通过分配，暴露系统的薄弱环节，为改进设计提供依据。

当然，可靠性分配不是平均分摊，而是根据各分系统或部件的任务、失效率、部件的重要性、生产的可改进性及维护性等因素进行通盘考虑，合理分配。

可靠性分配是按"系统—分系统—部件—元件"自上而下地分配。而可靠性预测是按"元件—部件—分系统（回路）—系统"自下而上地预测。一般地说，可靠性预测是可靠性分配的基础，它是先于可靠性分配的。有时在分配过程中还会出现"预测—分配—再预测—再分配"的循环过程。

3.4.1　串联系统的可靠性分配

在液压系统中有 n 个元件，它们的复杂程度和重要程度以及制造成本都较接近。当把它们串联起来工作时，若要求系统的可靠度为 R_s，则各元件分配到的可靠度为 R_i。即由

$$R_s = \prod_{i=1}^{n} R_i = R_i^n \text{ 得：}$$

$$R_i = (R_s)^{1/n} \qquad (i = 1, 2, \cdots, n)$$

其失效概率（不可靠度）为：

$$F_s = 1 - R_s$$

步骤：（1）用公式 $F = 1 - R$ 求出各元件的预测不可靠度。

（2）把系统允许的不可靠度与各部件（元件）的不可靠度之和作比较。

（3）将第（2）项所得的比例因子与各元件预测的不可靠度相乘，求出各元件允许的不可靠度。

（4）用公式 $R = 1 - F$ 求出对各元件所要求的可靠度指标。

例 3-3　一个由四个（A、B、C、D）基本回路组成的液压系统，如图 3-15 所示，要求该系统可靠度 $R_s = 0.90$。现在把这个指标分配给这些回路，试问是否满足要求？

图 3-15　由四个回路组成的系统

解　此系统可靠度为 0.90，不可靠度为 $F = 1 - 0.9 = 0.1$。实际上是把不可靠度 0.1 分配到四个回路上。先预测各回路的可靠度：

$$R_A = 0.960, \quad R_B = 0.920$$

$$R_C = 0.980, \quad R_D = 0.940$$

然后应用 $F = 1 - R$ 公式，求出各回路的不可靠度：

$$F_A = 1 - 0.960 = 0.040, \quad F_B = 1 - 0.920 = 0.080$$

$$F_C = 1 - 0.980 = 0.020, \quad F_D = 1 - 0.940 = 0.060$$

各回路不可靠度的和为：

$$\sum F = 0.040 + 0.080 + 0.020 + 0.060 = 0.20$$

再将系统允许的不可靠度与各回路预计的不可靠度总和进行比较，有：

$$F / \sum F = 0.10 / 0.20 = 0.5$$

把所得到比例因子同各回路预计的不可靠度相乘，得出各回路允许的不可靠度，即：

$$F'_A = 0.04 \times 0.5 = 0.02, \quad F'_B = 0.08 \times 0.5 = 0.04$$

$$F'_C = 0.02 \times 0.5 = 0.01, \quad F'_D = 0.06 \times 0.5 = 0.03$$

最后，应用公式 $R = 1 - F$，求出各回路所要求的可靠度指标，即：

$$R'_A = 1 - 0.02 = 0.98, \quad R'_B = 1 - 0.04 = 0.96$$

$$R'_C = 1 - 0.01 = 0.99, \quad R'_D = 1 - 0.03 = 0.97$$

由于 A、B、C、D 四个回路串联，故系统可靠度是各回路可靠度的乘积：

$$R'_s = R'_A R'_B R'_C R'_D = 0.98 \times 0.96 \times 0.99 \times 0.97 = 0.9035 > R_s = 0.9$$

以上计算结果如表 3-3 所示。

表 3-3　由四个回路组成的串联系统的可靠度分配

回　路	预测可靠度 R	预测不可靠度 F	允许不可靠度 F'	要求可靠度指标 R'
A	0.960	0.04	0.020	0.980
B	0.920	0.08	0.040	0.960
C	0.980	0.02	0.010	0.990
D	0.940	0.06	0.030	0.970
		$\sum F = 0.200$	$\sum F' = 0.100$	$R'_s = 0.9035$ $R'_s - R_s = 0.0035$

从表 3-3 中可以看出，各回路所分得的可靠度的乘积比要求值大 0.0035。一般来说，多余量不再分配，其原因是：

（1）参加装配的元件，有的没有分配失效率，多余的 0.0035 可以分配给它们。

（2）为了达到分配上的高精度，需要花费时间，但从指标的分配原则来看，过于精确是不必要的。

（3）一般在分配中总是留下失效率的少量百分数。这样即使生产中遇到一些意想不到的小问题，也不至于影响原来所要求的指标。

3.4.2　并联系统的可靠度分配

当系统可靠度要求很高（一般 $R_s > 99\%$），选用现有元件的可靠度不能满足要求时，若要提高元件可靠度，则会使工艺难度增大或成本过高。这时往往选用 n 个相同的低可靠度的元件组成并联系统来满足要求。此并联系统的可靠度为：

$$R_{\text{sa}} = 1 - (1 - R_{i\text{a}})^n$$

不可靠度为：

$$F_{\text{sa}} = 1 - R_{i\text{a}}$$

元件的可靠度为：

$$R_{i\text{a}} = 1 - (1 - R_{\text{sa}})^{1/n}$$

3.4.3　按相对失效率和重要度来分配可靠度

按相对失效率和重要度来分配可靠度的方法也适用于由失效率为常数且相互独立的元件组成的串联系统。元件工作时间 t_i 应不大于系统工作时间 T，即 $0 < t_i \leqslant T$。

分配的基本要求是，分配后的系统可靠度应比系统所要求的可靠度指标 $R_{\text{sa}}(T)$ 高，即

$$R_{\text{sa}}(T) \leqslant \prod_{i=1}^{n} R_{i\text{a}}(t_i)$$

用失效率来表示时，则有：

$$\lambda_{\text{sa}} \geqslant \sum_{i=1}^{n} \lambda_{i\text{a}}$$

式中　R_{sa}，λ_{sa}——系统所要求的可靠度和失效率；

　　　$R_{i\text{a}}$，$\lambda_{i\text{a}}$——元件的分配可靠度和分配失效率。

当系统工作时间与各元件的工作时间不一致时，其关系式为：

$$R_{\text{sa}}(T) = \exp(-\lambda_{\text{sa}} T) = \exp\left(-\sum_{i=1}^{n} \lambda_{i\text{a}} t_i\right)$$

其分配步骤如下：

(1) 确定系统中各元件的预测失效率 $\lambda_{i\text{p}}$。

(2) 将各 λ_i 相加，求得系统预测失效率 $\lambda_{\text{sp}} = \sum_{i=1}^{n} \lambda_{i\text{p}}$。

(3) 确定系统工作时间 T 内各元件的平均工作时间 t_i。

(4) 按上述数据求出各元件的预测可靠度 $R_{i\text{p}}(t_i) = \exp(-\lambda_{i\text{p}} t_i)$ 和系统的预测可靠度 $R_{\text{sp}}(T) = \exp(-\lambda_{i\text{p}} T)$。

(5) 决定系统要求的可靠度指标 $R_{\text{sa}}(T)$，再求系统失效率 λ_{sa}。

(6) 将系统的预测失效率 λ_{sp} 和要求分配系统给的失效率 λ_{sa} 相比较。如果 $\lambda_{\text{sp}} < \lambda_{\text{sa}}$，则满足要求，否则还要进行工作，如计算相对失效率，确定各元件的重要度 E_i。重要度 E_i 是指元件 i 的失效所引起系统失效的概率。

在完成上述工作之后，再对各元件的预测失效率 $\lambda_{i\text{p}}$ 与分配失效率 $\lambda_{i\text{a}}$ 进行比较，其数值越接近越好。

总之，设计者和制造者可从可靠度分配中了解对各元件的改进要求，或采用其他措施来提高元件的可靠度，如用两元件并联代替一个元件等。

3.4.4　按子系统（回路）的复杂度来分配可靠度

对于串联系统，有 $R_{sa} = \prod_{i=1}^{n} R_{ia}$。设系统的不可靠度（失效概率）为 F_s，各分系统的不可靠度为 F_1、F_2、$\cdots$、F_n，则对于串联系统有：

$$R_{sa} = 1 - F_s = \prod_{i=1}^{n} (1 - F_i)$$

分系统的不可靠度 F_i 的相对值一般正比于各子系统的复杂度 C_i，在算出 F_i 与 C_i 的比例后，即可求出 F_i。

设 $F_i = kC_i$，则：

$$R_{sa} = \prod_{i=1}^{n} (1 - C_i k) \tag{3-19}$$

若分系统可靠度指标 R_{ia} 和分系统的复杂度 C_i 为已知数（一般根据分系统的结构复杂程度与零部件的数目而定出复杂度 C_i 的值），则 k 值可以由式（3-19）求得。

通过 $R_{ia} = 1 - C_i k$，即可求出分系统的可靠度。

由于式（3-23）是 k 的 n 次方程，故实际中一般求出其近似解。当 R_{sa} 越小时这种近似法误差就越大。但当 $R_{sa} > 0.6$ 时，在实际中就可以了。

3.5　减额使用设计

在电子系统中，可以使元器件在低于额定载荷（如应力、温度、电压、功率等）的条件下工作，这称为减额使用，也就是采用大安全系数。在液压系统中，所使用的元件也可以在低于额定载荷（如压力、功率等）的条件下工作。对机械系统，往往采用大安全系数。这种减额措施，可以大大地提高液压系统的可靠度。例如，在液压控制系统所采用的电器元件中，低介电容器在额定电压下的失效率为 $7.5 \times 10^{-7}/h$，而降额在 50% 额定电压下的失效率为 $0.5 \times 10^{-7}/h$，可靠度可提高 15 倍。变压器内部温度为 100 ℃时其失效率为 $1.1 \times 10^{-5}/h$，而在内部温度为 60 ℃时的失效率为 $0.05 \times 10^{-5}/h$，可靠度可提高 22 倍。

在液压元件设计时，采用优质钢材、高强度钢管、长寿命密封材料等，都有助于提高可靠度。

高压液压元件在中低压条件下使用时不仅可靠性提高，而且容积效率大大提高。例如，32 MPa 液压元件在 21 MPa 下使用，其可靠度可以提高几倍。

一般可用降额比（工作压力/额定值）来表示元件降额程度。现以液压泵为例，其额定寿命的表达式为：

$$L = L_0 \left/ \left[\left(\frac{p}{p_0} \right) \left(\frac{n}{n_0} \right)^2 \right] \right. \tag{3-20}$$

式中　p_0——额定压力；

　　p——降压后压力；

　　n_0——额定转速；

　　n——降压后转速；

　　L_0——额定工作状态下液压泵寿命。

当 $p = p_0$、$n = n_0$ 时，$L = L_0$。

减额使用设计时，应注意成本，否则并不是一种最优设计。

3.6　人-机设计

所谓人-机设计，就是在设计机器时，尽可能设计出人在操作该机器时最省力、最不容易发生差错的相应结构，同时设备的版面设计和环境布置还应符合人们的要求。当系统或设备发生故障时，有监视仪器提供信号。例如，过滤器堵塞时能发出信号，使维修人员迅速发现，并判断发生故障的部位，就能很快进行修复或更换。另外，设计时还应留有足够的维修空间和备有充足备件，以便能迅速更换整体设备，使之很快地重新投入工作。

在液压设备中，人与机器的接触点一般是显示装置和控制装置。对这些装置应考虑下述问题。

（1）安装显示装置应考虑的问题：

1）计量仪器按要求显示，便于迅速准确地查看。

2）重要的变化易于检查。

3）易于区别计量仪器是否工作。

4）重要的计量仪器应安装在人的视野中央。

（2）设计控制装置时应考虑的问题：

1）控制装置易于识别。

2）符合人们的操作习惯。

3）控制手柄的作用力及位置要适当。

4）连续操作的控制器事先要按顺序排列好。

总之，显示装置和控制装置集中起来制成一个便于操纵的控制板，便于观看和控制。

3.7　液压产品可靠性设计流程

在进行新液压产品可靠性设计时，一定要确定其功能要求，根据该产品的工作条件、资金投入、技术水平、可靠度等方面来考虑，尽可能设计出较优的液压产品。液压产品可靠性设计流程如图 3-16 所示。

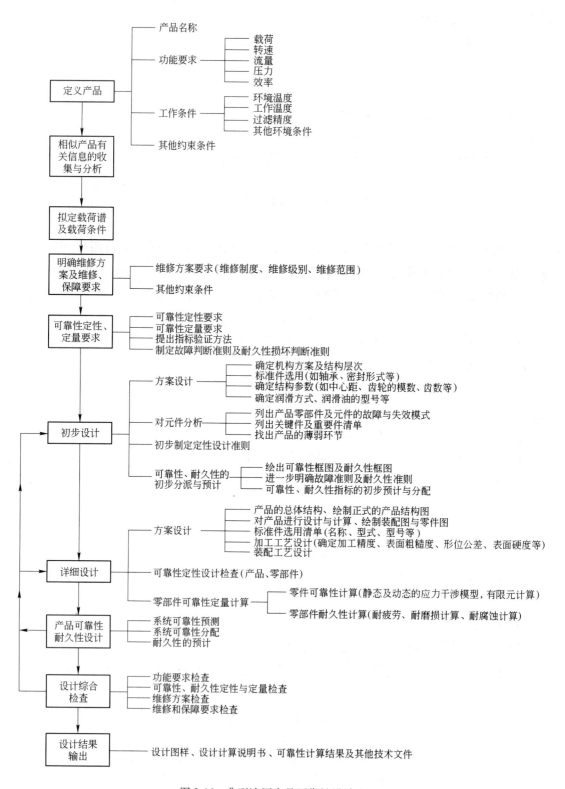

图 3-16 典型液压产品可靠性设计流程

─────── **重点内容提示** ───────

　　了解液压可靠性设计的重要性、目的和要求，熟悉可靠性设计应考虑的问题和系统可靠性预测的应用场景。掌握可靠性逻辑图定义和串联系统的可靠度计算、并联系统的可靠度计算、串并联系统可靠度预测、后备冗余系统可靠度预测、表决系统可靠度预测；并掌握可靠性分配定义和串联系统的可靠性分配基本方法；掌握液压系统减额使用设计的基本方法；了解人-机设计的注意事项；熟悉液压产品可靠性设计流程。

思 考 题

一、选择题

1. 以下（　　）为产品可靠性的定性表示。

　　A. 手机屏幕耐摔程度　　　　　　　　B. 橡胶轮胎耐磨程度

　　C. 汽车不发生故障的里程数　　　　　D. 液压系统油液温度

2. 可采用（　　）定量表示电磁换向阀的可靠性。

　　A. 工作寿命　　　　　　　　　　　　B. 累计换向次数

　　C. 油液温度　　　　　　　　　　　　D. 容积效率

3. 可采用（　　）对液压系统的故障进行诊断。

　　A. 直接性能测试法　　　　　　　　　B. 振动诊断法

　　C. 声学诊断法　　　　　　　　　　　D. 热力学诊断法

4. 在（　　）环节，需要进行液压可靠性管理。

　　A. 设计　　　　　　　　　　　　　　B. 加工

　　C. 装配　　　　　　　　　　　　　　D. 使用、维护

5. 以下（　　）为可靠度概念所包括的基本要素。

　　A. 对象、概率　　　　　　　　　　　B. 规定条件

　　C. 规定时间　　　　　　　　　　　　D. 规定功能

二、判断题

1. 设计奠定产品的可靠性，制造保证产品的可靠性，使用保持产品的可靠性。　　　　　（　　）

2. 有效的可靠性设计，是提高液压设备可靠性的关键。　　　　　　　　　　　　　　（　　）

3. 明确系统、设备、产品可靠性要求，明确给出可靠性指标和进行可靠性分配，这是设计可靠性的前提条件。　　　　　　　　　　　　　　　　　　　　　　　　　　　　　　　　　（　　）

4. 可靠性设计应考虑到尽量减少振动、冲击、温度、湿度、灰尘、气体等环境影响。　（　　）

5. 一个液压系统由一个泵和两个压力控制阀串联组成，其中阀1、阀2是给泵作调压之用的冗余系统，则逻辑图中阀1、阀2是串联表示。　　　　　　　　　　　　　　　　　　　　　（　　）

6. 轴向柱塞泵的轴、缸体、柱塞、斜盘、配油盘、泵壳等，从功能关系来看，它们中任一部件失效，都会使泵不能正常工作。因此，它们的逻辑图是并联的。　　　　　　　　　　　　　（　　）

7. 串联系统的可靠度与串联单元的数量及其可靠度有关。　　　　　　　　　　　　　（　　）

8. 随着单元可靠度的减少和单元数量的增加，串联系统的可靠度将迅速降低。　　　　（　　）

9. 可靠性分配是按元件、部件、分系统（回路）、系统自下而上地分配。　　　　　　（　　）

10. 在液压系统中，所使用的元件也可以在低于额定载荷（如压力、功率等）的条件下工作，这可称为减额使用。　　　　　　　　　　　　　　　　　　　　　　　　　　　　　　（　　）

11. 对于串联系统，随着元件个数增加，系统可靠度增加。　　　　　　　　　　　　　（　　）

12. 对于串并联系统，常用串联、并联系统运算规则，逐步简化得出系统可靠度。　　　　（　　）

三、简答题

1. 某系统有 2 个子系统，并联进行工作，其可靠性均为 R，系统成功运行要求至少 1 个子系统正常运作，计算其系统的可靠度。

2. 某系统由 4 个子系统组成，子系统的可靠度分别为 $R_A = R_B = 0.90$，$R_C = R_D = 0.95$，该系统的逻辑图如图 3-17 所示，计算该系统的可靠度。

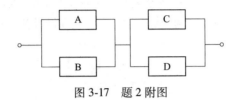

图 3-17　题 2 附图

3. 一个并联系统含有 3 个子系统，若每个子系统的可靠度均为 R，计算系统可靠度。

4. 某系统由 4 个子系统串联构成，各子系统的失效率分别为 0.0015/h、0.002/h、0.0022/h、0.003/h，计算系统 MTBF 预测值。

可靠性最优化

扫码获得
数字资源

4.1 概　　述

4.1.1　系统模型

系统可靠性最优化是研究系统参数最优化，也是研究系统可靠度、费用、重量及体积的最优配置，以达到可靠度高、投资小、重量轻的目的。

为了研究方便，作如下假设：

（1）元件与系统只可能有两种状态：正常和故障，没有中间状态。

（2）各元件的工作与否是相互独立的，即任何一个元件的正常工作与否，不会影响其他元件的正常工作。

在研究可靠性模型时，应建立可靠性框图概念。可靠性框图是用图形来描述系统各元件之间的逻辑任务，即功能关系。得到系统可靠性框图后，便可以进入系统可靠性模型研究。下面介绍几种常用的可靠性模型。

（1）N 级串联系统。如图 4-1 所示，在这个系统里，功能的实施依赖于系统所有部件的正常运行。如果一个部件失效，系统就失效，系统的寿命就是第一个出现故障的元件的寿命。

图 4-1　N 级串联系统

（2）M 级并联系统。如图 4-2 所示，从输入到输出，共有 M 个分支，只有当所有的部件都失效时，系统才失效。并联数增多，系统的可靠性也提高。

（3）混合的串-并联系统。如图 4-3 所示，其中，N 个部件串联，同时 M 个这样的串联连接再行并联，从而构成该系统。该系统是先串联再并联，当中只要有一串联系统正常工作，系统就不失效。

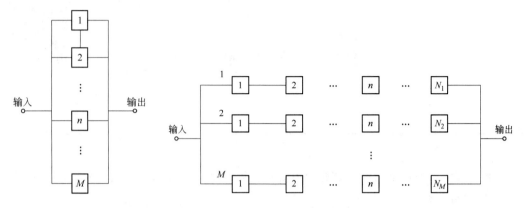

图 4-2　M 级并联系统　　　　　　　　　图 4-3　混合的串-并联系统

（4）混合的并-串联系统。如图 4-4 所示，在这个系统里，N 级是串联连接的，每一级的部件则是并联连接的。该系统中，每一级只要有一部件正常工作，系统就不会失效。

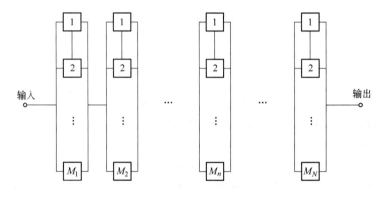

图 4-4　混合的并-串联系统

（5）部件等待系统。如图 4-5 所示，它与并-串联混合系统有相同的形式。然而，在这个系统里，并联的部件在同一时刻并不全都投入运行。

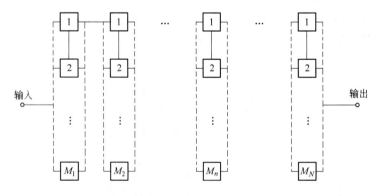

图 4-5　部件等待系统

（6）等待系统。如图 4-6 所示，该系统与串-并联混合系统有相同的形式。然而，当系统的等待系统运行时，并联的 M 个串联子系统在同一时刻并不是全都投入运行。

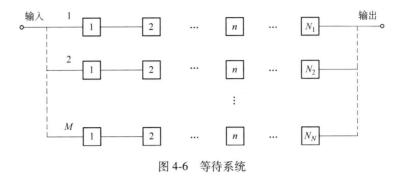

图 4-6　等待系统

（7）典型的非串-并联可靠性系统。如图 4-7 所示，这个系统的可靠性可以用条件概率来评定，也可以用其他方法来评定。

（8）复杂的桥式网络系统。如图 4-8 所示，桥式网络形式是一类复杂的可靠性系统，可以提高系统可靠度。

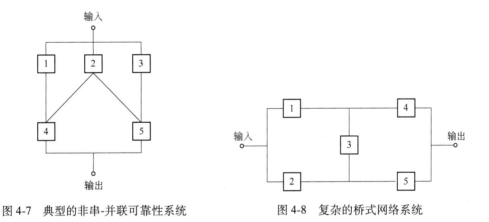

图 4-7　典型的非串-并联可靠性系统　　　　图 4-8　复杂的桥式网络系统

4.1.2　实例

可靠性最优化的重要内容是动态规划。动态规划就是把有 n 个变量的决策问题简化成 n 个单独变量问题的一种技术。这样，n 个变量的决策问题，就被化成一个顺序求解各个单独变量的 n 级序列决策问题。动态规划是以"最优性原理"为基础的，它能对决策问题给出一个精确的解。

已有许多文献阐述了怎样用动态规划来求解各种问题。下面通过一些例子来说明，在这些文献中被求解的那些问题是如何进行分类的。

例 4-1　分配一个串联系统（见图 4-9）每一级的冗余数，以使最后的系统收益最大。

如图 4-9 所示的 n 级混合系统，它的每一级具有 (x_j-1) 个并联冗余，系统的可靠度为：

$$R_s = \prod_{j=1}^{n} \left[1 - (1 - R_j)^{x_j} \right] \tag{4-1}$$

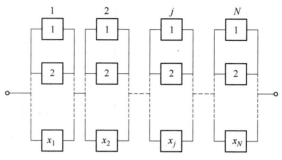

图 4-9　n 级串联，每级部件并联的混合系统

现假设 P 为当系统成功运行时所获得的收益。系统的可靠度只是试验成功的部分，因此系统的期望收益是 PR_s。假设第 j 级冗余部件的费用 c_j 包括结构费用（在整个过程中有合适的分配）和运行费用，则冗余系统的总费用为 $\sum_{j=1}^{n} c_j x_j$。整个系统的最终收益 N_p，是收益 PR_s 减去总的费用，即

$$N_p = PR_s - \sum_{j=1}^{n} c_j x_j \tag{4-2}$$

最优并联冗余的 x_j 结构（$j=1, 2, \cdots, n$）使系统的最终收益为最大。

在这个例子里，所考虑的问题没有约束。

考虑一个三级过程。与最终的乘积相关联的收益 $P=10$ 个单位，每个部件的费用 c_j 和可靠度 R_j 如表 4-1 所示。

表 4-1　三级过程

过　程	R_j	c_j
3	0.333	0.20
2	0.500	1.0
1	0.750	1.0

例 4-2　假设已知系统可靠度要求 $R_{s\,min}$，要确定满足 $R_j \geq R_{s\,min}$ 的 n 级串联系统的最少费用分配（本例来自 Kettelle 的论文）。考虑表 4-2 的四级过程，系统可靠度要求 $R_{s\,min} = 0.99$，总的费用少于 $b_1 = 61$。问题是：

最大值
$$R_s = \prod_{j=1}^{n} \left[1 - (1 - R_j)^{x_j} \right]$$

约束为
$$g_1 = \sum_{j=1}^{n} c_j x_j \leq b_1$$
$$R_s \geq R_{s\,min}$$

表 4-2　四级过程

级	4	3	2	1
c_j	1.2	2.3	3.4	4.5
R_j	0.8	0.7	0.75	0.85

例 4-3　该五级过程最早是由 Tillman 等人提出来的。在原来的问题中，包含两个约束。此五级问题（表 4-3）可表述为：

最大值

$$R_s = \prod_{j=1}^{n} \left[1 - (1 - R_j)^{x_j} \right]$$

约束为

$$g_1 = \sum_{j=1}^{n} p_j (x_j)^2 \leqslant P$$

$$g_2 = \sum_{j=1}^{n} w_j x_j \exp(x_j/4) \leqslant W$$

式中，$j = 1, 2, \cdots, n$；x_j 是不小于 1 的整数。与这个问题有关的常数见表 4-3。

表 4-3　五级过程

j	R_j	p_j	P	w_j	W
1	0.80	1		7	
2	0.85	2		8	
3	0.90	3	110	8	200
4	0.65	4		6	
5	0.75	2		9	

例 4-4　在这个问题里，考虑几个设计方案。用部件的固有可靠度 a_j 来表示第 j 级。当采用设计方案 a_j 的相同部件数 x_j 时，第 5 级的可靠度函数就可用 $R'_j(x_j, a_j)$ 来表示。对于一个 n 级串联系统，问题是：

最大值

$$R_s = \prod_{j=1}^{n} R'_j(x_j, a_j)$$

约束为

$$g_1 = \sum_{j=1}^{n} g_{1j}(x_j, a_j) \leqslant C$$

$$g_2 = \sum_{j=1}^{n} g_{2j}(x_j, a_j) \leqslant W$$

式中，$j = 1, 2, \cdots, n$；x_j 和 a_j 均是整数。

例 4-5　考察参考文献［37］中所述的具有 3 个非线性约束的 5 级问题。即：

最大值

$$R_s = \prod_{j=1}^{5} \left[1 - (1 - R_j)^{x_j} \right]$$

约束为

$$g_1 = \sum_{j=1}^{n} p_j (x_j)^2 \leqslant P$$

$$g_2 = \sum_{j=1}^{n} c_j \left[x_j + \exp(x_j/4) \right] \leqslant C$$

$$g_3 = \sum_{j=1}^{n} w_j x_j \exp(x_j/4) \leqslant W$$

式中，x_j 是整数，$j = 1, 2, \cdots, n$。

目标函数 R_s 可以用式（4-3）近似表示，即：

$$R_s \approx 1 - \left[(1-R_1)^{x_1} + (1-R_2)^{x_2} + (1-R_3)^{x_3} + (1-R_4)^{x_4} + (1-R_5)^{x_5} \right] \tag{4-3}$$

式中，$(1-R_1)^{x_1}$、$(1-R_2)^{x_2}$、$(1-R_3)^{x_3}$、$(1-R_4)^{x_4}$、$(1-R_5)^{x_5}$ 是级的不可靠度，分别用 F_1'、F_2'、F_3'、F_4'、F_5' 来表示。

与该五级过程有关的常数如表 4-4 所示。

表 4-4　与该 5 级过程有关的常数

j	R_j	p_j	P	c_j	C	w_j	W
1	0.80	1		7		7	
2	0.85	2		7		8	
3	0.90	3	110	5	175	8	200
4	0.65	4		9		6	
5	0.75	2		4		9	

在用动态规划计算时，大量的约束将会引起所谓维数灾难。已有三种不同的算法用来求解这些问题，并将其归纳在表 4-5 中。

基本的动态规划法适用于无约束或者具有单个约束的一些问题。当一个问题中有两个以上的约束时，求解问题所需的计算量按指数增长。表 4-5 中的第二种方法，最早是由 Bell-man 等人提出，在处理两个或两个以上约束的问题时，使用拉格朗日乘子。通过引入拉格朗日乘子，就可以简化由多个约束所引起的维数问题。

表 4-5　算法的分类

方　法	应　用　例　子	适　用　范　围
基本的动态规划法	例 4-1，例 4-2	单一约束条件等
使用拉格朗日乘子的动态规划法	例 4-3，例 4-4，例 4-5	多个约束条件等
使用控制序列概念的动态规划法	例 4-2～例 4-5	存在控制系统

如果一个问题里包含 3 个约束，那么，就要引入 2 个拉格朗日乘子，进而要求寻找 2 个最优的拉格朗日乘子，这样就要采用控制序列的第三种算法（见表 4-5）。Kettelle 显然是第一个采用控制序列概念求解纯线性约束问题的人。但该算法对具有 3 个非线性约束的问题也是适用的。应用这一算法时，必须找出用在每一级上的部件数的上界和下界，以便缩短控制序列。下面各节中通过例子进行详细的讨论。

4.2　基本动态规划法

基本动态规划法在求解最优化过程中是较为简单而使用的方法，适用于无约束条件下求解，或具有一个约束条件下求解。在液压系统最优化设计中采用这种方法求解最佳参数是可行的。下面通过两例说明其求解方法。

4.2.1　例 4-1 的解

用基本动态规划法来求解例 4-1。

对单一的决策变量 x_1 的一级过程的最优设计，是由式（4-4）对一系列 v_2 值的解来确定的。

$$f_1(v_2) = \max_{x_1}(pv_1 - c_1 x_1) \tag{4-4}$$

式中，v_2 是所有前几级工作的概率，$v_2 = \prod_{j=n+1}^{2} R_{sj}$，其中 R_{sj} 是第 x_j 个并联部位的第 j 级的可靠度。

$$v_1 = v_2 R_{s1} = v_2[1 - (1 - R_1)^{x_1}]$$
$$R_{s,n+1} = v_{n+1} = 1$$

对于两级过程，最优设计由式（4-5）获得，即：

$$f_2(v_3) = \max_{x_2}[f_1(v_2) - c_2 x_2] \tag{4-5}$$

对于 j 级过程，递推的函数方程为

$$f_j(v_{j+1}) = \max_{x_j}[f_{j-1}(v_j) - c_j x_j] \tag{4-6}$$

现在，如果包含 $n-1$，$n-2$，$\cdots$，1 级子系统的最优设计是已知的，那么，通过对单一决策变量 x_n 解极值问题，可以最优地设计出第 n 级，即：

$$f_n(v_{n+1}) = \max_{x_n}[f_{n-1}(v_n) - c_n x_n] \tag{4-7}$$

把约束条件代入这些方程，得到递推的动态规划法：

$$f_1(v_2) = \max_{x_1}(10v_1 - 1.0x_1) \tag{4-8}$$

$$f_2(v_3) = \max_{x_2}[f_1(v_2) - 1.0x_2] \tag{4-9}$$

$$f_3(v_4) = \max_{x_3}[f_2(v_3) - 0.20x_3] \tag{4-10}$$

这里

$$v_1 = v_2[1 - (1 - R_1)^{x_1}] \tag{4-11}$$

$$v_2 = v_3[1 - (1 - R_2)^{x_2}] \tag{4-12}$$

$$v_3 = v_4[1 - (1 - R_3)^{x_3}] \tag{4-13}$$

$$v_4 = 1.0$$

第一个极值问题（第 1 级）是在一系列 v_2 值下求最优的 x_1。由于 v_2 是所有前几级工作的概率，所以它的值在 0~1 之间。式（4-8）和式（4-11）是用在指定的 v_2 值下进行系统搜索，求出使 $\{10v_1 - 1.0x_1\}$ 为最大的 x_1。

可以用任何一种一维搜索技术，然而，由于 x_1 通常取一个小的整数值，因此用简单的启发式搜索就可以实现，其结果如表 4-6 所示。

在 $v_2 = 1.0$，0.9，$\cdots$，0.1 的情况下，最优值 $f_1(v_2)$ 和最优的并联部件 x_1 如表 4-9 和图4-10 所示。

通常，仅给出一个动态规划表 4-9 即可，而像表 4-6、表 4-7 和表 4-8 所示的详细计算则被省略。

类似地，对每个 v_3 值进行系统搜索，以求出使 $f_1(v_2) - c_2 x_2$ 为最大的 x_2 值，这当中要用到式（4-9）和式（4-12）。其结果列于表 4-7，最优解见表 4-9 和图 4-10。在计算过程中，$f_1(v_2)$ 的值是用插值法获得的。例如，对于 $v_3 = 1.0$ 和 $x_2 = 3$，由式（4-12）可知，$v_2 = 0.88$。对于 $v_2 = 0.88$，式（4-9）所用的 $f_1(v_2)$ 值可用第 1 级最优化中所得到的 $f_1(0.9)$ 和 $f_1(0.8)$ 的插值来决定。式（4-10）和式（4-13）用来搜索在 $v_4 = 1.0$ 的情况下，使$f_2(v_3)-c_3x_3$为最大的x_3，因为v_{n+1}总等于1。其结果如表4-8、表4-9和图4-10所示。

表4-6　第1级的结果

v_2	x_1	v_1	$pv_1-c_1x_1$	$f_1(v_2)$
1.0	0	0.00	0.00	
1.0	1	0.75	6.50	
1.0	2	0.94	7.38	*
1.0	3	0.98	6.84	
1.0	4	1.00	5.96	
0.9	0	0.00	0.00	
0.9	1	0.68	5.75	
0.9	2	0.84	6.44	*
0.9	3	0.89	5.86	
0.9	4	0.90	4.96	
0.8	0	0.00	0.00	
0.8	1	0.60	5.00	
0.8	2	0.75	5.50	*
0.8	3	0.79	4.88	
0.8	4	0.80	3.97	
0.7	0	0.00	0.00	
0.7	1	0.53	4.25	
0.7	2	0.66	4.56	*
0.7	3	0.69	3.89	
0.7	4	0.70	2.97	
0.6	0	0.00	0.00	
0.6	1	0.45	3.50	
0.6	2	0.56	3.63	*
0.6	3	0.59	2.91	
0.6	4	0.60	1.98	
0.5	0	0.00	0.00	
0.5	1	0.38	2.75	*
0.5	2	0.47	2.69	
0.5	3	0.49	1.92	
0.4	0	0.00	0.00	
0.4	1	0.30	2.00	*
0.4	2	0.38	1.75	
0.4	3	0.39	0.94	
0.3	0	0.00	0.00	
0.3	1	0.23	1.25	*
0.3	2	0.28	0.81	
0.3	3	0.30	-0.05	
0.2	0	0.00	0.00	
0.2	1	0.15	0.50	*
0.2	2	0.19	-0.13	
0.2	3	0.20	-1.03	
0.1	0	0.00	0.00	*
0.1	1	0.07	-0.25	
0.1	2	0.09	-1.06	

注：＊表示最大值。

表 4-7 第 2 级 (包括第 1 级) 的结果

v_3	x_2	v_2	$f_1(v_2)$	$c_2 x_2$	$f_1(v_2)-c_2 x_2$	$f_2(v_2)$
1.0	0	0.00	0.00	0.00	0.00	
1.0	1	0.50	2.75	1.00	1.75	
1.0	2	0.75	5.03	2.00	3.03	
1.0	3	0.88	6.20	3.00	3.20	*
1.0	4	0.94	6.79	4.00	2.79	
1.0	5	0.97	7.08	5.00	2.08	
0.9	0	0.00	0.00	0.00	0.00	
0.9	1	0.45	2.38	1.00	1.38	
0.9	2	0.68	4.33	2.00	2.33	
0.9	3	0.79	5.38	3.00	2.38	*
0.9	4	0.84	5.91	4.00	1.91	
0.9	5	0.87	6.17	5.00	1.17	
0.8	0	0.00	0.00	0.00	0.00	
0.8	1	0.40	2.00	1.00	1.00	
0.8	2	0.60	3.63	2.00	1.63	*
0.8	3	0.70	4.56	3.00	1.56	
0.8	4	0.75	5.03	4.00	1.03	
0.7	0	0.00	0.00	0.00	0.00	
0.7	1	0.35	1.63	1.00	0.63	
0.7	2	0.53	2.97	2.00	0.97	*
0.7	3	0.61	3.74	3.00	0.74	
0.7	4	0.66	4.15	4.00	0.15	
0.6	0	0.00	0.00	0.00	0.00	
0.6	1	0.30	1.25	1.00	0.25	
0.6	2	0.45	2.38	2.00	0.38	*
0.6	3	0.53	2.97	3.00	−0.03	
0.6	4	0.56	3.30	4.00	−0.07	
0.5	0	0.00	0.00	0.00	0.00	*
0.5	1	0.25	0.88	1.00	−0.13	
0.5	2	0.38	1.81	2.00	−0.19	
0.4	0	0.00	0.00	0.00	0.00	*
0.4	1	0.20	0.50	1.00	−0.50	
0.4	2	0.30	1.25	2.00	−0.75	
0.3	0	0.00	0.00	0.00	0.00	*
0.3	1	0.15	0.25	1.00	−0.75	
0.3	2	0.23	0.69	2.00	−1.31	
0.2	0	0.00	0.00	0.00	0.00	*
0.2	1	0.10	0.00	1.00	−1.00	
0.2	2	0.15	0.25	2.00	−1.75	
0.1	0	0.00	0.00	0.00	0.00	*
0.1	1	0.05	0.00	1.00	−1.00	
0.1	2	0.07	0.00	2.00	−2.00	

注: * 表示最大值。

表 4-8　第 3 级（包括 1、2 级）的结果

v_4	x_3	v_3	$f_2(v_3)$	$c_3 x_3$	$f_2(v_3)-c_3 x_3$	$f_3(v_4)$
1.0	0	0.00	0.00	0.00	0.00	
1.0	1	0.33	0.00	0.20	−0.20	
1.0	2	0.56	0.21	0.40	−0.19	
1.0	3	0.70	0.99	0.60	0.39	
1.0	4	0.80	1.64	0.80	0.84	
1.0	5	0.87	2.14	1.00	1.14	
1.0	6	0.91	2.48	1.20	1.28	
1.0	7	0.94	2.72	1.40	1.32	*
1.0	8	0.96	2.88	1.60	1.28	
1.0	9	0.97	2.99	1.80	1.19	

注：* 表示最大值。

表 4-9　例 4-1 的动态规划

第 3 级（包括第 2 级和第 1 级）的结果	v_4	$f_3(v_4)$	x_3	v_3	$f_2(v_3)$
	1.0	1.32	7	0.94	2.72
	v_3	$f_2(v_3)$	x_2	v_2	$f_1(v_2)$
第 2 级（包括第 1 级）	1.0	3.20	3	0.88	6.20
	0.9	2.38	3	0.79	5.38
	0.8	1.63	2	0.60	3.63
	0.7	0.97	2	0.53	2.97
	0.6	0.38	2	0.45	2.38
	0.5	0.00	0	0.00	0.00
	0.4	0.00	0	0.00	0.00
	0.3	0.00	0	0.00	0.00
	0.2	0.00	0	0.00	0.00
	0.1	0.00	0	0.00	0.00
	v_2		$f_1(v_2)$		x_1
第 1 级	1.0		7.38		2
	0.9		6.44		2
	0.8		5.50		2
	0.7		4.56		2
	0.6		3.63		2
	0.5		2.75		1
	0.4		2.00		1
	0.3		1.25		1
	0.2		0.50		1
	0.1		0.00		0

对于三级过程，对应于最优值 $x_3=7$ 和 $v_3=0.94$，最优的收益系数是 $f_3=1.32$ 个单位。把 $v_3=0.94$ 代入第二级，求得 $x_2=3$ 和 $v_2=0.82$，再把 $v_2=0.82$ 代入第一级，求得 $x_1=2$ 和 $v_1=0.77$。这样最优的并联设计是第三级含 7 个并联部件；第二级含 3 个并联部件；第一级含 2 个并联部件。这就使得在收益为 1.32 个单位时，系统的可靠度达到 0.77。不用并联冗余，系统的收益或消费为：

$$N_{\mathrm{P}} = P \prod_{j=1}^{3} R_j - \sum_{j=1}^{3} c_j x_j$$
$$= 10 \times (0.333 \times 0.50 \times 0.75) - (0.20 \times 1 + 1.0 \times 1 + 1.0 \times 1)$$
$$= -0.95125$$

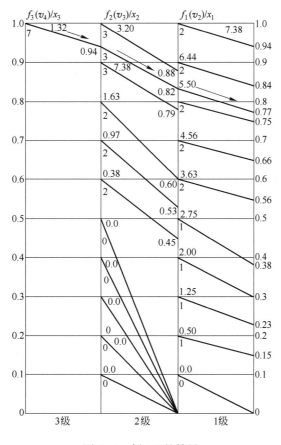

图 4-10 例 4-1 的结果

系统的收益或消费要视情况而定。

4.2.2 例 4-2 的解

考虑具有单一约束条件的例 4-2。在基本动态规划的算法中，该问题的迭代公式可写成：

$$\left.\begin{aligned}
f_1(b) &= \max_{x_1^l \leqslant x_1 \leqslant x_1^\mu} \left[R_1'(x_1) \right] \\
f_2(b) &= \max_{x_2^l \leqslant x_2 \leqslant x_2^\mu} \left[R_2'(x_2) f_1(b - g_{12}(x_2)) \right] \\
&\vdots \\
f_n(b) &= \max_{x_n^l \leqslant x_n \leqslant x_n^\mu} \left[R_n'(x_n) f_{n-1}(b - g_{1n}(x_n)) \right]
\end{aligned}\right\} \qquad (4\text{-}14)$$

式中，$R_j'(x_j) = 1 - (1 - R_j)^{x_j}$，$j = 1, 2, \cdots, n$；$x_j^l$ 是各级所用的最小整数，如果对系统的最小可靠度不做限制，通常取 $x_j^l = 1$；x_j^μ 用于每一级的最大整数。这样有

$$\sum_{\substack{p=1 \\ p \neq j}}^{n} g_{ip}(x_j^l) + g_{1j}(x_j) \leqslant b_1$$

这个例子可以用 Kettelle 动态规划和控制序列法解出。这里用基本动态规划来求解。

由于系统可靠性的指标是 0.99，因此每一级的最小可靠度至少是 0.99。为了使各级可靠度指标达到 0.99，必须确定每一级所用的最小部件数 x_j^l。因为第一级每个部件的可靠度是 0.85，2 个部件并联（1 个冗余数）给出的级可靠度为 0.9775，3 个部件并联（2 个冗余数）给出的级可靠度为 0.9966，它大于 0.99。因此，第 1 级要求的最小部件数为 3。类似的，第 2 级、第 3 级和第 4 级要求的最小部件数分别为 $(x_2^l, x_3^l, x_4^l) = (4, 4, 3)$。

由于在可行域的范围内，R_s 的最大值取决于级数 n 和可用资源 b_1，于是可用 R_n 来表示 $f_n(b_1)$ 的最大值。

$$f_n(b_1) = \max_{x_n, x_{n-1}, \cdots, x_1} \left[\prod_{j=1}^{n} R_j'(x_j) \right] \tag{4-15}$$

式中，x_j 是满足约束条件式（4-16）的正整数。

$$\sum_{j=1}^{n} g_{1j}(x_j) \leqslant b_1 \tag{4-16}$$

对于一级过程，单一决策变量 x_1 的最优设计由式（4-17）的解来确定。

$$f_1(b) = \max_{x_1^l \leqslant x_1 \leqslant x_1^{\mu}} R_1'(x_1) \tag{4-17}$$

式中，x_j^l 为 x_j 的下界；x_j^{μ} 为 x_j 的上界。这里，$x_1^l = 3$，并且用在第 1 级的上界 x_1^{μ} 受费用约束的限制。第一个极值问题（第 1 级）是在一定 b 的值范围内，对最优的 x_1 来求解的。b 值的范围由消耗的资源来决定。对于基本分配 $(x_4, x_3, x_2, x_1) = (3, 4, 4, 3)$，消耗的资源是 39.9，而总的可用资源是 61.0。这样，对于 39.9 和 61.0 之间的每一个 b 值，当所有的前面各级已按 $(x_4^l, x_3^l, x_2^l) = (4, 4, 3)$ 分配好时，找 x_1 的最优分配。x_1 的最优分配如表 4-10 所示。

表 4-10　例 4-2 第 1 级的动态规划

b	x_4^l	x_3^l	x_2^l	x_1	R_s	$f_1(b)$
39.90～44.39	3	4	4	3	0.9768	*
44.40～48.89	3	4	4	4	0.9796	*
48.90～53.39	3	4	4	5	0.9800	*
53.40～57.89	3	4	4	6	0.9801	*
57.90～61.00	3	4	4	7	0.9802	*

注：* 表示最大值。

为了寻找最优的 x_1，对所有可能的 b 值进行启发式搜索。由于 (x_4, x_3, x_2) 是固定的，故在 $39.9 \leqslant b \leqslant 44.40$ 范围内，最优的 x_1 是 3，$f_1(b) = 0.9768$；在 $44.40 \leqslant b \leqslant 48.90$ 范围内，最优的 x_1 是 4，$f_1(b) = 0.9766$；类似的，$48.90 \leqslant b \leqslant 53.40$ 时，$x_1 = 5$，$f_1(b) = 0.9800$；$53.40 \leqslant b \leqslant 57.90$ 时，$x_1 = 6$，$f_1(b) = 0.9801$；$57.90 \leqslant b \leqslant 61.00$ 时，$x_1 = 7$，$f_1(b) = 0.9802$。

这样，当第 4 级、第 3 级和第 2 级固定在 x_4^l、x_3^l、x_2^l 时，对所有可能的 b 值搜索了最优的 x_1^l。下一步，就是在第 4 级和第 3 级固定在最小要求的部件数 x_4^l 和 x_3^l 的条件下，搜索第 2 级和第 1 级的最优组合。考虑在 $39.90 \sim 61.00$ 之间的所有可能的 b 值仍然是非常必要的。为方便起见，从 40.0~61.0 的 b 域的最优化按离散的系列值来实现。每两个相邻的搜索点之间的差为 1。这样，就可用表 4-10 来列出表 4-11。

表 4-11　例 4-2 的第 2 级（和第 1 级）的计算结果

b	x_4^l	x_3^l	x_2	x_1	R_s	$f_2(b)$
40	3	4	4	3	0.9768	*
41	3	4	4	3	0.9768	*
42	3	4	4	3	0.9768	*
43	3	4	4	3	0.9768	*
44	3	4	4	3	0.9768	
	3	4	5	3	0.9797	*
45	3	4	5	3	0.9797	*
	3	4	4	4	0.9796	
46	3	4	5	3	0.9797	*
	3	4	4	4	0.9796	
47	3	4	6	3	0.9804	*
	3	4	4	4	0.9796	
48	3	4	6	3	0.9804	
	3	4	5	4	0.9825	*
49	3	4	6	3	0.9804	
	3	4	5	4	0.9825	*
	3	4	4	5	0.9800	
50	3	4	6	3	0.9804	
	3	4	5	4	0.9825	*
	3	4	4	5	0.9800	
51	3	4	7	3	0.9806	
	3	4	5	4	0.9825	*
	3	4	4	5	0.9800	
52	3	4	7	3	0.9806	
	3	4	6	4	0.9832	*
	3	4	4	5	0.9800	
53	3	4	7	3	0.9806	
	3	4	6	4	0.9832	*
	3	4	5	5	0.9829	
54	3	4	8	3	0.9806	
	3	4	6	4	0.9832	*
	3	4	5	5	0.9829	
	3	4	4	6	0.9801	
55	3	4	8	3	0.9806	
	3	4	7	4	0.9834	*
	3	4	5	5	0.9829	
	3	4	4	6	0.9801	
56	3	4	8	3	0.9806	
	3	4	7	4	0.9834	

续表 4-11

b	x_4^l	x_3^l	x_2	x_1	R_s	$f_2(b)$
	3	4	6	5	0.9836	
	3	4	4	6	0.9801	
57	3	4	9	3	0.9806	
	3	4	7	4	0.9834	
	3	4	6	5	0.9836	*
	3	4	5	6	0.9830	
58	3	4	9	3	0.9806	
	3	4	8	4	0.9835	
	3	4	6	5	0.9836	*
	3	4	4	7	0.9802	
	3	4	5	6	0.9830	
59	3	4	9	3	0.9806	
	3	4	8	4	0.9835	
	3	4	6	5	0.9836	*
	3	4	5	6	0.9830	
	3	4	4	7	0.9802	
60	3	4	9	3	0.9806	
	3	4	8	4	0.9835	
	3	4	7	5	0.9838	*
	3	4	5	6	0.9830	
	3	4	4	7	0.9802	
61	3	4	10	3	0.9806	
	3	4	8	4	0.9835	
	3	4	7	5	0.9838	*
	3	4	6	6	0.9837	
	3	4	4	7	0.9802	

注：＊表示最大值。

在表 4-11 里，$(x_4, x_3) = (3, 4)$ 总是固定的，对应于给定的 b 值，可以搜索出最优的使系统可靠性最大的 (x_2, x_1)。例如，若 $b = 40$，则从表 4-10 可得 $x_1 = 3$，$(x_4, x_3, x_1) = (3, 4, 3)$，最优的 $x_2 = 4$。这样在 $(x_4, x_3, x_2, x_1) = (3, 4, 4, 3)$ 时，系统的可靠度是 0.9768。同样当 $b = 41$，42，43 时，对 (x_2, x_1) 的最优分配是 $(4, 3)$。当 b 增加到 44 时，由表 4-10 知，x_1 仍然是 3，但 x_2 可以是 4 或 5，当 $x_2 = 5$ 时，给出 0.9797 这一较大的系统可靠度，因此 $f_2(44) = 0.9797$。当 b 增至 45，从表 4-10 知，x_1 不是 3 就是 4。当 $x_1 = 3$ 时，求得最优的 x_2 是 5，$R_s = 0.9797$；当 $x_1 = 4$ 时，最优的 x_2 是 4，$R_s = 0.9796$，因此对于 $b = 45$，最优的分配是 $(x_4, x_3, x_2, x_1) = (3, 4, 5, 3)$。表 4-11 中给出的计算结果是类似的一种实现。考虑另外一个例子，当 (x_4, x_3) 固定在 $(3, 4)$ 时，对于 $b = 54$，由表 4-10 知，x_1 可以是 3、4、5 或者 6。当 $x_1 = 3$，$x_2 = 8$ 时，系统的可靠度最大。类似的，当 $x_1 = 4$，$x_2 = 6$；$x_1 = 5$，$x_2 = 5$；$x_1 = 6$，$x_2 = 4$ 时，都能使系统的可靠度最大。$b = 54$ 的最优结果 $f_2(54)$，是在 $(x_2, x_1) = (8, 3)$；$(x_2, x_1) = (6, 4)$；$(x_2, x_1) = (5, 5)$ 和 $(x_2, x_1) = (4, 6)$ 之中最大的系统可靠度，即 $R_s = 0.9832$，并且，$(x_2^l, x_1^l) =$

（6，4）。通常，表4-11所示的第2级（和第1级）的计算结果是不列出的，而仅能给出动态规划表4-14。

类似的，根据所有可能的b值和固定的$x_4=3$，可以构造表4-12。对于每个b值，系统搜索的程序是通过倒过来考查示于表4-14的第2级最优分配（x_2，x_1）来实现的。例如，$b=52$，根据表4-14，对$b\leqslant 52$，（x_2，x_1）的各种最优分配如表4-15所示。

表 4-12 例 4-2 的第 3 级的计算结果

b	x_4^l	x_3	x_2	x_1	R_s	$f_3(b)$
40	3	4	4	3	0.9768	*
41	3	4	4	3	0.9768	*
42	3	4	4	3	0.9768	*
43	3	5	4	3	0.9824	*
44	3	5	4	3	0.9824	*
	3	4	5	3	0.9797	
45	3	6	4	3	0.9841	*
	3	4	5	3	0.9797	
46	3	6	4	3	0.9841	
	3	5	5	3	0.9853	*
47	3	7	4	3	0.9846	
	3	5	5	3	0.9853	*
	3	4	6	3	0.9804	
48	3	7	4	3	0.9846	
	3	6	5	3	0.9870	*
	3	4	6	3	0.9804	
	3	4	5	4	0.9825	
49	3	7	4	3	0.9846	
	3	6	5	3	0.9870	*
	3	5	6	3	0.9860	
	3	4	5	4	0.9825	
50	3	8	4	3	0.9847	
	3	6	5	3	0.9870	*
	3	5	6	3	0.9860	
	3	4	5	4	0.9825	
51	3	8	4	3	0.9847	
	3	7	5	3	0.9875	
	3	5	6	3	0.9860	
	3	5	5	4	0.9881	*
52	3	9	4	3	0.9848	
	3	7	5	3	0.9875	
	3	6	6	3	0.9877	
	3	5	5	4	0.9881	*
	3	4	6	4	0.9832	
53	3	9	4	3	0.9848	
	3	8	5	3	0.9876	
	3	6	6	3	0.9877	
	3	6	5	4	0.9898	*
	3	4	6	4	0.9832	
54	3	10	4	3	0.9848	
	3	8	5	3	0.9876	
	3	7	6	3	0.9882	
	3	6	5	4	0.9898	*
	3	5	6	4	0.9888	
55	3	10	4	3	0.9848	
	3	9	5	3	0.9877	

b	x_4^l	x_3	x_2	x_1	R_s	$f_3(b)$
	3	7	6	3	0.9882	
	3	7	5	4	0.9903	*
	3	5	6	4	0.9888	
	3	4	7	4	0.9834	
56	3	11	4	3		
	3	9	5	3	0.9877	
	3	8	6	3	0.9883	
	3	7	5	4	0.9903	
	3	6	6	4	0.9905	*
	3	4	6	5	0.9836	
57	3	11	4	3		
	3	9	5	3	0.9877	
	3	8	6	3	0.9883	
	3	8	5	4	0.99046	
	3	6	6	4	0.99053	*
	3	4	6	5	0.9836	
58	3	12	4	3		
	3	10	5	3	0.9877	
	3	8	6	3	0.9883	
	3	8	5	4	0.99046	
	3	6	6	4	0.99053	*
	3	5	6	5	0.9893	
59	3	12	4	3		
	3	10	5	3	0.9877	
	3	9	6	3	0.9884	
	3	8	5	4	0.99046	
	3	7	6	4	0.9910	*
	3	5	6	5	0.9893	
60	3	13	4	3	0.9849	
	3	11	5	3	0.9877	
	3	9	6	3	0.9884	
	3	9	5	4	0.9905	
	3	7	6	4	0.9910	*
	3	5	6	5	0.9893	
	3	4	7	5	0.9838	
61	3	13	4	3	0.9849	
	3	11	5	3	0.9877	
	3	10	6	3	0.9884	
	3	9	5	4	0.9905	
	3	8	6	4	0.9912	*
	3	6	6	5	0.9910	
	3	4	7	5	0.9838	

注：＊表示最大值。

可见，(x_2, x_1) 的最优分配仅可能是 $(4, 3)$，$(5, 3)$，$(6, 3)$，$(5, 4)$，$(6, 4)$ 中的一个。由于 x_4 是固定的，当 $(x_2, x_1) = (4, 3)$，求出最优的 $x_3 = 9$ 时，系统的可靠度是 $R_s = 0.9848$；当 $(x_2, x_1) = (5, 3)$，最优的 $x_3 = 7$ 时，$R_s = 0.9875$；当 $(x_2, x_1) = (6, 3)$，最优的 $x_3 = 6$ 时，$R_s = 0.9877$；当 $(x_2, x_1) = (5, 4)$，最优的 $x_3 = 5$ 时，$R_s = 0.9881$；当 $(x_2, x_1) = (6, 4)$，最优的 $x_3 = 4$ 时，$R_s = 0.9832$。在这些系统可靠度中，0.9881 是最大的一个，因此分配 $(x_4, x_3, x_2, x_1) = (3, 5, 5, 4)$，对于 $b = 52$ 来说是最优的。对于第 3 级（第 2 级和第 1 级）的最优结果在表 4-14 中给出。

最后，可以给出 $b = 61$ 时的总的可用资源表 4-13。对于 $b = 61$，由表 4-14 可知，第 3

级所有的最优分配（$b \leq 61$）是（4，4，3），（5，4，3），（6，4，3），（5，5，5），（6，5，3），（5，5，4），（6，5，4），（7，5，4），（6，6，4），（7，6，4）和（8，6，4）。对于上述每一个分配，计算最优的 x_4（给出系统最大可靠度所允许的最大的 x_4）。在所有这些系统可靠度中，最优的系统可靠度（表4-13）为（x_4，x_3，x_2，x_1）=（5，7，6，4），它给出系统最大的可靠度 $R_s = 0.99871$。表4-14 为这一问题的动态规划表。

表4-13 例4-2的第4级的计算结果

b	x_4	x_3	x_2	x_1	R_s	$f_4(b)$
	20	4	4	3	0.9848	
	18	5	4	3	0.9904	
	16	6	4	3	0.9921	
	15	5	5	3	0.9933	
	14	7	4	3	0.9926	
	13	6	5	3	0.9951	
61	11	5	5	4	0.99609	
	10	6	5	4	0.99779	
	8	7	5	4	0.99830	
	7	6	6	4	0.99851	
	5	7	6	4	0.99871	*
	3	8	6	4	0.99119	

注：* 表示最大值。

表4-14 例4-2的动态规划表

第4级	b	x_4	x_3	x_2	x_1	$f_4(b)$
	61	5	7	6	4	0.99871

第3级	b	x_4^l	x_3	x_2	x_1	$f_3(b)$
	40	3	4	4	3	0.9768
	41	3	4	4	3	0.9768
	42	3	4	4	3	0.9768
	43	3	5	4	3	0.9824
	44	3	5	4	3	0.9824
	45	3	6	4	3	0.9841
	46	3	5	5	3	0.9853
	47	3	5	5	3	0.9853
	48	3	6	5	3	0.9870
	49	3	6	5	3	0.9870
	50	3	6	5	3	0.9870
	51	3	5	5	4	0.9881
	52	3	5	5	4	0.9881
	53	3	6	5	4	0.9898
	54	3	6	5	4	0.9898
	55	3	7	5	4	0.9903
	56	3	6	6	4	0.9905
	57	3	6	6	4	0.9905
	58	3	6	6	4	0.9905
	59	3	7	6	4	0.9910
	60	3	7	6	4	0.9910
	61	3	8	6	4	0.9912

续表 4-14

	b	x_4^l	x_3^l	x_2	x_1	$f_2(b)$
第 2 级	40	3	4	4	3	0.9768
	41	3	4	4	3	0.9768
	42	3	4	4	3	0.9768
	43	3	4	4	3	0.9768
	44	3	4	5	3	0.9797
	45	3	4	5	3	0.9797
	46	3	4	5	3	0.9797
	47	3	4	6	3	0.9804
	48	3	4	5	4	0.9825
	49	3	4	5	4	0.9825
	50	3	4	5	4	0.9825
	51	3	4	5	4	0.9825
	52	3	4	6	4	0.9832
	53	3	4	6	4	0.9831
	54	3	4	6	4	0.9831
	55	3	4	7	4	0.9834
	56	3	4	6	5	0.9836
	57	3	4	6	5	0.9836
	58	3	4	6	5	0.9836
	59	3	4	6	5	0.9836
	60	3	4	7	5	0.9838
	61	3	4	7	5	0.9838
	b	x_4^l	x_3^l	x_2^l	x_1	$f_1(b)$
第 1 级	39.90~44.39	3	4	4	3	0.9768
	44.40~48.89	3	4	4	4	0.9796
	48.90~53.39	3	4	4	5	0.9800
	53.40~57.89	3	4	4	6	0.9807
	57.90~61.00	3	4	4	7	0.9802

表 4-15　各种最优分配

b	最优的 (x_2, x_1)	b	最优的 (x_2, x_1)
40	4, 3	47	6, 3
41	4, 3	48	5, 4
42	4, 3	49	5, 4
43	4, 3	50	5, 4
44	5, 3	51	5, 4
45	5, 3	52	6, 4
46	5, 3		

4.3　用拉格朗日乘子的动态规划法

4.3.1　问题的阐述

如果目标函数具有多个约束条件，那么可以引入拉格朗日乘子，用以消去一些约束，从而降低问题的维数。

4.2 节已对单个约束问题进行了阐述，并用基本动态规划法进行了求解。现在，假设问题又有第二个约束条件，即

$$\sum_{j=1}^{n} g_{2j}(x_j) \leqslant b_2 \tag{4-18}$$

必须考虑由式（4-19）定义的函数序列：

$$\left. \begin{array}{l} f_1(b) = \max_{1 \leqslant x_1 \leqslant x_1^{\mu}} R_1'(x_1) \\[2mm] f_2(b) = \max_{1 \leqslant x_2 \leqslant x_2^{\mu}} \left[R_2'(x_2) f_1(b_1 - g_{12}(x_2) b_2 - g_{22}(x_2)) \right] \\[2mm] \vdots \\[2mm] f_n(b_1, b_2) = \max_{1 \leqslant x_n \leqslant x_n^{\mu}} \left[R_n'(x_n) f_{n-1}(b_1 - g_{1n}(x_n) b_2 - g_{2n}(x_n)) \right] \end{array} \right\} \tag{4-19}$$

式中，x_j^{μ} 是 $(x_j^{\mu})^1$ 和 $(x_j^{\mu})^2$ 之间的最小整数。

$(x_j^{\mu})^1$ 满足式（4-20）的最大的整数，即：

$$\sum_{\substack{p=1 \\ p \neq j}}^{n} g_{1p}(1) + g_{1j}(x_j) \leqslant b_1 \tag{4-20}$$

$(x_j^{\mu})^2$ 满足式（4-21）的最大的整数，即：

$$\sum_{\substack{p=1 \\ p \neq j}}^{n} g_{2p}(1) + g_{2j}(x_j) \leqslant b_2 \tag{4-21}$$

有两个约束问题的递推公式，基本上与用于一个约束问题的方法相同。虽然公式很简单，但它包含了两个变量的函数序列，这就要求有大的存储量，同时要消耗相当大的计算机时。因此，从计算角度来考虑，这还不能使人满意。

解决有两个约束问题的另一种方法是引入拉格朗日乘子 λ，并作为一个惩罚项。这样问题可表示为：

最大值

$$\prod_{j=1}^{n} R_{1j}(x_j) \exp\left[-\lambda \sum_{j=1}^{n} g_{2j}(x_j) \right] \tag{4-22}$$

约束

$$\sum_{j=1}^{n} g_{1j}(x_j) \leqslant b_1$$

拉格朗日乘子 λ 的选择，要尽可能使式（4-18）的约束条件成为等式。现在问题已变成一个变量且具有下列递推关系的函数序列。

$$f_1(b) = \max_{x_1^l \leqslant x_1 \leqslant x_1^{\mu}} \left[R_1'(x_1) \exp(-\lambda g_{21}(x_1)) \right]$$

$$f_2(b) = \max_{x_2^l \leqslant x_2 \leqslant x_2^{\mu}} \left[R_2'(x_2) f_1(b_1 - g_{12}(x_2) \exp(-\lambda g_{22}(x_2))) \right]$$

$$\vdots$$

$$f_n(b) = \max_{x_n^l \leqslant x_n \leqslant x_n^{\mu}} \left[R_n'(x_n) f_{n-1}(b_1 - g_{1n}(x_n) \exp(-\lambda g_{2n}(x_n))) \right]$$

这里，x_j^l 是用在每一级的最小整数，$j=1, 2, \cdots, n$；x_j^{μ} 是用在每一级的最大整数，$j=1, 2, \cdots, n$。于是有：

$$\sum_{\substack{p=1 \\ p \neq j}}^{n} g_{1p}(x_j^l) + g_{1j}(x_j) \leqslant b_1$$

选择 λ 时，要使 $\sum\limits_{\substack{p=1 \\ p \neq j}}^{n} g_{2j}(x_j)$ 尽可能接近 b_2。对于固定的 λ 值，系统的最大可靠度为：

$$R_s = f_n(b_1) \exp\left[-\lambda \sum_{j=1}^{n} g_{2j}(x_j) \right]$$

要寻找 R_s 的最优解，应当进行一维搜索。

4.3.2　例 4-3 的解

为求解此例，首先要确定在每一级所用部件数的下界。用枚举法逐级分配冗余数，直到有一约束条件被超越，如表 4-16 所示。在即将越过约束之前，假设用于计算下界的基本系统结构是 1。对于本数值例，就是（3，3，3，3，2）。与这一结构相对应的系统可靠度 $R(x) = 0.8125$。然而，这并不是一个最优解，系统可靠性的最优解应不小于这个值。因此，假设级可靠度的下界是 0.8125，然后计算级部件数相应的下界。对于 $j = 1$，有 $1 - (1 - 0.80)^{x_1} \geq 0.8125$。从该式可解出，$x_1 \geq 2.31$，因此就说 $x_1^l = 2$。类似的，可以得到 $x_2^l = 2$，$x_3^l = 1$，$x_4^l = 2$，$x_5^l = 2$。

表 4-16　枚举法逐级分配部件数

级					所用资源	
1	2	3	4	5	$\sum\limits_{j=1}^{5} g_{1j}$	$\sum\limits_{j=1}^{5} g_{2j}$
1	1	1	1	1	12	48.72
2	1	1	1	1	15	62.88
2	2	1	1	1	21	78.99
2	2	2	1	1	30	95.10
2	2	2	2	1	42	107.19
2	2	2	2	2	48	125.30
3	2	2	2	2	53	146.67
3	3	2	2	2	63	171.11
3	3	3	2	2	78	195.53
3	3	3	3	2	98	213.86

用拉格朗日乘子将资源方程修改为：

$$f_1(b) = \max_{x_1^l \leq x_1 \leq x_1^u} \left\{ (1 - Q_1^{x_1}) \exp\left[-\lambda (w_1 x_1 \mathrm{e}^{-x_1/4}) \right] \right\} \tag{4-23}$$

$$f_2(b) = \max_{x_2^l \leq x_2 \leq x_2^u} \left\{ (1 - Q_2^{x_2}) \exp\left[-\lambda (w_2 x_2 \mathrm{e}^{-x_2/4}) \right] f_1(b - p_2 x_2^2) \right\} \tag{4-24}$$

$$f_3(b) = \max_{x_3^l \leq x_3 \leq x_3^u} \left\{ (1 - Q_3^{x_3}) \exp\left[-\lambda (w_3 x_3 \mathrm{e}^{-x_3/4}) \right] f_2(b - p_3 x_3^2) \right\} \tag{4-25}$$

$$f_4(b) = \max_{x_4^l \leq x_4 \leq x_4^u} \left\{ (1 - Q_4^{x_4}) \exp\left[-\lambda (w_4 x_4 \mathrm{e}^{-x_4/4}) \right] f_3(b - p_4 x_4^2) \right\} \tag{4-26}$$

$$f_5(b) = \max_{x_5^l \leq x_5 \leq x_5^u} \left\{ (1 - Q_5^{x_5}) \exp\left[-\lambda (w_5 x_5 \mathrm{e}^{-x_5/4}) \right] f_4(b - p_5 x_5^2) \right\} \tag{4-27}$$

式中，$Q_j = (1 - R_j)$，$j = 1, 2, \cdots, 5$。

要确定 λ，以使

$$g_2 = \sum_{j=1}^{n} w_j x_j \exp(x_j/4) \approx W$$

为了求解这个例题，应该指定 λ，如 $\lambda = 0.001$。由于在可行域里的目标依赖于级数 n、可用资源 b_1 和拉格朗日乘子 λ，故用 $f_n(b_1)$ 表示极大化了的目标：

$$f_n(b_1) = \max_{x_n, x_{n-1}, \cdots, x_1} \left[\prod_{j=1}^{n} R_j'(x_j^l) \exp\left(-\lambda \sum_{j=1}^{n} g_{2j}(x_j) \right) \right]$$

式中，x_j 是满足约束条件 $\sum_{j=1}^{n} g_{1j}(x_j) \leq b_1$ 的正整数。

对于一级过程，单一决策变量 x_1 的最优设计，由式（4-28）的解来确定。

$$f_1(b) = \max_{x_1^l \leq x_1 \leq x_1^u} R_1'(x_1) \exp(-\lambda g_{2j}(x_1)) \tag{4-28}$$

式中，$x_2^l = 2$，用在第 1 级的上界的 x_1^u 受约束条件的限制。b 值的范围处在基本分配（x_5^l，x_4^l，x_3^l，x_2^l，x_1^l）=（2，3，1，2，2）所消耗的资源 59.0 和可利用的总的资源 110.0 之间。当 b 增加时，级冗余度 $x_1 - 1$、级可靠度 $R_1'(x_1)$ 和级费用 $g_{21}(x_1)$ 都将增加，但是惩罚项 $\exp[-\lambda g_{21}(x_1)]$ 将减少。由于 $f_1(b)$ 是 $R_1'(x_1)$ 与 $\exp[-\lambda g_{21}(x_1)]$ 乘积的极大值，因此 $f_1(b)$ 不是 b 的单调增函数。换句话说，b 的增加，允许在第 1 级添加较多的部件，但是增加这一冗余数所得的结构，并不能给一个最优的回代值。当前边各级由（x_5^l，x_4^l，x_3^l，x_2^l）=（2，3，1，2）所固定时，就得到如表 4-17 所示的 x_1 的最优分配。所有可能的 b 值应当无遗漏地搜索，以便找出最优的 x_1。由于（x_5，x_4，x_3，x_2）是固定的，所以当 $59.0 \leq b \leq 64.0$ 时，$x_1 = 2$ 给出的函数值为 0.66710。

表 4-17　例 4-3 第 1 级的计算结果（$\lambda = 0.0010$）

b	x_5^l	x_4^l	x_3^l	x_2^l	x_1	函数值	$f_1(b)$
59 ~ 63.9	2	3	1	2	2	0.66710	*
64 ~ 70.9	2	3	1	2	3	0.67476	*
71 ~ 79.9	2	3	1	2	3	0.67476	*
	2	3	1	2	4	0.65860	
80 ~ 90.9	2	3	1	2	3	0.67476	*
	2	3	1	2	4	0.65860	
	2	3	1	2	5	0.62915	
91 ~ 103.9	2	3	1	2	3	0.67476	*
	2	3	1	2	4	0.65860	
	2	3	1	2	5	0.62915	
	2	3	1	2	6	0.60322	
104 ~ 110	2	3	1	2	3	0.67476	*
	2	3	1	2	4	0.65860	
	2	3	1	2	5	0.62915	
	2	3	1	2	6	0.60322	
	2	3	1	2	7	0.58209	

注：* 表示最大值。

当 $64.0 \leq b \leq 71.0$ 时，最优的 $x_1 = 3$，此时 $f_1(b) = 0.67476$。当 $71.0 \leq b < 80.0$ 时，可把 4 个部件分配给 x_1，但这时给出的函数值是 0.65860，它小于 $x_1 = 3$ 时的函数值 0.67476，因此，当 $71.0 \leq b < 80.0$ 时，$x_1 = 3$ 是最优的。类似的，对 $b \geq 80.0$，分配 $x_1 = 3$，4，5，6，7，可知 $f_1(b)$ 在 $x_1 = 3$ 时为最优。因此 $64.0 \leq b \leq 110$，$x_1 = 3$ 是最优的。第 1 级的结果示于动态规划表 4-22 "第 1 级"中。

由于（x_5^l，x_4^l，x_3^l）=（2，3，1）是固定的，因此下一步就是搜索第 2 级和第 1 级的最优组合值。为此，必须考虑 59.0 和 110.0 之间的所有可能的 b 值。为方便起见，最大化是

在 b 的离散域内实现的。由于在对部件有最小要求的任一级上再添加一个部件的费用，至少要耗费 5 个单位，所以两个搜索点之间的差可以选为 5，于是得到表 4-22。

在表 4-18 中，$(x_5^l, x_4^l, x_3^l) = (2, 3, 1)$ 是固定的。根据给定的 b 值，搜索使函数 $f_2(b)$ 达最大值的最优的 (x_2, x_1)。其步骤与基本动态规划算法的步骤相似。例如，若 $b = 84$，则由表 4-22（第 1 级计算）知 x_1 是最优的。当 $x_1 = 2$ 时，搜索最优的 x_2，得 $x_2 = 2$，函数值是 0.66710；当 $x_1 = 3$ 时，搜索最优的 x_2，得 $x_2 = 2$，函数值是 0.67476。由于 0.67476>0.66710，对于 $b = 84$ 来说，最优分配是 $(x_5^l, x_4^l, x_3^l, x_2^l, x_1^l) = (2, 3, 1, 2, 3)$。在表 4-18 中，当 $(x_5^l, x_4^l, x_3^l) = (2, 3, 1)$ 固定时，x_2 和 x_1 仅仅存在两种可能的分配，即 $(x_2, x_1) = (2, 2)$ 或者 $(x_2, x_1) = (2, 3)$，这已列在动态规划表 4-22（第 2 级计算）之中。类似地，在所有可能的 b 值和固定的 $(x_5^l, x_4^l) = (2, 3)$ 下，能列出用于第 3 级计算的表 4-19。

表 4-18　例 4-3 第 2 级计算结果（$\lambda = 0.0010$）

b	x_5^l	x_4^l	x_3^l	x_2	x_1	函数值	$f_2(b)$
59	2	3	1	2	2	0.66710	*
64	2	3	1	2	2	0.67710	
	2	3	1	2	3	0.67476	*
69	2	3	1	2	2	0.66710	
	2	3	1	2	3	0.67476	*
74	2	3	1	2	2	0.66710	
	2	3	1	2	3	0.67476	*
79	2	3	1	2	2	0.66710	
	2	3	1	2	3	0.67476	*
84	2	3	1	2	2	0.66710	
	2	3	1	2	3	0.67476	*
89	2	3	1	2	2	0.66710	
	2	3	1	2	3	0.67476	*
94	2	3	1	2	2	0.66710	
	2	3	1	2	3	0.67476	*
99~110	2	3	1	2	2	0.66710	
	2	3	1	2	3	0.67476	*

注：* 表示最大值。

表 4-19　例 4-3 第 3 级计算结果（$\lambda = 0.0010$）

b	x_5^l	x_4^l	x_3	x_2	x_1	函数值	$f_3(b)$
59	2	3	1	2	2	0.66710	*
64	2	3	1	2	2	0.67710	
	2	3	1	2	3	0.67476	*
69	2	3	2	2	2	0.72208	*
	2	3	1	2	3	0.67476	
74	2	3	2	2	2	0.72208	
	2	3	2	2	3	0.73037	*
79	2	3	2	2	2	0.72208	
	2	3	2	2	3	0.73037	*
84	2	3	2	2	2	0.72208	
	2	3	2	2	3	0.73037	*
89	2	3	2	2	2	0.72208	
	2	3	2	2	3	0.73037	*
94	2	3	2	2	2	0.72208	
	2	3	2	2	3	0.73037	*
99~110	2	3	2	2	2	0.72208	
	2	3	2	2	3	0.73037	*

注：* 表示最大值。

对于每个 b 值，可采用表4-22（第2级计算）的最优分配（x_2，x_1）来进行系统的搜索过程。也可以针对所有可能的 b 值和在固定的 $x_5^l=2$ 条件下，构造用于第4级计算的表4-20。最后，在总的可用资源 $b=110$ 时，可以构造表4-21。对于 $b=110$，由表4-22（第4级计算）知，所有可能的最优分配（x_4，x_3，x_2，x_1）是（3，1，2，2）、（3，1，2，3）、（3，2，2，2）和（3，2，2，3）。对于每一种分配，计算最优的 x_5（给出最大函数值允许的最大的 x_5），可从所有这些可能的值中挑选最大的一个作为最优值，如表4-21所示。由表4-22中 $\lambda=0.0010$ 的动态规划看出，（x_5，x_4，x_3，x_2，x_1）=（3，3，2，2，3），$f_5(b=110)=$ 0.74610。表4-23表明，当 $\lambda=0.0010$ 时，系统总的消耗为：

$$g_2 = \sum_{j=1}^{n} g_{2j}(x_j) = 192.5$$

表4-20 例4-3第4级计算结果（$\lambda=0.0010$）

b	x_5^l	x_4	x_3	x_2	x_1	函数值	$f_4(b)$
59	2	3	1	2	2	0.66710	*
64	2	3	1	2	2	0.67710	
	2	3	1	2	3	0.67476	*
69	2	3	1	2	2	0.66710	
	2	3	1	2	3	0.67476	
	2	3	2	2	3	0.72208	*
74	2	3	1	2	2	0.66710	
	2	3	1	2	3	0.67476	
	2	3	2	2	2	0.72208	
	2	3	2	2	3	0.73037	*
79~110	2	3	1	2	2	0.66710	
	2	3	1	2	3	0.67476	
	2	3	2	2	2	0.72208	
	2	3	2	2	3	0.73037	*

注：* 表示最大值。

表4-21 例4-3第5级计算结果（$\lambda=0.0010$）

b	x_5	x_4	x_3	x_2	x_1	函数值	$f_5(b)$
110	3	3	1	2	2	0.68147	
	3	3	1	2	3	0.68929	
	3	3	2	2	2	0.73764	
	3	3	2	2	3	0.74610	*

注：* 表示最大值。

表4-22 例4-3的动态规划表（$\lambda=0.0010$）

第5级计算	b	x_5	x_4	x_3	x_2	x_1	$f_5(b)$
	110	3	3	2	2	3	0.74610
	b	x_5^l	x_4	x_3	x_2	x_1	$f_4(b)$
第4级计算	59	2	3	1	2	2	0.66710
	64	2	3	1	2	3	0.67476
	69	2	3	2	2	2	0.72208
	74~110	2	3	2	2	3	0.73037

	b	x_5^l	x_4^l	x_3	x_2	x_1	$f_3(b)$
第 3 级计算	59	2	3	1	2	2	0.66710
	64	2	3	1	2	3	0.67476
	69	2	3	2	2	2	0.72208
	74~110	2	3	2	2	3	0.73037
	b	x_5^l	x_4^l	x_3^l	x_2	x_1	$f_2(b)$
第 2 级计算	59	2	3	1	2	2	0.66710
	64~110	2	3	1	2	3	0.67476
	b	x_5^l	x_4^l	x_3^l	x_2^l	x_1	$f_1(b)$
第 1 级计算	56~63.9	2	3	1	2	2	0.66710
	64~110	2	3	1	2	3	0.67476

系统的可靠度为：　　　$R_s = f_5(b_1)\exp\left[-\lambda\sum_{i=1}^{n}g_{2j}(x_j)\right] = 0.9045$

在搜索适当的拉格朗日乘子 λ 时，对不同的 λ 值做了试验，所耗费用接近 200（但总是低于 200。因为 $g_2 \leqslant W$，这里 $W = 200$）。对每个 λ 值进行上述搜索，从而得到了最优结构。其结果扼要地列于表 4-23。

表 4-23　在不同的拉格朗日乘子下的最优系统可靠性

拉格朗日乘子	最优系统结构					最优系统可靠性参数		
λ	λ_μ	x_4	x_3	x_2	x_1	R_s	g_1	g_2
0.0001	4	3	2	3	3	0.9331	107	257.6
0.0002	4	3	2	3	3	0.9331	107	257.6
0.0004	4	3	2	3	3	0.9331	107	257.6
0.0006	3	3	2	3	3	0.9222	93	216.9
0.0008	3	3	2	3	3	0.9045	83	192.5
0.0010	3	3	2	2	3	0.9045	83	192.5
0.0015	3	3	2	2	3	0.9045	83	192.5
0.0016	3	3	2	2	2	0.8753	78	171.1
0.0040	2	3	2	2	2	0.8336	68	143.6
0.0060	2	3	1	2	2	0.7578	59	127.5
0.0080	2	3	1	2	2	0.7578	59	127.5
0.0100	2	3	1	2	2	0.7578	59	127.5

对于 $\lambda = 0.0010$，最优的分配是（x_5，x_4，x_3，x_2，x_1）是（4，3，2，3，3），系统的可靠度 $R_s = 0.9331$，消耗的费用 $g_1 = 107$，$g_2 = 257.6$，这就是说，第二个约束条件被破坏。对于 $\lambda = 0.01$，最优分配是（x_5，x_4，x_3，x_2，x_1）=（2，3，1，2，2），系统的可靠度 $R_s = 0.7578$，消耗的费用 $g_1 = 59$，$g_2 = 127.5$。现在 $g_2 < 200$，因此该解是一个可行解。然而，我们可以增加级冗余度，耗费较多的资源，以便提高系统的可靠性。对于 λ 的一维搜索，可在 0.0001~0.01 之间进行。表 4-23 给出的最优解为：

$$0.0008 \leqslant \lambda \leqslant 0.0015$$

$$(x_5,\ x_4,\ x_3,\ x_2,\ x_1) = (3,\ 3,\ 2,\ 2,\ 3)$$

$$g_1 = 83 \quad g_2 = 192.5 \quad R_s = 0.9045$$

4.4　用控制序列概念的动态规划法

4.4.1　问题的阐述

最大值
$$R_{\mathrm{s}} = \prod_{j=1}^{n} \left[1 - (1 - R_j)^{x_j} \right]$$

约束
$$g_i = \sum_{j=1}^{n} g_{ij}(x_j) \leqslant b_j \qquad (i = 1, 2, \cdots, r) \tag{4-29}$$

求解上述多约束系统的最大可靠度问题，所需的计算量往往很大，可以通过选择系统结构的控制条件而得到简化。

如果系统满足约束条件：
$$\sum_{j=1}^{n} g_{ij}(x_j') \leqslant \sum_{j=1}^{n} g_{ij}(x_j) \qquad (i = 1, 2, \cdots, r)$$

且有
$$R_{\mathrm{s}}(x') \geqslant R_{\mathrm{s}}(x)$$

就说系统结构 x' 控制另一个系统结构 x。也就是说，系统控制结构具有较好的系统可靠性，且消耗较少的费用。所有满足式（4-29）的约束条件，且不受其他控制的冗余数分配序列 s，被称为一个控制序列。

按动态规划的方式，两级的组合用来搜索结构的控制序列，然后再与第 3 级组合，产生另一个控制序列。每当一个约束条件被破坏时，该序列就终止。获得最优系统结构的最后控制结构，是由第 1 级、第 2 级、…、第 $n-1$ 级以及第 n 级的控制序列的组合产生，它是构成控制序列过程的最后一项。

为了减小控制序列的长度，使用启发式方法确定 $x_j (j = 1, 2, \cdots, n)$ 的上界和下界。

（1） x_j 的上界 x_j^μ。每一级至少应有一个部件，如果要确定第 j 级的上界 x_j^μ，令 $x_k = 1 (k = 1, 2, \cdots, n; k \neq j)$，$x_j^\mu$ 是集合 $\{c_1, c_2, \cdots, c_r\}$ 中的最小整数。这里，$c_l = \max \{x_j \mid x_j$ 是整数，并且 $g_{lk}(1, \cdots, 1; x_j, 1, \cdots, 1) \leqslant b_l\}$，$l = 1, 2, \cdots, r$。

（2） x_j 的下界 x_j^l。冗余数是在约束条件的限制下逐级分配的。如果分配过程中最后一步的结构 x 的可靠度是 $R_{\mathrm{s}}(x)$，且没有任何约束被破坏，则对 x_j 求解 $R_{\mathrm{s}}(x) \leqslant 1 - (1 - R_j)^{x_j}$ 形式的 n 个方程，x_j^l 就是满足上述方程的最小整数集合。这里，x_j^l 是用在第 j $(j = 1, 2, \cdots, n)$ 级部件数的下界。

4.4.2　例 4-5 的解

为用控制序列概念解此例，必须首先寻找用在每一级上的部件数的上界和下界。

（1）上界 x_j^μ。为寻找第 j 级部件数的上界，假设所有其他的级只有一个部件。第 1 级的上界 x_j^μ 是满足下列 3 个约束条件的最大整数。

$$g_1 = 1 \times (x_1^\mu)^2 + 2 \times (1)^2 + 3 \times (1)^2 + 4 \times (1)^2 + 2 \times (1)^2 \leqslant 110$$

$$g_2 = 7 \times (x_1^\mu + \exp(x_1^\mu / 4)) + 7 \times (1 + \exp(1/4)) + 5 \times (1 + \exp(1/4)) +$$
$$\qquad 9 \times (1 + \exp(1/4)) + 4 \times (1 + \exp(1/4)) \leqslant 175$$

$$g_3 = 7 \times x_1^\mu \exp(x_1^\mu / 4) + 8 \times 1 \times \exp(1/4) + 8 \times 1 \times \exp(1/4) +$$

$$6 \times 1 \times \exp(1/4) + 9 \times 1 \times \exp(1/4) \leqslant 200$$

把整数的 $x_1^\mu = 1$，$2 \cdots$ 代入 g_1、g_2 和 g_3。当 $x_1^\mu = 6$ 时，得 $g_1 = 47$，$g_2 = 137.34$，$g_3 = 227.36$，即 $g_3(x_1^\mu = 6) > 200$；当 $x_1^\mu = 5$ 时，$g_1 = 36$，$g_2 = 91.44$，$g_3 = 161.59$。这里约束条件均满足。因此 x_1^μ 是 5。用类似的办法找出其他各级部件数的上界，结果全是 5。

（2）下界 x_j^l。采用如表 4-24 所示的枚举法逐级分配冗余数，直到有约束条件被超过为止。对于本例，假定一个约束条件刚好被超过之前的结构是（3，3，3，2，2），就用它来作为计算下界的基本系统结构。与结构（3，3，3，2，2）相对应的系统可靠度 $R_s(x)$ 是 0.8124，但它不是一个最优解。系统最优的可靠度应不小于这个值。因此，假设级可靠度的下界是 0.8124，并计算相应的级部件数的下界，即对于 $j = 1$，有 $1 - (1 - 0.80)^{x_1} \geqslant 0.8124$，解出 $x_1 \geqslant 2.31$，这表明 $x_1^l = 2$。类似地，可以得到 $x_2^l = 2$，$x_3^l = 1$，$x_4^l = 3$ 和 $x_5^l = 2$。

表 4-24 枚举法逐级分配部件数

级					所用资源		
1	2	3	4	5	$\sum_{j=1}^{5} g_{1j}$	$\sum_{j=1}^{5} g_{2j}$	$\sum_{j=1}^{5} g_{3j}$
1	1	1	1	1	12	73.09	48.79
2	1	1	1	1	15	82.64	62.88
2	2	1	1	1	21	92.19	78.99
2	2	2	1	1	30	99.01	95.10
2	2	2	2	1	42	111.29	107.18
2	2	2	2	2	48	116.75	125.30
3	2	2	2	2	53	127.03	146.67
3	3	2	2	2	63	138.31	171.11
3	3	3	2	2	78	144.65	195.53
3	3	3	3	2	98	157.87	213.86

每一级部件数的最优结构是在该级部件数的上界和下界之间。

为了求解该例，计算过程的第一步就是建立第 1 级和第 2 级的组合矩阵（见表 4-25）。在表 4-25 中，部件数、级不可靠度、g_1、g_2 和 g_3（对于第 1 级和第 2 级而言）分别用矩阵的行和列来表示。用在每一级部件的起始数是该级的下界，而最后的数是该级的上界。考虑到用不可靠度比用可靠度方便，尽管用不可靠度需要近似化，仍采用不可靠度。

表 4-25 例 4-5 第 1 级和第 2 级计算结果

		$x_1^l = 2$	3	4	$x_1^\mu = 5$
第 1 级	所用部件数 级不可靠度 所用 g_1 所用 g_2 所用 g_3	0.04 4 25.54 23.08	0.008 9 35.81 44.45	0.0016 16 47.02 76.10	0.0003 25 59.36 121.81
第 2 级	$x_2^l = 2$ 0.0225 8 25.54 26.38	（1） 0.0625 12 51.08 49.46	（2） 0.0305 17 61.35 70.83	（3） 0.0241 24 72.56 102.48	0.0228 33 84.90 148.19

续表 4-25

第2级	3		(4)	(5)	(6)
	0.0034	0.0434	0.0114	0.0050	0.0037
	18	22	27	34	43
	35.81	61.35	71.62	82.83	95.17
	50.81	73.89	95.26	126.91	172.61
	4			(7)	
	0.0005	0.0405	0.0085	0.0021	0.008
	32	36	41	48	57
	47.02	72.56	82.83	94.04	106.38
	86.98	110.06	131.43	163.08	208.79
	$x_2^{\mu}=5$				
	0.0001	0.0401	0.0081	0.0017	0.0004
	50	54	59	66	75
	59.36	84.90	95.17	106.38	118.72
	139.21	162.29	183.66	215.31	261.02

在表 4-25 中，矩阵的每一个元素是一个向量，它表示系统的不可靠度，而 g_1、g_2 和 g_3 是第 1 级和第 2 级组合的结果。假若 R_1 和 R_2 接近 1，即 $R_1 \geqslant 0.5$，$R_2 \geqslant 0.5$，则系统的不可靠度可用第 1 级和第 2 级的不可靠度相加来近似，即：

$$F' = 1 - \left[1 - (1 - R_1)^{x_1}\right]\left[1 - (1 - R_2)^{x_2}\right]$$
$$\approx (1 - R_1)^{x_1} + (1 - R_2)^{x_2}$$

式中　　$(1 - R_1)^{x_1}$ ——第 1 级的不可靠度；

　　　　$(1 - R_2)^{x_2}$ ——第 2 级的不可靠度。

由第 1 级和第 2 级组合成的控制系统的控制序列，是由消去某些控制矩阵的元素而得到。其消元的步骤为：

（1）当矩阵元素中的任何费用超过可用资源的约束时，该元素作废。例如，元素 $(x_1, x_2) = (5, 4)$，$(x_1, x_2) = (4, 5)$，$(x_1, x_2) = (5, 5)$ 均被消去，因为所有这些元素的 g_3 都超过 200。

（2）控制序列确定如下：

1）考虑具有最高可靠度（也就是最低不可靠度）的元素，它总是控制序列的一项，不管费用是多少。在表 4-25 里，这样的元素是 $(x_1, x_2) = (4, 4)$，它具有最高的可靠度 $1 - 0.0021 = 0.9979$。现在，把其他元素的费用与这一元素的费用进行比较，消去具有较低可靠度和较高费用的所有元素。在表 4-25 里，最高费用元素 $(x_1, x_2) = (4, 4)$ 具有的可靠度是 0.9979，$g_1 = 48$，$g_2 = 94.04$，$g_3 = 163.08$。与 $(x_1, x_2) = (4, 4)$ 相比，元素 $(x_1, x_2) = (3, 5)$ 具有可靠度 $1 - 0.0081 = 0.9919$，$g_1 = 59$，$g_2 = 95.17$，$g_3 = 183.66$，它的可靠度较低且需要较高的费用 g_1、g_2 和 g_3，因而被消去。这就是说，元素 $(4, 4)$ 控制元素 $(3, 5)$。

2）选择其余较高可靠度（较低的不可靠度）的元素，即 $(x_1, x_2) = (5, 3)$。比较一下可靠度比它低的所有其他元素的费用，发现没有元素受 $(5, 3)$ 的控制。

3）通过与元素 $(4, 3)$ 比较，元素 $(3, 4)$ 和 $(2, 5)$ 被消去。通过与元素 $(3, 3)$ 相比较，元素 $(2, 4)$ 和 $(5, 2)$ 被消去。通过与元素 $(3, 2)$ 相比较，元素 $(2,$

3）被消去。最后得到了（1）、（2）、（3）、（4）、（5）、（6）和（7）控制序列，这就是第 1 级和第 2 级构成的系统。

根据表 4-25，第 1 级和第 2 级组合的控制序列，是表 4-26 中矩阵里的行元素。第 3 级的部件数、级不可靠度 g_1、g_2、g_3 是表 4-26 里矩阵左侧的列。进行与上面类似的步骤，可消去这个矩阵中费用超过约束的那些元素，即（4-4，4）、（4-4，3）、（5-3，4）、（5-3，3）、（4-3，4）。于是，控制序列被确定。通过与（3-3，3）相比较，（5-3，2）和（4-2，4）被消去；通过与（4-3，2）相比较，（4-4，1）和（5-3，1）被消去；通过与（3-3，2）相比较，（4-2，3）、（3-2，4）和（3-2，3）被消去；通过与（4-2，2）相比较，（4-3，1）被消去；通过与（3-2，2）相比较，（3-3，1）和（2-2，4）被消去；通过与（2-2，3）相比较，（4-2，1）被消去。控制序列是（2-2，1）、（3-2，1）、（2-2，2）、（2-2，3）、（3-2，2）、（4-2，2）、（3-3，2）、（4-3，2）、（3-3，3）、（4-4，2）、（3-3，4）和（4-3，3）。

于是，由第 1 级、第 2 级和第 3 级组成的系统所得的控制序列，是表 4-27 中矩阵的行元素。第 4 级与 1-2-3 相组合所构成的系统的控制序列，可由表 4-27 得到。第 5 级与1-2-3-4 组合成的系统的控制序列如表 4-28 所示，这是最后的控制序列。

表 4-26　例 4-5 第 1～3 级的计算结果

	所用部件数	2-2	3-2	4-2	3-3	4-3	5-3	4-4
第 1、2 级	级不可靠度	0.0625	0.0305	0.0241	0.0114	0.0050	0.0037	0.0021
	所用 g_1	12	17	24	27	34	43	48
	所用 g_2	51.08	61.35	72.56	71.62	82.83	95.17	94.04
	所用 g_3	49.46	70.83	102.48	95.26	126.91	172.62	163.08
第 3 级	$x_3^l = 1$	0.10	0.1625[(1)]	0.1305[(2)]	0.1241	0.1114	0.1050	0.1037	0.1021
		3	15	20	27	30	37	46	51
		11.42	62.50	72.76	83.98	83.04	94.25	106.59	105.46
		10.27	59.73	81.10	112.75	105.53	137.28	182.89	173.35
	$x_3 = 2$	0.01	0.0725[(3)]	0.0405[(5)]	0.0341[(6)]	0.0214[(7)]	0.0158[(8)]	0.0137	0.0121[(10)]
		12	24	29	36	39	46	55	60
		18.24	69.32	75.59	90.80	89.86	101.07	113.41	112.28
		26.38	75.84	97.21	128.86	121.64	153.29	199.00	189.46
	$x = 3$	0.001	0.0635[(4)]	0.0315	0.0251	0.0124[(9)]	0.0060[(12)]	0.0047	0.0031
		27	39	44	51	54	61	70	75
		25.58	76.66	89.93	98.14	97.20	108.41	120.75	119.02
		50.81	100.27	121.64	153.29	146.07	177.72	223.43	213.89
	$x_3^H = 4$	0.0001	0.0626	0.0306	0.0242	0.0115[(11)]	0.0552	0.0038	0.0022
		48	60	65	72	75	82	91	96
		33.58	84.66	94.93	106.14	105.20	116.41	128.75	127.61
		86.98	136.44	157.81	189.46	182.24	213.89	259.60	250.06

表 4-27　例 4-5 第 1-2-3 级和第 4 级的计算结果

第 1-2-3 级

所用部件数	2-2-2	3-2-1	2-2-2	2-2-3	3-2-2	4-2-2	3-3-2	4-3-2	3-3-3	4-4-2	3-3-4	4-3-3
级不可靠度	0.1625	0.1305	0.7250	0.0635	0.0405	0.0341	0.0214	0.0150	0.0124	0.0121	0.0115	0.0060
所用 g_1	15	20	24	39	29	36	39	46	54	60	75	61
所用 g_2	62.50	72.76	69.32	76.66	79.59	90.80	89.86	101.07	97.20	112.28	105.20	108.41
所用 g_3	59.73	81.10	75.84	100.27	97.21	128.86	121.64	153.29	146.07	189.46	182.24	177.72

第 4 级

标记	$x_4^l=3$	(1)	(2)	(3)	(4)	(5)	(6)	(7)	(8)	(10)			
不可靠度	0.0429	0.2054	0.1734	0.1154	0.1064	0.0834	0.0770	0.0643	0.0579	0.0553	0.0550	0.0544	0.0489
g_1	36	51	56	60	75	65	72	75	82	90	96	111	97
g_2	46.05	108.55	118.81	115.37	122.71	126.64	136.85	135.91	147.12	108.55	158.33	118.81	154.45
g_3	38.10	97.83	119.20	113.94	138.37	135.31	166.96	159.74	191.39	184.17	227.56	220.34	215.82

标记	$x_4^u=3$				(9)	(11)	(12)						
不可靠度	0.0150	0.1775	0.1455	0.0875	0.0785	0.0555	0.0491	0.0364	0.0300	0.0274	0.0271	0.0265	0.0210
g_1	64	79	84	88	103	93	100	103	110	118	124	139	125
g_2	60.47	122.97	133.23	129.79	137.13	140.06	151.27	150.33	164.54	157.67	172.75	165.67	168.88
g_3	65.23	124.96	146.33	141.07	165.50	162.44	194.09	186.87	218.52	211.30	254.69	247.47	242.95

表 4-28　例 4-5 第 1-2-3-4 级和第 5 级的计算结果

第 1-2-3-4 级

所用部件数	2-2-1-3	2-3-1-3	2-2-2-3	2-2-3-3	3-2-2-3	4-2-2-3	3-3-2-3	4-3-2-3	3-2-2-4	3-3-3-3	4-2-2-4	3-3-2-4
级不可靠度	0.2054	0.1734	0.1154	0.1064	0.0834	0.0770	0.0643	0.0579	0.0555	0.0553	0.0491	0.0364
所用 g_1	51	56	60	75	65	72	75	82	93	90	100	103
所用 g_2	108.55	118.81	115.37	122.71	126.64	136.85	185.91	147.12	140.06	108.55	151.27	150.33
所用 g_3	97.83	119.20	113.94	138.37	135.31	166.96	159.74	191.39	162.44	184.17	194.09	186.87

第 5 级

标记	$x_5^l=2$	(1)	(2)	(4)	(5)	(6)		(8)		(10)			
不可靠度	0.0625	0.2679	0.2359	0.1779	0.1689	0.1459	0.1395	0.1268	0.1204	0.1180	0.1178	0.1116	0.0989
g_1	8	59	64	68	83	73	80	83	90	101	98	108	111
g_2	14.59	123.14	133.40	129.96	137.30	141.23	151.44	150.50	161.71	154.65	123.14	165.86	164.92
g_3	29.68	127.51	148.88	143.62	168.05	164.99	196.64	189.42	221.07	192.12	213.85	223.77	216.55

标记	$x_5^u=3$	(3)		(7)	(9)	(11)							
不可靠度	0.0156	0.2210	0.1890	0.1310	0.1220	0.0990	0.0926	0.0799	0.0735	0.0711	0.0709	0.0647	0.0520
g_1	18	69	74	78	93	83	90	93	100	111	108	118	121
g_2	20.46	129.01	139.27	135.83	143.17	147.10	157.31	156.47	167.58	160.52	129.09	171.73	170.79
g_3	57.16	154.99	176.36	171.10	195.53	192.47	224.12	216.90	248.55	219.60	241.33	251.25	244.03

在表 4-28 中所得的控制序列，最优的一个系统结构为（3，2，2，3，3），它具有最高的可靠度 $1 - 0.0990 = 0.9010$。

在设计液压系统时，对可靠度、成本、重量和体积应全面考虑，应用上述可靠性最优化方法，可求出最优的液压系统。

——— 重点内容提示 ———

掌握可靠性最优化模型的基本组成，掌握液压元件或系统的两状态模型、串联系统可靠度优化分配模型。熟悉动态规划法基本内容，并熟悉串联系统可靠度优化分配计算求解，最后了解动态规划的应用。

思 考 题

一、选择题

1. 随时间变化的失效率，其概率分布常用（　　）表示。

　　A. 正态分布　　　　B. 对数正态分布　　　　C. 均匀分布　　　　D. 威布尔分布

2. 对于不可修复系统，平均寿命常用（　　）表示。

　　A. MTTF　　　　　　B. MTBF　　　　　　　C. R　　　　　　　　D. F

3. 对于可修复系统，平均寿命常用（　　）表示。

　　A. MTTF　　　　　　B. MTBF　　　　　　　C. R　　　　　　　　D. F

二、判断题

1. 系统可靠性最优化是优化系统参数，即优化系统可靠度、费用、重量及体积的最优配置。　　　　（　　）

2. 在研究可靠性模型时，可建立系统可靠性逻辑图。　　　　（　　）

3. 对于串联系统，系统的寿命取决于第一个出现故障的元件寿命。　　　　（　　）

4. 动态规划是以"最优化原理"为基础的，它对决策问题能给出一个精确的解。　　　　（　　）

5. 可靠度随时间呈增加趋势。　　　　（　　）

6. 不可靠度随时间呈下降趋势。　　　　（　　）

7. 由失效率函数可以直接推导出可靠度函数。　　　　（　　）

5 可靠性试验

思政之窗:

以理论创新引领实践创新,实践永无止境。

(摘自《在庆祝改革开放40周年大会上的讲话》)

液压设备在研发中应进行可靠性试验,验证其可靠性和使用寿命,产品出厂时应进行性能试验,检验其是否合格。这是对设备研发和产品的基本要求。

5.1 概 述

为了提高产品的可靠性而进行有关系统、产品和元件的失效及其效应的试验,包括质量管理在内的试验,统称为可靠性试验。若不进行试验,也可通过对单纯数据资料的收集及分析确定产品的失效原因、效应,进行校正处理。在进行可靠性设计中,应尽量选用好材料和好的元器件,采用可靠的结构和储备,通过可靠性预测和维修预测等技术努力去提高可靠性。同时,应在产品生产的各个阶段上通过试验来验证产品的可靠性。所使用的试验方法,必须能很好地模拟实际使用条件,否则试验将无意义。不但要保证实验方法正确,而且抽取的批量产品也要得到保证。如果生产不稳定,产品的可靠性就不能真正得以保证。因此,产品生产的稳定性、管理的正规性是保证可靠性的前提。产品的可靠性要求愈高,试验的时间就愈长,花费也愈多。因此,通过试验和检查的方法来保证可靠性并不是在任何情况下都行得通的,特别是对于像人造卫星这样复杂、昂贵的设备,不可能每台设备都经过试验。一般,在正常使用条件下进行寿命试验是困难的,因此需要缩短寿命试验时间而采用所谓"加速寿命试验"。

可靠性试验的种类有:

(1)根据试验的场所可分为现场试验和模拟试验。现场试验是检测与验证产品的工作可靠度;模拟试验是在工厂、试验室等环境中进行模拟产品检测的固有可靠度。

(2)根据应力强度(额定参数)可分为正常工作试验、超负荷试验、破坏性试验、极限试验、加速寿命试验、强制耗损试验。

(3)根据应力施加时间分为恒定应力试验(施加各种负载试验)、步进应力试验或递增应力试验、周期应力试验、间歇工作试验、无负载存放试验。

(4)根据产品型号规格和数量对产品抽样进行试验,可分为整体试验和抽样试验。

从可靠性计划的阶段上看,可靠性试验可分为三种:

(1)为进行可靠性研究和验证而进行的试验:通过试验可以了解设计是否满足可靠性、维修性的要求;找出与设计、制造有关的问题;证明设计可靠性(包括维修性)是否得到改进。

（2）确认试验或验收试验：即对单个或批量产品质量的鉴定，判断产品是否合格或验收产品的试验。它主要采用可靠性抽样试验，检查批量产品的寿命、失效率是否满足规定的水平。

（3）工作试验：即对设备使用前或使用期间的工作情况进行的试验，通过试验来验证设计和有关技术的成果。

可靠性试验流程如图 5-1 所示。

可靠性试验中以液压缸为例，其试验流程如图 5-2 所示。

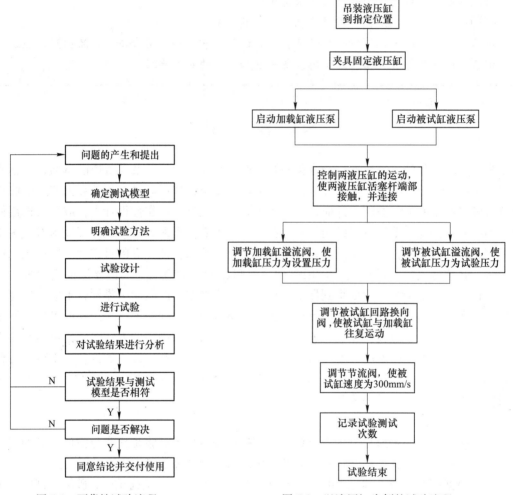

图 5-1　可靠性试验流程　　　　　图 5-2　以液压缸为例的试验流程

5.2　寿命试验方法

通过对可靠性试验的结果进行统计分析从而对产品进行可靠性评价，找出产品可靠性薄弱环节，提出改进措施以提高产品的可靠性，这是可靠性工程实施中的一个重要环节。

可靠性试验按照试验条件可分为人工模拟试验（在生产产品的工厂内进行）和现场试验（在工作现场进行）。从可靠性工程计划来分，又可分为可靠性增长试验、研制试验、鉴定试验、交收试验等。

寿命试验是可靠性试验的主要组成部分。通过寿命试验可以了解产品寿命特征量（如失效率、平均无故障工作时间等），以便作为可靠性预测、可靠性设计及改进可靠性的依据。

5.2.1 整机寿命试验

整机寿命试验方法很多，指数分布中最常用的方法有定时截尾试验法、定数截尾试验法、序贯试验法及逐次截尾试验法。

5.2.1.1 定时截尾试验法

定时截尾寿命试验法就是事先规定一个试验截止时间，试验到这一规定的截止时间，则停止试验。

（1）通过泊松分布表查算，能满足下面的联立方程式要求。

$$\sum_{k=0}^{r} \frac{\exp[-(T/Q_0)](T/Q_0)^k}{k!} = 1 - \alpha$$

$$\sum_{k=0}^{r} \frac{\exp[-(T/Q_1)](T/Q_1)^k}{k!} = \beta$$

式中　T, r——试验中累计工作小时和可以接受的累计失效数；

　　　Q_0——假设的设备平均无故障工作时间（MTBF）的上限值；

　　　Q_1——假设的设备平均无故障工作时间的下限值；

　　　α——第一种错判概率，此值偏大，合格品判为不合格品的概率就高；

　　　β——第二种错判概率，此值偏大，不合格品判为合格品的概率就高。

当查表和计算结果 r 为非整数时，应选取这样的 T 和 r 值：使实际上能保证的 α、β 值和要求的 α、β 值之间的误差平方和为最小。

上述可靠性试验参数通常由生产者和使用者双方协商确定。

（2）在规定的环境条件及工作条件下按试验方案开机试验，并进行故障记录，直到累计工作小时数等于 T 为止。

（3）如实际发生的总故障数不大于 r，则判定为合格；当出现的故障数大于 r 时，则判定为不合格。

（4）根据试验总时间和出现的总失效数，可以计算出受试产品的平均无故障工作时间 MTBF 的验证值。

5.2.1.2 定数截尾试验法

定数截尾试验法就是，事先规定 r 个失效数，试验进行到出现规定的 r 个失效数时，才停止试验。

（1）由数理统计表中皮尔逊的 χ^2 表，查算出能满足 $\dfrac{\chi^2(2r, \beta)}{\chi^2(2r, 1-\alpha)} \leqslant \dfrac{Q_0}{Q_1} = d$ 的最小整数

r 值，即为检查中发生失效次数的截尾数。

（2）由 $Q_{判} = \dfrac{Q_0 X^2(2r,\ 1-\alpha)}{2r}$ 算出判定标准。

（3）开机试验，每发生一次失效，记录一次，修复后继续试验，直到发生 r 次故障为止。计算平均无故障工作时间 $\overline{Q}$。

$$\overline{Q} = \frac{累计工作时间}{r} = \frac{t_1 + t_2 + \cdots + t_r}{r}$$

（4）如果 $\overline{Q} \geqslant Q_{判}$，则判定为合格；如果 $\overline{Q} < Q_{判}$，则判定为不合格。

5.2.1.3　序贯试验法

序贯试验法的基本思想是通过试验看某失效数发生时相应的总试验时间。如果试验时间相当长，则认为产品合格；如果总试验时间相当短，则认为产品不合格；如果总试验时间不长也不短，则认为还没有很大把握作出结论，应继续进行试验。对每一个失效数 r，都要规定两个时间，即合格下限时间及不合格上限时间。总试验时间 $V(t)$ 所出现的失效数构成的判定为：如果落在合格判定线以上或合格区域内，认为产品合格，可以通过；如果落在不合格判定线上或不合格区域内，则认为产品不合格，不予通过；当在二者之间时，继续进行试验。

显然，合格下限时间及不合格上限时间都是失效数 r 的函数，判定线由式（5-1）给出，它是斜率均为 S，截距分别为 h_0 和 $-h_1$ 的两平行线。

不合格判定线：　　　　　　　$V(t) = -h_1 + Sr$ 　　　　　　　　　　　　（5-1）

合格判定线：　　　　　　　　$V(t) = h_0 + Sr$

式中，r 为累计失效数；$V(t)$ 为总试验时间。h_0、h_1 和 S 的计算式如下：

$$h_0 = \frac{\ln[\beta/(1-\alpha)]}{1/Q_1 - 1/Q_0}$$

$$h_1 = \frac{\ln[(1-\beta)/\alpha]}{1/Q_1 - 1/Q_0}$$

$$S = \frac{\ln(Q_0/Q_1)}{1/Q_1 - 1/Q_0}$$

Q_0 与 Q_1 之比叫鉴别比，其数值愈小，作出判定所需的总试验台时数愈多。Q_0/Q_1 可视需要而定，一般取值在 $1.5 \sim 3.0$ 之间。

当 α、β、Q_0/Q_1 取值确定之后，h_0、h_1、S 值便可确定，$V(t)$ 与 r 关系的合格判定线与不合格判定线也就可以画出来。如图5-3所示，不合格判定线与合格判定线划分出三个区：不合格区（拒绝区）、继续试验区、合格区（接收区）。

如果总的试验时间与失效数 r 构成的判定点穿过合格判定线进入合格区，就认为可以接收；如果穿过不合格判定线进入不合格区，则认为不可以接收（拒收）。对于不好也不坏的产品，试验曲线总在继续试验区内变化，试验时间将拖得很长而得不到结果。为此，可以采用序贯截尾法。取适当的截尾数 r_0，作 $r = r_0$ 及 $V(t) = Sr_0$ 直线相交于 $[Sr_0, r_0]$。

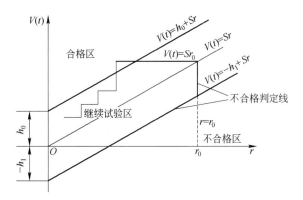

图 5-3　序贯寿命试验图

当穿过 $V(t)=Sr_0$ 直线，就进入合格区；如果穿过 $r=r_0$ 直线，就进入不合格区。

序贯截尾失效数 r_0 的选择原则是，采用 α、β 和鉴别比 d 相同的定时截尾试验法所允许的最大失效数。这种截尾方法对 α、β 的影响不大。有的标准选取定时试验法可允许的最大失效数的 3 倍作为序贯试验法的截尾失效数。这种截尾方法对 α、β 的影响当然更小。

在试验中应注意的一点是 $V(t)$ 为累计试验时间，而不是连续工作时间。如果对许多部件产品做试验，$V(t)$ 则为所有投入试验产品的累计工作时间总和，失效数 r 为所有投入受试产品出现的故障（失效）总数。

5.2.1.4　逐次截尾试验方法

逐次截尾试验法分为定时逐次截尾试验法与定数截尾试验法两种。

（1）定时逐次截尾试验法。在一批产品中随机抽取几个样品，在规定的条件下，做无替换定时逐次截尾寿命试验。

试验中预先确定 k 个时刻 $\tau_1<\tau_2<\cdots<\tau_k$。在 τ_1 时刻，对未失效的试验样品中随机停试 b_1 个试验样品；τ_2 时刻，又在未失效的样品中随机停试 b_2 个试验样品；……在 τ_k 时刻共有失效样品 r 个，失效时间依次为 $t_1<t_2<\cdots<t_r$。试验样品数为：

$$n = r + \sum_{i=1}^{k} b_i$$

无替换定时逐次截尾寿命试验的总试验时间为：

$$T = \sum_{i=1}^{k} b_i \tau_i + \sum_{i=1}^{r} t_i$$

无故障平均工作时间为：

$$\text{MTBF} = T/r$$

（2）定数逐次截尾试验法。在一批产品中随机地停试 b_1 个试验样品；在 t_2 时刻，又从未失效的样品中随机地停试 b_2 个试验样品；……在出现第 r 个样品失效时，所有未失效的试验样品都停止试验。试验样品数为：

$$n = r + \sum_{j=1}^{r} b_j$$

无替换定数逐次截尾的总时间为：

$$T = \sum_{j=1}^{r} (b_j + 1) t_j$$

例 5-1 对同一批的 11 部电台做无替换的定时逐次截尾试验，其失效时间和停试的数据见表 5-1。计算无故障平均工作时间。

解
$$T = \sum_{i=1}^{k} b_i \tau_i + \sum_{i=1}^{r} t_i$$
$$= 2 \times 20 + 3 \times 150 + 2 \times 200 + 34 + 113 + 169 + 237$$
$$= 1463(h)$$
$$MTBF = T/r = 1463/4 = 365.75(h)$$

逐次截尾试验法最适合现场试验，与实际客观需要和情况相适应。

表 5-1   定时逐次截尾试验示例

序　号	停试时间 τ_i/h	在 τ_i 时停试的样品数 b_i/部	失效时间 t_i/h	失效数/部
1	20	2	34	1
2	150	3	113	1
3	200	2	169	1
4			237	1

5.2.2   寿命试验结果的处理方法

寿命试验结果的处理方法有点估计与置信限区间估计两种。

（1）点估计。根据子样（元件、回路）的观测值求出总体未知参数真实值的一个估计值，这种估计方法称作点估计。这是一种近似的估计法，它的近似程度采取的计算方法与子样大小有关。点估计的表达式为：

$$估计值 = \frac{样品数 \times 试验小时数}{失效数}$$

即
$$Q(MTBF) = T/r \quad 或 \quad \lambda = r/T$$

（2）置信限区间估计。所谓置信限区间估计，是指规定的置信度区间已含产品真实的可靠性指标的边界估计值。置信度是指做出的可靠性指标的估计已含产品真实的可靠性指标的概率。

对于定数截尾：

$$置信区间上限 \ Q_l = \frac{2r \overline{Q}}{\chi^2(2r, \ 1 - \alpha/2)}$$

$$置信区间下限 \ Q_u = \frac{2rQ}{\chi^2(2r, \ 1 - \alpha/2)}$$

对于定时截尾：

$$置信区间上限 \ Q_l = \frac{2r \overline{Q}}{\chi^2(2r + 2, \ 1 - \alpha/2)}$$

$$置信区间下限\ Q_u = \frac{2rQ}{\chi^2(2r + 2,\ 1 - \alpha/2)}$$

例 5-2 有三个液压系统，第一个开机时间 108 h 出现 10 次故障时停止试验；第二个开机 150 h，出现第 23 次故障时停止试验；第三个开机 152 h，出现第 17 次故障时停止试验。计算该设备平均故障工作时间的点估计值与置信度（1−α）= 90% 区间的估计值。

解 点估计：

$$\overline{Q} = MTBF = \frac{108 + 150 + 152}{10 + 23 + 17} = \frac{410}{50} = 8.2(\text{h})$$

$$1 - \alpha = 0.9 \qquad \alpha = 0.1$$

置信度为 90% 的区间估计：

$$上限值\ Q_l = \frac{2 \times 50 \times 8.2}{\chi^2(2 \times 50,\ 1 - 0.1/2)}$$

$$= \frac{100 \times 8.2}{\chi^2(100,\ 0.95)} \approx 10.6(\text{h})$$

$$下限值\ Q_u = \frac{2 \times 50 \times 8.2}{\chi^2(100,\ 0.05)} \approx 6.6(\text{h})$$

当置信度为 90% 时，该设备的 *MTBF* 的真实值位于 6.6~10.6 *h* 之间。

例 5-3 电磁换向阀可靠性寿命试验案例。

（1）电磁换向阀寿命试验原理。

1）基本要求与目的。本案例以二位二通滑阀型电磁换向阀进行可靠性寿命测试，按照有关测试标准规定的测试项目、测试方法、数据记录及失效判定规则进行。目的是评估该阀的可靠性寿命。

2）被测试电磁阀型号及参数。

①型号：DHF08-224A；

②电压：DC 24 V；

③最大流量：15 L/min；

④最高工作压力：21 MPa；

⑤内泄漏量：小于 80 mL/min(21 MPa)；

⑥压力损失：25 L/min 时小于 1 MPa（油口 2 到油口 1）；

⑦响应时间：卸压小于 80 ms，建压不大于 250 ms。

3）寿命试验基本流程。图 5-4 所示为寿命试验基本流程。

4）试验准备。

①失效判据。如果可靠性试验中被试阀的作用力丧失、换向动作中断或发生异常外漏油现象等即为功能性失效。如果任何一项性能指标超出阈值或达到失效标准，则该被试阀仍被认作性能失效。

功能性失效包括有发生换向故障、阀芯卡阻或换向时间延长现象，或发生压力异常现象，或出现零件松脱、断裂现象，或出现异常外漏油现象，或出现电磁铁过度发热现象，以及出现电流或电压异常现象等失效和故障。

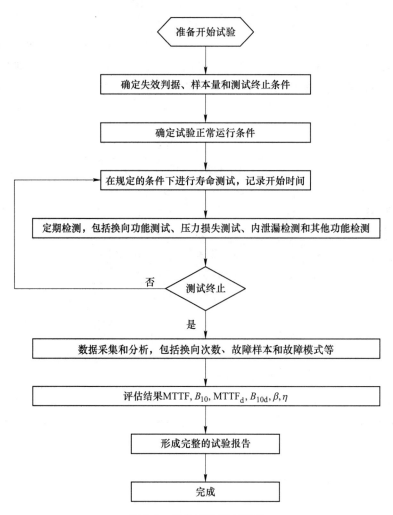

图 5-4 寿命试验基本流程

针对性能失效，若被试阀符合 JB/T 10365—2014 规定，则被试阀失效前的性能不应超过以该标准的出厂指标为依据所规定的阈值水平（如表 5-2 所示）。如果被试阀不符合该标准规定，则不应超过制造商规定值或者由可靠性专家确定的阈值。

表 5-2 阈值水平

阀类型	故障状态	阈值水平
电磁换向阀（滑阀芯结构式）	内泄漏增加值	2 倍的出厂产品性能指标
	压力损失增加值	1.5 倍的出厂产品性能指标
	延长开、关动作时间	2 倍的出厂产品性能指标

②确定试验样本量和试验截止准则。

③可靠性特征量：依据 ISO 19973-1:2007 规定，可靠性特征量包括：特征寿命 η；威布尔斜率 β；平均失效前时间 MTTF；B_{10} 寿命的中位值等。

依据 EN ISO 13849-1:2006 规定,安全可靠性特征量包括:B_{10d}寿命;平均危险失效前时间 $MTTF_d$。

5)试验装置。试验台应符合有关标准,其各项指标应达到可靠性测试技术要求。试验台在规定的测试环境中能够可靠运行,其结构性能不影响被试阀的运行状况和测试结果。

试验回路如图 5-5 所示。被试阀所表示的加载节流元件不可能适用于所有中位机能阀。各种中位机能阀的加载节流元件的回路布置需根据不同型号阀的油口数量、工作位置及复位形式进行设计。

安全提示:试验过程应充分考虑人员和设备的安全。

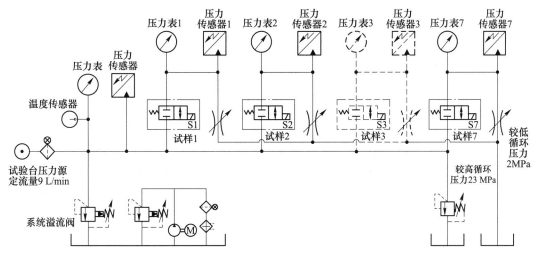

图 5-5 电磁换向阀寿命试验测试台液压系统原理图

图 5-5 所示的试验回路是完成试验所需的最简单要求,没有包含为防止任何元件失效出现意外损害所需的安全装置。采用图 5-5 所示回路试验时,应按下述要求实施:

①油源的压力和流量应能调节,应能保证试验压力和试验流量在整个测试过程持续不变;

②试验装置与被试阀连接的管道和管接头的内径,应保持与被试阀的通径一致;

③允许增加为保证测试回路可靠性的措施,如增加过滤器、流量计或备用油源等;

④只要能保持被试阀稳态测试不相互干扰,允许多个阀在同一回路上交替测试,以提高效率。

回路中的非测试元件如发生失效时可更换,更换导致的设备维修时间应尽量短,最长停留时间不宜超过 5 天(120 h),并应对失效维修情况做记录。

说明:测试台用 32 号抗磨液压油,系统流量为 9 L/min,最高压力为 63 MPa,油位过低及过滤芯压力超限会自动报警。单独过滤(5 级滤芯过滤,精细滤芯精度 10 μm)及循环水冷却装置,油箱容积为 432 L,控制油温在 40~50 ℃,测试台温控器设定为 40 ℃,过滤的滤芯压力表压力超过 0.3 MPa 时要及时更换滤芯。

6)寿命试验步骤。

①从成品仓库中随机抽取同批次的被试电磁阀 7 件，配 DC 24 V 三插头带指示灯的线圈。

②在 7 件被试电磁阀导磁套线圈锁紧螺纹端面打永久序号标记，01、02、03、…、07。

③在出厂试验台上依次测试 7 件被试电磁阀的初始参数（使用同一个线圈，此线圈做标记，后续所有性能测试均使用这一个线圈）。

内泄漏量：油温为 40~45 ℃，入口流量为 11~15 L/min，入口压力为 21 MPa，电压为 DC 24 V，被试电磁阀连续通断电 3 次，最后一次断电后 30 s，开始用 100 mL 的量杯计算 1 min 的泄漏量（阈值为 2 倍初始泄漏量）。

压力损失：油温为 40~45 ℃，入口流量约为 30 L/min，被试电磁阀线圈加电压 DC 24 V，出口接 VSE 齿轮流量计 VS1（量程为 0.05~80 L/min），入口接 Hydrotechnik 压力传感器，调节入口比例调速阀使入口流量在 0 到 30 L/min 范围连续变化，然后再从 30 L/min 到 0 连续变化，用 Hydrotechnik 测试仪 MultiSystem5060+连接电脑采集压力传感器和齿轮流量计信号，完成压损-流量曲线，从曲线中计算流量到 25 L/min 时的压力损失值（阈值为 1.5 倍初始压力损失）。

响应时间：接压力损失测试，调整入口比例调速阀，使入口流量稳定在 12 L/min，用 PLC 控制器设定被试电磁阀线圈通电时间为 40 ms，断电 2 s，电脑采集软件采集频率设定为 10 ms，连接记录 5 条以上曲线。从曲线上计算卸压时间（高压从 21×95% MPa 下降到 21×5% MPa 的时间）和建压时间（低压从 21×5% MPa 上升到 21×95% MPa 的时间）（阈值为 2 倍初始响应时间）。

④7 个被试电磁阀依次装入可靠性试验台的测试块中，接入主油路压力传感器、温度传感器、7 个被试电磁阀回油路压力传感器。主油路压力由直动式溢流阀设定在 23 MPa，7 个被试电磁阀的回油路分别用 7 个针式节流阀设定在 2 MPa。主油路还需设置一个数显压力控制器，量程为 60 MPa，精度等级为 1.6，当检测到主油路高压力未达到 21 MPa 或者低压力高于 4 MPa 时，系统会报警停机，通过检查压力曲线可以知道哪个被试电磁阀出现故障。

⑤以上 8 路压力信号及 1 路温度信号通过 Hydrotechnik 的 MultiSystem5060+测试仪接入电脑采集软件，主油路的数显压力控制器输出信号接入整个电控系统，8 位数的电压型计数器接入 PLC 控制器用于电磁铁通断电的计数。

⑥7 个被试电磁阀通过 PLC 控制器分别控制电磁铁的通断电，每个电磁铁通电 1 s，断电 1 s，依次完成 7 个被试电磁阀通断电，计数 1 次，采集软件自动记录油路压力和温度实时变化曲线，并存入电脑。

⑦当计数器达到 20 万次时，设备停机，拆下被试电磁阀，在出厂试验台上依次检查 7 个被试电磁阀的性能参数（检查项目及方法按照上述序号 3 中的 A、B 和 C），记录所检测数据并与阈值相比较，如果在阈值范围之内则继续上机测试，如果超出阈值则直接剔除，其余的继续上机测试，以后每间隔 20 万次做 1 次性能测试并记录；注意：拆卸及安装时要小心，不可损坏被试电磁阀，不可拆解。如果外部密封件及线圈有损坏，可以更换，同时需要做好更换记录。

⑧当7件被试电磁阀中有5件的性能参数超过阈值，则停止试验。

7）试验记录如表5-3所示。

表5-3 电磁换向阀可靠性试验记录

二通滑阀型电磁换向阀可靠性试验记录

产品型号	DHF08-224A					编号/样本数		
试验台参数	1. 流量 9 L/min；2. 压力 23 MPa；3. 油温控制 40~50 ℃；4. 油液清洁度控制：5 级滤芯过滤，过滤精度 10 μm；5. 线圈电压：DC 24 V							
	失效参数量化指标测定及失效判断							
	内泄漏失效		压力损失失效		换向功能失效			其他功能失效
	内泄漏量（21 MPa/油温 40~45 ℃时）/mL·min^{-1}	判定	压力损失值25 L/min 时	判定	换向时间/ms			1. 阀芯卡滞；2. 导磁套断裂；3. 外漏；4. 换向时间明显延长；5. 其他现象并描述
					换向时间	换向滞后	复位时间	复位滞后	
阈值								
实测参数								
试验过程记录								
20 万次								
日期：　　累计换向次数：　　油温：　　入口压力：　　滤芯压力表数值：其他更换维修记录								
40 万次								
日期：　　累计换向次数：　　油温：　　入口压力：　　滤芯压力表数值：其他更换维修记录								
60 万次								
日期：　　累计换向次数：　　油温：　　入口压力：　　滤芯压力表数值：其他更换维修记录								
80 万次								
日期：　　累计换向次数：　　油温：　　入口压力：　　滤芯压力表数值：其他更换维修记录								
100 万次								
日期：　　累计换向次数：　　油温：　　入口压力：　　滤芯压力表数值：其他更换维修记录								

说明：

1. 每件产品按顺序编号 01、02、…、07；

2. 按照表格内容确认被试阀参数；

3. 被试阀每工作 20 万次，拆下到试验台测试性能；

4. 被试阀允许更换外部密封件及电磁线圈，不允许拆解被试阀；

5. 滤芯堵塞报警时要及时更换滤芯并记录更换日期；

6. 其他功能失效填写序号。

（2）试验数据。

1）在线监测数据结果如图 5-6 所示。

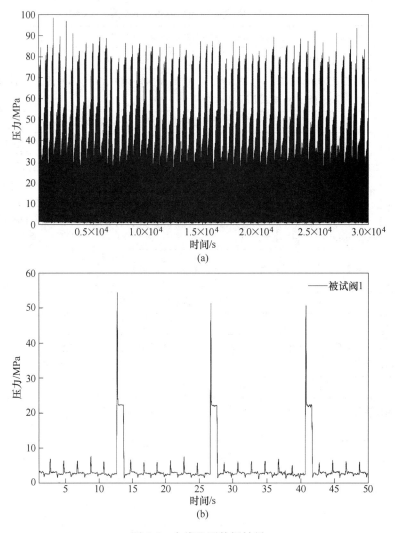

图 5-6　在线监测数据结果

（a）电磁换向阀 1 的前 30000 s 的压力数据；（b）电磁换向阀 1 的前 50 s 的压力数据

2）离线性能监测数据结果。离线性能监测参数包括内泄漏量、压力损失、换向和换向滞后时间、复位和复位滞后时间，具体数据如图 5-7 所示，这些参数是从 6 个样本测试中获得的，另一个样本因故障退出试验。

3）寿命数据。根据二倍初始泄漏量为失效判断准则，得出寿命分别为 80 万次、82.8 万次、90 万次、156 万次、160 万次、184 万次，如图 5-8 所示。

（3）试验结果。基于 6 个寿命数据进行威布尔参数拟合，采用 Matlab 或者 Excel 计算：

1）特征寿命 η；

2）威布尔斜率 β；

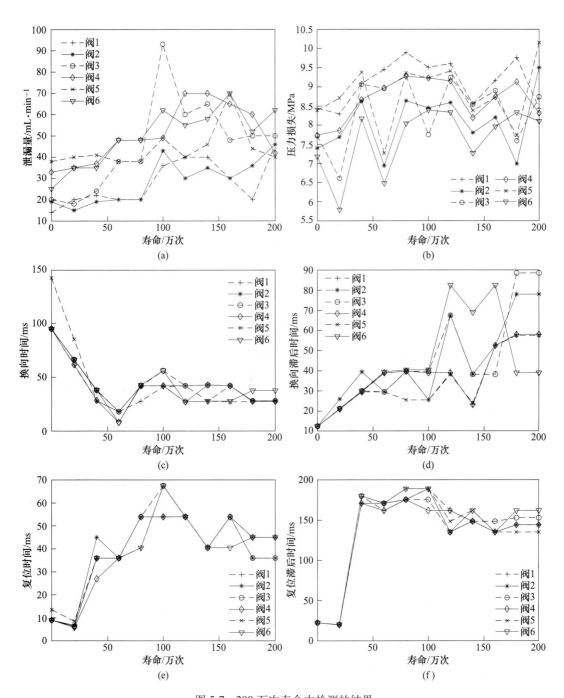

图 5-7　200 万次寿命中检测的结果

（a）泄漏量；（b）压力损失；（c）换位时间；（d）换位滞后时间；（e）复位时间；（f）复位滞后时间

3）平均失效前时间 MTTF；

4）B_{10} 寿命的中位值等；

5）平均危险失效前时间 MTTF_d。

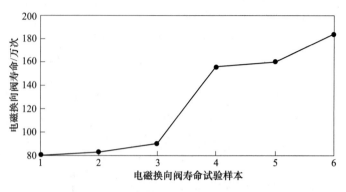

图 5-8　电磁换向阀寿命数据

通过 Matlab 极大似然拟合如图 5-9 所示,得出:

特征寿命 $\eta = 140$ 万次;

威布尔斜率 $\beta = 3.37$;

再通过:

$$B_{10} = \exp\left[\frac{1}{\beta}\ln\left(\ln\frac{1}{0.9}\right) + \ln\eta\right] + t_0$$

得出 B_{10} 寿命的中位值 72 万次,其中位置参数 $t_0 = 0$。

通过 $\mathrm{MTTF} = t_0 + \eta \cdot \Gamma\left(1 + \frac{1}{\beta}\right)$,得出平均失效前时间 $\mathrm{MTTF} = 126.1344$ 万次,其中 Γ 为伽马分布函数。

$$B_{10\mathrm{d}} = 2 \times B_{10} = 144 \text{(万次)}$$

$$\mathrm{MTTF}_\mathrm{d} = \frac{B_{10\mathrm{d}}}{0.1 \times n_\mathrm{op}}$$

式中　n_op——年平均换向次数;

　　MTTF_d——平均危险失效前时间,a。

可以根据电磁换向阀的年平均换向次数计算 MTTF_d,此处不赘述。

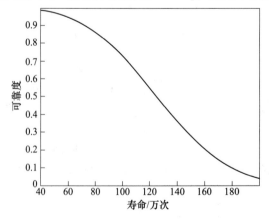

图 5-9　电磁换向阀可靠度拟合图

5.2.3 失效判据准则

在此指出，无论是人工模拟试验还是现场使用前试验，都必须明确和拟定失效判据准则，否则不能正确地评定出设备的真实可靠性水平。

一般情况下，失效是指：

(1) 设备在规定的条件下，不能完成其规定的功能。

(2) 设备在规定的条件下，一个或几个性能参数不能保持在正常规定的上下限之间。

(3) 设备在规定的应力范围内工作时，产生导致设备不能完成其规定功能的现象，如机械零件、结构件或元件的破裂、断裂、卡死等。

对于不同的产品，具体的失效判据准则也不同，但下述情况不应算作失效：

(1) 由于受试产品放置和操作不当而引起的失效。

(2) 试验设施（设备）不适当或功能不正常而引起的失效。

(3) 产品中附属设备或单元失效，影响产品完成规定功能。

(4) 产品中的短寿命元件超过使用寿命期的失效。

(5) 对产品施加了超过规定的条件而造成的失效。

5.3 加速寿命试验

加速寿命试验的目的之一是验证设计指标。例如，某卡车的设计寿命为 5000 km，但要验证这一指标，在正常运行情况下试车 5000 km 是不现实的，有必要在实验室中加快这个试验，把 5000 km 压缩到 50 km。与加快程度有关的主要因素有环境、子样大小和试验时间，着重何者，则视不同情况而定。若产品比较复杂且贵重，如大型燃气轮机，子样就应当小，而靠延长试验时间或提高环境强度来加快试验；若产品便宜批量大，如轴承、电阻等，则可采用较大的子样并缩短试验时间。试验中最重要的是加快试验的损坏形式要与该产品设计所预期的正常情况下运转所发生的损坏形式一样。

在此主要讨论环境、子样大小和试验时间的相互关系。

5.3.1 试验时间与环境关系

所谓环境，是指产品在工作时，对其性能和寿命有影响的任何运转情况。它们可能是负载、应力、温度、振幅、气体腐蚀等。为便于讨论，这些因素通称为"应力"。

寿命随应力强度的增大而缩短，其关系如图 5-10 所示。当用对数坐标时，得到如图 5-11 所示的直线关系。曲线中的水平段相当于无限长的寿命，有时即以此作为设计标准。这种应力和寿命的关系为加快试验提供了一个有效的方法。

设正常环境 S_1 下的寿命为 N_1，把环境强度增大到 S_2，试验时间即可缩短到 N_2。在试验时，如果试验要进行到损坏为止，则在强化条件下损坏形式要和正常情况下损坏形式一致；如果得到不同的损坏型，则应把环境强度 S_2 降低到（加快速度减慢）所产生的损坏形式符合 S_1 时损坏形式，如图 5-12 所示。

考虑在一个试验中，对两个产品进行比较，如图 5-13 所示。由于 A 和 B 保持着相对的指标，所以加速试验有效。但若 A 线和 B 线不平行，如图 5-14 所示，则加速试验可能

指出 B 的寿命大于 A，而实际上，在设计规定的工作情况下，却正好相反。为了使试验趋于符合实际，应将应力 S_2 提高。

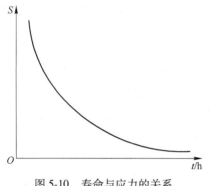

图 5-10   寿命与应力的关系

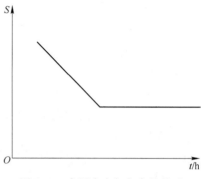

图 5-11   实际应力与寿命的关系

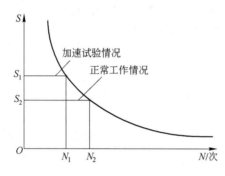

图 5-12   加速寿命试验

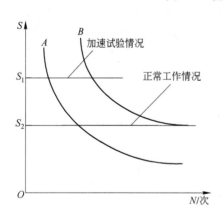

图 5-13   两试件的正确比较

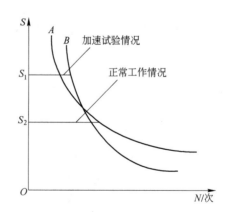

图 5-14   两试件不正确比较

最近出现了一种有趣的加速寿命试验新方法。其原理是以累积性损坏为依据，试验在两种模式下进行，如图 5-15 所示。

令元件在 S_1 下运转的寿命为 N_1，在 S_2 下为 N_2。在某些情况下，若该元件在应力 S_1 下运转一段时间 αN_1，应力改变为 S_2，元件在一段时间 βN_2 后损坏。设 $\alpha + \beta = 1$。一系列试验全部在较高应力下进行，如图 5-15（a）中 A 点所示。而另一系列则在低应力下进行，如图 5-15（a）中 C 点所示。利用外推法便得出 B 点，即为在低应力水平下寿命。而 A 和 C

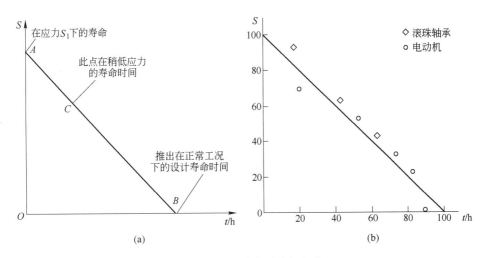

图 5-15　加速寿命试验新方法

（a）在高应力 S_2 下的寿命；（b）在低应力 S_1 下的寿命百分数图

点则为强化条件的试验时间。

上述程序是以图 5-15（a）中寿命数据在一直线上为前提的假设，经证明，图 5-15（b）是正确的。

5.3.2　子样大小与环境的关系

如果产品较复杂且昂贵，则应取很小的子样，这样可增大环境强度来加快试验。但若产品批量大且便宜，则增大子样亦可达到同样效果。环境可能是负载、电压、温度，一般说来，是任何"数值"（w），它们往往可用正态分布来描述。

当试验目的是以一定置信度来估算实际平均损坏负载 w 是否超过期望的平均损坏负载时，对于正态分布可进行如下分析。单个产品在试验负载 w 或在更小的情况下已经损坏的概率为：

$$F(w_0) = p = \int_{-\infty}^{w_0} \frac{1}{\sqrt{2\pi}} e^{-(w-w_D)^2/(2\sigma^2)} \, \mathrm{d}w$$

式中　w_0——数学期望损坏负载；

　　　σ——总体标准偏差。

令 $(w - w_D)/\sigma = z$，因而 $\mathrm{d}w = \alpha \mathrm{d}z$，可得：

$$F(z_0) = p = \int_{-\infty}^{z_0} \frac{1}{\sqrt{2\pi}} e^{-z^2/2} \mathrm{d}z$$

令 $z_0 = (w_0 - w_D)/\sigma = z$，若这一受试产品并不损坏，则表达式为：

$$1 - F(z_0) = 1 - p = 1 - \int_{-\infty}^{z_0} \frac{1}{\sqrt{2\pi}} e^{-z^2/2} \mathrm{d}z$$

这是该产品在试验负载 $z = z_0$ 和 $z = -\infty$ 之间发生损坏的概率计算式。反之，p 是受试产品来自具有平均负载大于平均损坏负载 w_D 的总体概率，如图 5-16 所示。

图 5-16 中 w_0 左方的面积是该产品在大于 w_D 的负载下损坏的概率，它实际是来自以

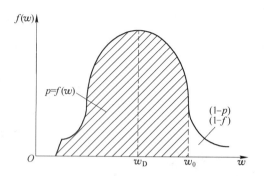

图 5-16 平均负载大于平均损坏负载的总体概率

w_D 为中心的总体概率。这对经受试验至负载 w_0 而不损坏的单位产品是有效的。

若对几件产品独立进行试验，任何试样均未损坏，即 $k=0$，这里 k 为几个受试产品中的损坏数目。此时，可利用独立事件同时发生的概率表达式：

$$p(A \cdot B) = p(A)p(B)$$

那么，在这种情况下，若对几件产品是来自以 w_D 为中心的总体，它们在试验负载 w_0 下无一损坏的概率为：

$$p(1,\ 2,\ \cdots,\ n) = (1-p)_1,\ (1-p)_2,\ \cdots,\ (1-p)_n$$

或者说，若每件产品均来自同一分布 $p(1,\ 2,\ \cdots,\ n) = (1-p)^n$，则这些子样真正来自试验负载 w 大于平均负载 w_D 的总体的概率为：

$$p_n(w > w_D) = 1 - (1-p)^n$$

例 5-4 已知一元件（高压软管或钢管）应能承受 10000 N 的负载。为了要使 10000 N 的设计目标以 95% 的置信度来实现，问应加多大的负载使 5 件产品经受试验而不损坏？已知损坏负载服从正态分布，标准偏差 σ 为平均负载 w_D 的 1/10。

解 因为 $N = n = 5$，$\dfrac{\sigma}{w_D} = 0.1$，$w_D = 10000$ N，所以有：

$$\sigma = 1000 \text{ N}$$

在 $N = 5$，$k = 0$，置信度为 0.95 时查有关表，得：

$$\frac{w_0 - w_D}{\sigma} = -0.12$$

所以 $w_0 = w_D - 0.12\sigma = 10000 - 120 = 9880 \ (\text{N})$

因此，用 95% 的置信度判断，若 5 件产品都能经受 9880 N 的负载而不损坏，则 10000 N 或更大负载的设计目标就已经达到了。

若只有 1 件产品用作试验，由于只有 1 件产品可用，故应在较严格的条件下进行试验，使能以同样的置信度（95%）达到设计目标。

在 $k = 0$，$n = N = 1$，置信度 0.95 时查有关表，则试验这一产品所应用的负载可计算如下：

$$\frac{w_0 - w_D}{\sigma} = 1.63$$

$$w_D = 10000 + 1630 = 11630(\text{N})$$

这样，样本必须在 11630 N 的负载下进行试验。有损坏时也可计算。

5.3.3 子样大小、试验时间、置信度和可靠性之间的关系

可以用威布尔分布和成功-运转定理为基础，建立子样大小、试验时间、置信度和可靠性之间的关系式。

成功-运转定理是一个非参数方程，由式（5-2）表示。

$$R_c = (1 - c)^{1/(n+1)} \tag{5-2}$$

式中　R_c——在置信度 c 下的可靠性；

　　　　c——置信度水平；

　　　　n——子样大小。

假设在试验进行时间 t 内子样中无一损坏，则方程式为：

$$c = 1 - (R_c)^{n+1}$$

当可靠性 R_c 固定时，置信度水平随子样大小增加而提高。或者当置信度水平固定时，可靠性随子样大小的增加而提高。若子样大小不变，则可靠性的提高将导致置信度水平的下降。

损坏服从威布尔分布时，可靠性与试验时间之间的关系为：

$$F(x) = 1 - e^{-(t/Q)^b}$$

式中　b——威布尔直线的斜率；

　　　　Q——特征寿命；

　　　　x——试验时间。

则可靠度为：

$$R(x) = 1 - F(x) = e^{-(1/Q)^b} = e^{-(\lambda t)^b}$$

5.3.4 中断试验法

（1）中断试验。有 50 只可供疲劳试验的试样。将此 50 只试样随意分布成 10 组（G＝10），每组为 5 只（c＝5）。每组中 5 只同时进行试验，直至这组的 5 只中有 1 只损坏为止。一旦发生损坏时，整组 5 只均中断试验。10 个组的试验都按此进行，这样便得到 10 个数字。每一个数字代表随机集合的 5 只产品中最低寿命。

（2）改进的中断试验法。其结果比较保守，但却接近那些寿命低的产品，无须进行额外计算，且当子样大小超出规定的数值仍可用。

—————— 重点内容提示 ——————

了解可靠性试验的分类，掌握液压元件可靠性寿命试验数据处理方法和失效判断准则；熟悉液压元件加速寿命试验原理，并了解环境试验原理。

思 考 题

1. 定数截尾寿命试验法就是事先规定一个试验截止时间，试验到这一规定的截止时间，则停止试验。

（　　）

2. 定时截尾试验法就是，事先规定 r 个失效数，试验进行到出现规定的 r 个失效数时，则停止试验。 （ ）

3. 序贯试验法的基本思想是通过试验看某失效数发生时相应的总试验时间。 （ ）

4. 序贯试验时，如果试验时间相当长还未失效，则认为产品合格。 （ ）

5. 序贯试验时，如果总试验时间相当短就发生失效，则认为产品不合格。 （ ）

6. 序贯试验时，如果失效发生时的总试验时间不长也不短，则认为还没有很大把握作出结论，应继续进行试验。 （ ）

7. 寿命试验结果的处理方法包括有点估计与置信限区间估计两种。 （ ）

8. 点估计是一种近似的估计法。 （ ）

9. 进行加速寿命时，加速试验的损坏形式与该产品设计所预期的正常情况下运转所发生的损坏形式可以不一样。 （ ）

10. 若产品比较复杂而贵重，如大型燃气轮机，子样就相当少，可以靠提高环境强度来加快试验。 （ ）

6　液压系统可靠性模型

思政之窗：

作为空中重要运输力量，我国自主研发大型"运-20"运输机，在战时承担后勤保障运输任务。在武汉抗疫行动中，"运-20"第一时间将军队医务人员和救援物资运至武汉，有力地提振了人们抗击疫情的信心。这是中国人民空军首次成体系大规模地执行紧急空运任务。

为了保证飞机可靠性运行，首先要保证液压系统工作可靠。这样，必须建立液压系统可靠性模型，现代大型运输机及战斗机大多装有至少两套独立的液压系统，即并联模型。为了进一步提高液压系统可靠性，系统中还并联有应急电动油泵和风动泵，以进一步提高飞机液压系统可靠性，通过建模以获得更高可靠度。

液压系统是由许多元件及回路组成的。在进行可靠性研究和分析的时候，将一套装备所构成的结构定义为一个系统，这对分析问题较为方便。

系统可靠性研究，主要是研究如何应用概率及统计方法来推导出一个系统可靠性的分析模型。

在描述一个已知系统的可靠性时，有必要说明装备的失效过程，即失效情况；描述装备的连接状况，如串、并联等组成方式；提供它们的操作方法以及识别系统失效时的各种状态。如果系统出了故障可以修理，其使用的修理机械装置也必须加以说明。

总之，通过一些简单假设可以导出一个系统可靠性的数学模型。

从数学观点看，最简单的假设是：假设在任何瞬时，系统处于有限多种可能状态中的一种状态，同时假设装备的失效服从指数失效模型。这样就可以应用马尔柯夫链的方法。

如果一个系统中每一部件近似地服从一个指数失效率，并且这些部件失效后都更换为好的，这样的系统失效过程就是马尔柯夫型。

系统的结构形式与失效有密切关系。例如，所有元件是串联的，若它们之中任一元件失效，就会使整个系统失效。如果所有元件的连接方式不是冗余并联（同时运行）或储备冗余（一个元件连在线上，其余不在线上而守候在旁，当前一元件失效时依次地被接上），当系统中所有元件或它们之中指定的元件失效时，系统才失效。

6.1　没有维护系统的可靠性模型

一个液压串联系统由许多部件和元件构成，这个液压系统在工作时，系统中所有部件、元件都在工作，如果有一个元件失效，哪怕是一个 O 形密封圈失效，整个系统就失效，这个系统称为链式模型或最弱环模型（如链条形式，当某一环失效时，整个链条就失效）。

储备的冗余系统是指当所有的部件或元件失效时，这个系统才失效的系统结构储备的意思实际上只有一个部件、元件在工作，而其余未失效的部件、元件等待着，当工作中的部件、元件失效时，等待的部件、元件可以接上去，使系统继续工作。

并联冗余系统除在同时刻所有部件、元件都在工作外，其余与储备冗余的系统一样。这种系统也称为绳子系统或绳子模型。只有当所有部件都失效时，系统才失效。这种状况类似于一根绳子，当所有纤维断裂时，绳子就断了。

现对三种结构的可靠性模型作分析。

6.1.1　串联系统

设串联系统是由几个独立工作的部件、元件组成，它们中的每一个器件都按照泊松参数（失效率）λ_i 失效，即在 $\mathrm{d}t$ 时间内有两个或更多个分量失效的概率为 $0(\mathrm{d}(t))$。

$$p_0(t + \mathrm{d}t) = p_0(t)\left[1 - \sum_i^n \lambda_i(\mathrm{d}t) + 0(\mathrm{d}t)\right]$$

或　　　　　$$p_0(t) + p_0(t)\sum_i^n \lambda_i = 0 \qquad p_0'(t) = -\lambda p_0(t)$$

用拉氏变换，得：

$$p_0(t) = \exp\left(-\sum_i^n \lambda_i t\right)$$

这恰好得到时刻 t 的可靠性函数。若 $\lambda_i = \lambda$，则对所有 i 有：

$$R(t) = \exp(-n\lambda t)$$

或　　　　　$$1 - R(t) = F(t) = 1 - \exp(-n\lambda t)$$

这是从具有参数为 λ 的指数分布得来的最小次序统计量的分布函数。

指数分布和泊松分布同是泊松过程，也是马尔柯夫过程之一。

设有 n 个液压设备，其损坏规律服从泊松分布，且这些设备是不修复的。在某一时刻有 1 台设备处于损坏状态。由失效数为零开始，可能工作的台数逐渐减少。令失效数的状态为 F_i。

首先设 t 与 $(t + \mathrm{d}t)$ 之间的失效概率与系统的状态无关，其失效概率为 $\lambda \mathrm{d}t$。在此区间内基本上不会发生一个失效（数学上记为 $0(\mathrm{d}t)$）。此时转移概率矩阵为：

$$\boldsymbol{p} = \begin{bmatrix} 1-\lambda & \lambda & 0 & \cdots & 0 \\ 0 & 1-\lambda & \lambda & \cdots & 0 \\ \vdots & \vdots & \vdots & & \vdots \\ 0 & 0 & \cdots & \cdots & \lambda \\ 0 & 0 & 0 & \cdots & 1 \end{bmatrix} \tag{6-1}$$

将此行列式写成方程组形式，即：

$$\left. \begin{aligned} p_0(t + \mathrm{d}t) &= p_0(t)(1 - \lambda\mathrm{d}t) + 0(\mathrm{d}t) \\ p_1(t + \mathrm{d}t) &= p_0(t)\lambda\mathrm{d}t + p_1(t)(1 - \lambda\mathrm{d}t) + 0(\mathrm{d}t) \\ &\vdots \\ p_n(t + \mathrm{d}t) &= p_{n+1}(t)\lambda\mathrm{d}t + p_n(t) + 0(\mathrm{d}t) \end{aligned} \right\} \tag{6-2}$$

将这组方程用 $p_0'(t) = [p_0(t + dt) - p_0(t)]/dt$ 的微分形式表示，可写为：

$$\left.\begin{array}{l} p_0'(t) + \lambda p_0(t) = 0 \\ p_1'(t) - \lambda p_0(t) + \lambda p_1(t) = 0 \\ \quad\vdots \\ p_n'(t) - \lambda p_{n-1}(t) = 0 \end{array}\right\} \tag{6-3}$$

用拉普拉斯变换解此微分方程组，其微分式有关系：

$$p'(S) = Sp(S) - p(0) \tag{6-4}$$

所以，对于 E_0，根据 $p(0) = 1$ 和式（6-4），将 $p_0(S)/(S + \lambda)$ 进行逆变换，得：

$$p_1(t) = e^{-\lambda t}$$

对于 E_1，对 $p_1(S) = \lambda/(S + \lambda)^2$ 进行逆变换，得：

$$p_1(t) = \lambda t e^{-\lambda t}$$

一般地，由于 $p_n(S) = \lambda_n/(S + \lambda)^{n+1}$，所以泊松分布的密度函数为：

$$p_n(t) = e^{-\lambda t}\frac{(\lambda t)^n}{n!}$$

式中，λ 等于常数（与时间无关），若与时间有关，则记为 $\lambda(t)$。

例 6-1 1 台液压设备中有 n 个元件串联，这 n 个元件相互独立，在可靠度相等的情况下，求此串联设备的可靠度为多少？

解 设 n 个元件全部工作状态为 E_0，在 t 和 $t + dt$ 之间有 1 台设备发生失效的概率为 $n\lambda dt$，所以有：

$$p_0(t + dt) = p_0(t)(1 - n\lambda dt) + 0(dt)$$

即

$$p_0(t) + n\lambda p_0(t) = 0$$

因为 $p_0(S) = 1/(S + n\lambda)$，故进行拉普拉斯逆变换，即可求出：

$$p_0(t) = e^{-n\lambda t} = R(t)$$

$$R(t) = \exp(-n\lambda t)$$

从而可得不可靠度为：

$$1 - R(t) = F(t) = 1 - \exp(-n\lambda t)$$

6.1.2 储备冗余系统

储备冗余系统的可靠性模型与串联系统相同。为简单起见，假定系统只由两个部件组成，工作设备的失效率为 λ_1，而储备设备的失效率为 λ_2（有备件在等待着）。假如转移是完善的，则这种系统的转移概率矩阵为：

$$\boldsymbol{p} = \begin{bmatrix} 1 - (\lambda_1 + \lambda_2) & \lambda_1 + \lambda_2 & 0 \\ 0 & 1 - \lambda_1 & 1 \\ 0 & 0 & 1 \end{bmatrix} \tag{6-5}$$

由式（6-5）可导出微分方程组：

$$p_0'(t) = (\lambda_1 + \lambda_2)p_0(t)$$

$$p_1'(t) = (\lambda_1 + \lambda_2)p_0(t) - \lambda_1 p_1(t)$$

$$p_2'(t) = \lambda_1 p_1(t)$$

其中，$p_0(0) = 1$，$p_1(0) = p_2(0) = 0$ 为初始条件。

用拉氏变换得到方程组的解为：

$$p_0(t) = \exp[-(\lambda_1 + \lambda_2)t]$$

以及 $$p_1(t) = \frac{\lambda_1 + \lambda_2}{\lambda_2}\exp(-\lambda t) - \frac{\lambda_1 + \lambda_2}{\lambda_2}\exp[-(\lambda_1 + \lambda_2)t]$$

若 $\lambda_2 > 0$，则系统在 t 时刻可靠度 $R(t)$ 为：

$$R(t) = p_0(t) + p_1(t)$$

这个结果可以推广到有 n 个部件的储备冗余系统。若 $\lambda_1 = \lambda_2 = \lambda$，则有：

$$R(t) = 2\exp(-\lambda t) - \exp(-2\lambda t)$$

6.1.3 并联冗余系统

若每个元件有相同的失效率 λ，则这个并联冗余系统的转移矩阵为：

$$\boldsymbol{p} = \begin{bmatrix} 1 - n\lambda & n\lambda & 0 & \cdots & 0 \\ 0 & 1 - (n-1)\lambda & (n-1)\lambda & \cdots & 0 \\ 0 & 0 & 1 - (n-2)\lambda & \cdots & 0 \\ \vdots & \vdots & \vdots & & \vdots \\ 0 & 0 & 0 & \cdots & 1 \end{bmatrix}$$

由初始条件 $p_0(0) = 1$，$p_1(0) = \cdots = p_n(0) = 0$，可以证明：

$$R(t) = p_0(t) + p_1(t) + \cdots + p_{n-1}(t) = 1 - [1 - \exp(-\lambda t)]^n$$

或 $$1 - R(t) = F(t) = [1 - \exp(-\lambda t)]^n$$

这是从具有参数为 λ 的指数分布得来的最大次序统计量的分布函数。假如每个部件、元件有不同的失效率 λ_i，则有：

$$R(t) = 1 - \prod_{i=1}^{n} [1 - \exp(-\lambda_i t)]$$

注意，当 $n = 2$，$\lambda_1 = \lambda_2 = \lambda$ 时，有：

$$R(t) = 2\exp(-\lambda t) - \exp(-2\lambda t)$$

这就是储备冗余系统中所见到的情况。

在有储备的情况下，因为离线的设备不会失效或者失效率比在线的设备小，因此有储备系统的可靠性常常比并联冗余系统的可靠性高。

例 6-2   在相互独立且可靠度都相等的 n 个设备组成的并联系统中，其可靠度应如何表示？求此系统的转移概率矩阵，并求出 $n = 2$ 时的可靠度。

解   转移概率矩阵为：

$$\boldsymbol{p} = \begin{bmatrix} 1 - n\lambda & n\lambda & 0 & \cdots & 0 \\ 0 & 1 - (n-1)\lambda & (n-1)\lambda & \cdots & 0 \\ \vdots & \vdots & \vdots & & \vdots \\ 0 & \cdots & \cdots & \cdots & 1 \end{bmatrix}$$

当 $n = 2$ 时，有：

$$\boldsymbol{p} = \begin{bmatrix} 1 - 2\lambda & 2\lambda & 0 \\ 0 & 1 - \lambda & \lambda \\ 0 & 0 & 1 \end{bmatrix}$$

微分方程组为：

$$p_0'(t) = -2\lambda p_0(t)$$
$$p_0'(t) = 2\lambda p_0(t) - \lambda p_1(t)$$

初始条件为 $p_0(0) = 1$，$p_1(0) = p_2(0) = 0$，将其代入 $p'(S) = Sp(S) - p(0)$，则有：

$$p_0(S) = 1/(S + 2\lambda)$$
$$p_1(S) = 2\lambda/(S + 2\lambda)(S + \lambda)$$

6.1.4 系统失效时间的矩

系统失效的平均时间（MTTF）和失效时间的方差是工程中重要的量。

若给出系统在时刻 t 的可靠度为 $R(t)$，系统的失效时间为 T，则工作的平均寿命为：

$$E(T) = \int_0^\infty R(t)\,\mathrm{d}t$$

方差

$$v_{\mathrm{ar}}(T) = \int_0^\infty T^2 \frac{\mathrm{d}}{\mathrm{d}t}[1 - R(t)]\,\mathrm{d}t - \left[\int_0^\infty R(t)\,\mathrm{d}t\right]^2$$

如前所述，对于两个部件、元件并联的冗余系数，且 $\lambda_1 = \lambda_2 = \lambda$，有 $R(t) = 2\exp(-\lambda t) - \exp(-2\lambda t)$，于是：

$$m_{\mathrm{s}} = E(T) = \int_0^\infty 2\exp(-\lambda t)\,\mathrm{d}t - \int_0^\infty \exp(-2\lambda t)\,\mathrm{d}t = \frac{2}{\lambda} - \frac{1}{2\lambda} = \frac{3}{2\lambda}$$

6.2 有维护系统的可靠性模型

有维护系统是指在有限时间中可能采取维护措施的系统。这里假设维护设施是使失效系统恢复到初始情况的一项措施。例如，某元件失效，马上更换，此系统又能正常工作。

在处理有维护系统时，附加的有价值的指标常常是人们所关心的。为讨论简单起见，假设设备失效过程和修复过程都是马尔柯夫型。这个假设意味着已知在时刻 t 没有完成，而在时间 $(t, t + \mathrm{d}t)$ 区间完成修理的概率为 $\rho\mathrm{d}t + 0(\mathrm{d}t)$。在这样建立的形式下，系统能从一个状态到另一个状态，且失效次数和修理次数是独立的，具有参数为 λ 和 μ 的指数分布。如此导出的马氏过程称为生灭过程，也就是其概率特性与时间无关，与以往的经历无关，即在任一段时间间隔 $(t, t + \Delta t)$ 内 λ 和 μ 为一常数。

在研究维护系统中，另一个有用的指标是平均修复时间，它是指一个系统从失效状态恢复到工作状态的时间长度。

6.2.1 单个部件的修理

一个系统包含一个部件，它不是在失效状态就是在工作状态。若以 0 表示工作状态，则在通常的假设下，这个系统的转移概率矩阵为：

$$\boldsymbol{p} = \begin{bmatrix} 1 - \lambda & \lambda \\ \mu & 1 - \mu \end{bmatrix}$$

式中　μ——修理率；

λ——失效率。

由此矩阵，并用泊松失效过程，可以直接写出微分方程：

$$p_0'(t) = -\lambda p_0(t) + \mu p_1(t)$$
$$p_1'(t) = \lambda p_0(t) - \mu p_1(t)$$

假如初始条件取为 $p_0(0) = 1$，$p_1(0) = 0$，上面方程的拉氏变换给出：

$$(S + \lambda)p_0(S) - \mu p_1(S) = 1$$

和

$$-\lambda p_0(S) + (S + \mu)p_1(S) = 0$$

由此得到

$$p_0(S) = \frac{S + \mu}{S(S + \lambda + \mu)}$$

$p_0(S)$ 的拉氏逆变换为 $p_0(t)$，实际上它就是在时刻 t 的有效数 $A(t)$，于是有：

$$A(t) = p_0(t) = \frac{\mu}{\lambda + \mu} + \frac{\lambda}{\lambda + \mu}\exp[-(\lambda + \mu)t] \tag{6-6}$$

假如系统在初始时刻就失效，初始条件为 $p_0(0) = 0$，$p_1(0) = 1$ 时，这种情况为：

$$A(t) = \frac{\mu}{\lambda + \mu} - \frac{\lambda}{\lambda + \mu}\exp[-(\lambda + \mu)t] \tag{6-7}$$

注意，在 t 变得很大时，有效度的两个表示式（6-6）和式（6-7）等价。这就意味着，当系统已经运行了很长一段时间后，系统的状态与开始的状态无关。

当质点在时间的离散点工作转移，且转移的次数很大时，固定时期（0，t）内的平均有效度为：

$$A(t) = \frac{1}{t}\int_0^t A(S)\,\mathrm{d}S = \frac{\mu}{\lambda + \mu} + \frac{\lambda}{(\lambda + \mu)^2 t} - \frac{\lambda}{(\lambda + \mu)^2 t}\mathrm{e}^{-(\lambda + \mu)t}$$

若 $t \to \infty$，有效度变为 $\mu/(\lambda + \mu)$，这就是稳定状态的有效度。在实际工作过程中，常常关心的是确定在（0，t）内系统失效的期望数。这个信息对储存一定数量的备件、安排修理人员、计划生产以及做出其他管理上的决策，都是十分重要的。

设 $N_{01}(t)$ 是系统初始状态为 0，而回到状态 1（失效状态）的次数，假如修理过程是瞬间完成的，系统的状态就可以用一个简单的、更新的过程来描述。因此，平均工作寿命为：

$$E[N_{01}(t)] = \lambda t$$

若修理过程需要有限的时间，且它可以用某一分布函数 $G(t)$ 来描述，系统就能够描述为交替的更新过程。

若 $F(t)$ 表示部件、元件的失效分布，则对 $M_{ij}(t) = E[N_{ij}(t)]$ 的某些一般表达式是可以推导出来的，其中 $N_{ij}(t)$ 表示在（0，t）时间内系统由初始状态 i 回到状态 j 的次数。这里所说的情况是 i，$j = 0$，1。

假如在时刻 0 部件为"在线"工作期间，并知在时刻 x 首次失效，那么回到"在线"的期望次数为 $1 + M_{00}(t - x)$，于是

$$M_{00}(t) = \int_0^t M_{10}(t - x)\,\mathrm{d}F(x) \tag{6-8}$$

另一方面，若在时刻 0 部件为"离线"失效期间，并知在时刻 x 首次修复，那么回到"在线"的期望数为 $1 + M_{00}(t - x)$，于是

$$M_{10}(t) = \int_0^t \left[\, 1 + M_{00}(t-x) \,\right] \mathrm{d}G(x) \tag{6-9}$$

式（6-8）和式（6-9）能够用拉氏变换的卷积定理解出。设 $M_{ij}'(S) = \int_0^\infty \mathrm{e}^{-st} \mathrm{d}M_{ij}(t)$ 表示 $M_{ij}(t)$ 的拉氏变换，于是推得：

$$M_{00}'(S) = M_{11}'(S) F'(S)$$

和

$$M_{10}'(S) = G'(S) + M_{00}'(S) G'(S)$$

或

$$M_{00}'(S) = \frac{F'(S) G'(S)}{1 - F'(S) G'(S)}$$

和

$$M_{10}'(S) = \frac{G'(S)}{1 - F'(S) G'(S)}$$

类似的可以证明：

$$M_{11}'(S) = \frac{F'(S) G'(S)}{1 - F'(S) G'(S)}$$

和

$$M_{01}'(S) = \frac{F'(S)}{1 - F'(S) G'(S)}$$

若修理分布和失效分布是分别具有参数 μ 和 λ 的指数分布，那么有 $G'(S) = \mu/(S+\mu)$ 和 $F'(S) = \lambda/(S+\lambda)$。由这两个方程得出：

$$M_{01}'(S) = \frac{\lambda(S+\mu)}{S^2 + (\lambda+\mu)S}$$

$M_{01}'(S)$ 的逆变换为 $M_{01}(t)$，得出：

$$M_{01}(t) = E\left[N_{01}(t) \right] = \frac{\lambda^2 \left[1 - \mathrm{e}^{-(\lambda+\mu)t} \right]}{(\lambda+\mu)^2} + \frac{\lambda\mu t}{\lambda+\mu}$$

这就是已知系统在时刻 0 时开始工作而在 $(0, t)$ 系统失效的期望数。

6.2.2 串联系统

包括 2 个部件、元件的串联系统，假设每个部件有相同的失效率 λ 和相同的修复率 μ，且假设仅有一个修理工修理失效的部件。状态 0 表示系统在工作状态。状态 1（仅 1 个部件工作）和状态 2（2 个部件工作失效）都是非工作状态。很明显，修理工人的个数将影响系统的有效度。利用马氏链的假设，系统的转移矩阵可写为：

$$\boldsymbol{p} = \begin{bmatrix} 1-2\lambda & 2\lambda & 0 \\ \mu & 1-(\lambda+\mu) & \lambda \\ 0 & \mu & 1-\mu \end{bmatrix}$$

由此矩阵可写出微分方程组：

$$p_0'(t) = -2\lambda p_0(t) + \mu p_1(t)$$
$$p_1'(t) = 2\lambda p_0(t) - (\lambda+\mu) p_1(t) + \mu p_2(t)$$
$$p_2'(t) = \lambda p_1(t) - \mu p_2(t)$$

同前所述，当给出初始条件后，用拉氏变换解出瞬间情况的方程组。由于求稳定状态的解不依赖于初始状态，所以可不知道初始条件。

系统处于稳定状态，这时令微分方程的左端为 0，且这些方程连同条件 $\sum_i p_i = 1$ 给出：

$$p_0 = \frac{\mu^2}{\mu^2 + 2\lambda\mu + 2\lambda^2}$$

$$p_2 = \frac{2\lambda^2}{\mu^2 + 2\lambda\mu + 2\lambda^2}$$

$$p_1 = 1 - p_0 - p_2 = \frac{2\lambda\mu}{\mu^2 + 2\lambda\mu + 2\lambda^2}$$

当 $t \to \infty$ 时，有效度 $\lim A(t) = p_0$，其可靠度为：

$$R(t) = \exp(-\sum \lambda_i t)$$

注意：对串联系统的维护行为不影响可靠度，但影响有效度。

6.2.3　并联冗余系统（所有元件在线上同时工作）

稳定状态转移矩阵如 6.1 节所示。有 2 台设备由 1 个人维修，失效率为 λ，有效度为：

$$\lim_{t \to \infty} A(t) = p_0 + p_1 = \frac{\mu^2 + 2\lambda\mu}{\mu^2 + 2\lambda\mu + 2\lambda^2}$$

为了求得这个系统的可靠度，必须修改系统的转移概率矩阵，使得系统失效的状态对应于吸收状态（报废）。为此取状态 2 为吸收状态，转移概率矩阵为：

$$\boldsymbol{p} = \begin{bmatrix} 1 - 2\lambda & 2\lambda & 0 \\ \mu & 1 - (\lambda + \mu) & \lambda \\ 0 & 0 & 1 \end{bmatrix}$$

对应于这个矩阵，可以写出微分方程组，在初始条件为 $p_0(0) = 1$，$p_1(0) = p_2(0) = 0$，这些方程的拉氏变换为：

$$p_0(S)(S + 2\lambda) - \mu p_1(S) = 1$$
$$-p_0(S)2\lambda + (S + \mu + \lambda)p_1(S) = 0$$
$$\lambda p_1(S) - Sp_2(S) = 0$$

解 $p_1(S)$，得：

$$p_1(S) = \frac{2\lambda}{S^2 + (3\lambda + \mu)S + 2\lambda^2}$$

设

$$S_1 = \frac{-(3\lambda + \mu) + \sqrt{(\lambda + \mu)^2 + 4\mu\lambda}}{2}$$

和

$$S_2 = \frac{-(3\lambda + \mu) - \sqrt{(\lambda + \mu)^2 + 4\mu\lambda}}{2}$$

于是

$$p_1(S) = \frac{2\lambda}{(S - S_1)(S - S_2)}$$

用分部公式，$p_1(S)$ 可表示为：

$$p_1(S) = \frac{2\lambda}{S_1 - S_2}\left(\frac{1}{S - S_1} - \frac{1}{S - S_2}\right)$$

$p_1(S)$ 的逆变换 $p_1(t)$ 为：

$$p_1(t) = \frac{2\lambda}{S_1 - S_2}(e^{S_1 t} - e^{S_2 t})$$

于是，$p_0(S)$ 可由 $p_1(S)$ 得到：

$$p_0(S) = \frac{\lambda + \mu + S}{S^2 + (3\lambda + \mu)S + 2\lambda^2}$$

$$= \frac{\lambda + \mu + S_1}{(S_1 - S_2)(S - S_1)} - \frac{\lambda + \mu + S_2}{(S_1 - S_2)(S - S_2)}$$

$p_0(S)$ 的逆变换为：

$$p_0(t) = \frac{(\lambda + \mu + S_1)e^{S_1 t} - (\lambda + \mu + S_2)e^{S_2 t}}{S_1 - S_2}$$

因为可靠度 $R(t) = p_0(t) + p_1(t)$，因此，

$$R(t) = \frac{(3\lambda + \mu + S_1)e^{S_1 t} - (3\lambda + \mu + S_2)e^{S_2 t}}{S_1 - S_2}$$

$$= \frac{S_1 e^{S_1 t} - S_2 e^{S_2 t}}{S_1 - S_2}$$

假如 $F(t)$ 是首次失效时间的分布函数，$F(t) = 1 - R(t)$，对于 $F(t)$ 关于 t 求导，得到首次失效概率密度函数 MTTF，将其对 $R(t)$ 从 $0 \sim \infty$ 积分求得。注意：对 λ，$\mu > 0$，S_1 和 S_2 都是负数。

对于有储备的冗余系统的可靠性模型可以用类似的方式得到。

例如，有一个并联冗余系统（在同一时刻有 2 台设备同时工作）。当 2 台设备并联时，E_i 表示 i 个故障状态。其有效度与串联时一样，通过列出转移概率行列式 p 求出。但不同的是，串联系统的有效度必须是 2 台设备同时工作，即 $A(t) = p_0(t)$。与之相反，在并联情况下，$A(t) = p_0(t) + p_1(t)$。

当 2 台设备由 2 个人维修（多重维修式），$t \to \infty$ 时，稳态有效度为：

$$A(\infty) = p_0 + p_1 = \frac{\mu^2 + 2\lambda\mu}{(\lambda + \mu)^2}$$

当 2 台设备由 1 个人维修（单一维修形式），$t \to \infty$ 时，稳态有效度为：

$$A(\infty) = \frac{\mu^2 + 2\lambda\mu}{\mu^2 + 2\lambda\mu + 2\lambda^2}$$

这些例子与串联情况下有效度相比，只增加了 p_1 项。

例 6-3 有 2 台设备构成并联系统，该系统因 2 台设备发生故障而不能工作，而系统发生故障前不能维修。求由 2 个维修人员维修时的有效度。

解 该系统可能出现 4 种状态：（1）2 台均正常工作；（2）1 台发生故障；（3）2 台同时发生故障处于维修中；（4）1 台工作，1 台维修。

此 4 种状态的转移概率矩阵 $\boldsymbol{p}$ 为：

$$\boldsymbol{p} = \begin{bmatrix} 1 - 2\lambda & 2\lambda & 0 & 0 \\ 0 & 1 - \lambda & \lambda & 0 \\ 0 & 0 & 1 - 2\mu & 2\mu \\ \mu & 0 & \lambda & 1 - (\lambda + \mu) \end{bmatrix}$$

由 $\sum p_i = 1$ 和 $A(\infty) = p_0 + p_1 + p_2$ 可以求出：

$$A(\infty) = (3\mu^2 + 2\lambda\mu)/(3\mu^2 + 3\lambda\mu + \lambda^2)$$

由此可知，即使是相同设备、相同的维修人数，若维修方法不同，则有效度也不同。

6.3　液压系统的可靠性分析

6.3.1　问题的提出

目前，应用可靠性理论来分析、设计液压系统还处于起步阶段，许多人对此尚没有较深入的认识，只停留在一般实用观点上。究其原因，一是对可靠性理论不熟悉，二是在目前设计方法及使用上，没有这方面的要求。虽然过去的液压系统设计中，已经不自觉地应用了可靠性原理，但是还没有上升到理论的高度来认识。这与电子设备的可靠性理论研究不同，早在 20 世纪 40 年代，电子设备可靠性的研究就已经开始。机械设备方面应用可靠性理论的历史不长，而且在很多方面还不成熟，有待今后努力。在液压方面应用可靠性理论刚起步，因此，可靠性理论在液压系统中的应用有待推广，即由强度理论设计转入可靠性理论设计或二者兼顾，不断地提高设计水平，找到最佳设计方案。

6.3.2　高炉炉顶液压系统的可靠性分析

现以 255 m³ 高炉炉顶液压系统为例进行说明。高炉炉顶液压系统的设计原则是要提高设备的可靠性，否则会给生产带来很大的影响。例如，当大小料钟不能开闭时，高炉就停产甚至出现大的事故。高炉炉顶液压系统如图 6-1 所示。

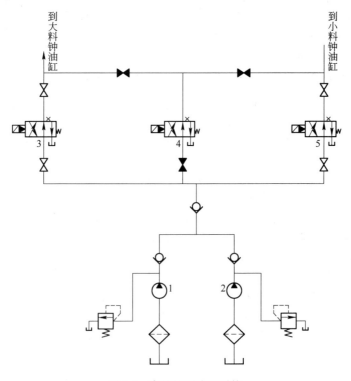

图 6-1　高炉炉顶液压系统

1，2—液压泵；3~5—电液换向阀

（1）油源（泵站）。采用双泵供油，工作程序是一泵工作、一泵备用，只要两台泵都失效，此液压系统便失效。

该液压泵系统属于储备冗余系统，也称后备系统，即只有一泵工作，另一泵不工作，作储备之用。只有当工作泵出了故障后，另一泵通过转换开关作用，才开始工作，使系统工作不至于中断。此时将失效的泵卸下修理或更换。该液压泵逻辑图如图6-2所示。

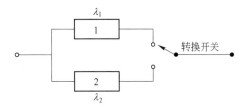

图6-2　液压泵逻辑图

若泵的失效率相等，因有 $\lambda_1(t) = \lambda_2(t) = \lambda(t)$，则系统的可靠度按泊松分布来求（$n=2$，为2台泵），即：

$$R_s = e^{-\lambda t}(1 + \lambda t)$$

$$\lambda_i = \frac{\lambda^2 t}{1 + \lambda t}$$

$$m_s = \int_0^\infty R_s \mathrm{d}t = \frac{2}{\lambda}$$

$$F_s = 1 - R_s = 1 - e^{-\lambda t}(1 + \lambda t)$$

（2）换向阀。由3只换向阀组成的并联储备冗余系统，2只阀工作，1只阀备用，只要此回路中的换向阀的失效数目不多于1个，此回路就不会失效。

6.3.3　轧机液压系统可靠性分析

以轧机液压压下为例来说明。为了使压下液压缸能正常工作，在伺服系统中采用可靠性较高的结构形式，即并联2只伺服阀。系统正常工作时，2只伺服阀同时工作；当某1只伺服阀失效时，另1只仍能继续工作。其回路如图6-3所示。

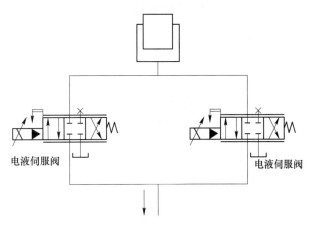

图6-3　轧机液压压下回路图

（1）逻辑图。轧机液压压下回路逻辑图如图6-4所示。构成此回路的元件，只有2只伺服阀均发生故障后，整个系统才不能工作，该系统称为并联冗余系统。由于并联系统有重复的元件，且只要其中还有1个元件不失效，就能维持整个系统的工作，所以又称为工作冗余系统。

（2）可靠度分析。设两元件的可靠度为 R_1、R_2，各元件的不可靠度为（$1-R_1$）、（$1-R_2$），则系统的失效率为 $F_s = (1-R_1)(1-R_2)$，可靠度为 $R_s = 1 - F_s = 1 - [(1-R_1)(1-R_2)]$。当 $R_1 = R_2 = R$ 时，则有：

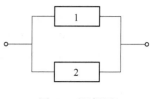

图 6-4 逻辑图

$$R_s = 1 - (1-R)^2 = 2R - R^2$$

令 $R(t) = e^{-\lambda t}$，则

$$R_s = 2e^{-\lambda t} - e^{-2\lambda t}$$

系统的失效率为：

$$\lambda_i(t) = 2\lambda \frac{1 - e^{-\lambda t}}{2 - e^{-\lambda t}}$$

工作的平均寿命为：

$$m_s = \int_0^\infty R_s(t)\,dt = \int_0^\infty (2e^{-\lambda t} - e^{-2\lambda t})\,dt = \frac{2}{\lambda} - \frac{1}{2\lambda} = \frac{3}{2\lambda}$$

一般情况下，即当 $\lambda_1 \neq \lambda_2$（$R_1 \neq R_2$）时，

$$R_s = 1 - (1-R_1)(1-R_2) = R_1 + R_2 - R_1 R_2$$

$$= e^{-\lambda_1 t} + e^{-\lambda_2 t} - e^{-(\lambda_1 + \lambda_2)t}$$

$$m_s = \frac{1}{\lambda_1} + \frac{1}{\lambda_2} - \frac{1}{\lambda_1 + \lambda_2}$$

──────── **重点内容提示** ────────

理解可靠性模型的重要性，掌握没有维护系统与有维护系统的可靠性数学模型。熟练用逻辑图表示串、并联系统。

思 考 题

1. 串联系统与储备冗余系统有什么不同？
2. 储备冗余系统与并联冗余系统有什么不同？
3. 单向阀由零件组成，能否看作一个串联系统，请说明原因。

7 液压设备可靠性管理

思政之窗:

从严管理的要求能不能落到实处,领导机关和领导干部带头非常重要。

(摘自《全面从严治党探索出依靠党的自我革命跳出历史周期率的成功路径》)

坚持以效能为核心,以精确为导向,更新管理理念,优化管理流程,创新管理机制。

(摘自《习近平新时代中国特色社会主义思想专题摘编》第十四章)

7.1 可靠性管理的必要性与经济性

7.1.1 可靠性管理的必要性

可靠性管理贯穿产品的研究、设计、生产、使用等各个阶段,即贯穿产品整个寿命周期。它是一个系统工程,涉及有关工业的整个体系,所以必须从系统工程的观点出发,采取一系列有效措施才能保证最终的可靠性。

对于有可靠性指标的产品来说,质量管理与可靠性管理结合在一起,称为质量保证体系。可靠性管理是质量保证体系的重要组成部分。对于液压元件及系统,除了进行质量管理外,还必须进行可靠性管理,否则,产品的质量与可靠性是无法保证的。

我国的质量管理已有相当长的历史,无论在宣传教育、管理方法的推广使用及管理制度的贯彻上,都取得了较好的成效,而可靠性管理仍存在很多问题。例如,有些单位的液压系统在运行中,由于缺乏专人管理,油箱液位低于规定要求,开动液压泵后,液压泵便吸空,系统无法工作。有些液压系统,在长期运行中,油液已变质,污染超标,造成溢流阀阻尼孔堵塞,系统不能工作。

过去曾有人对可靠性管理的重要性认识不足,只抓产品的加工工艺和技术性能指标,不重视可靠性管理,结果花了很长时间,产品质量仍难达到预期效果。可见,必须加强可靠性管理,采用专人管理、专用机械、专用材料、专门审批、专门检测、专门筛选和专用卡片等"七专"管理方法。这样不但缩短了研制周期,而且产品的可靠性水平也大大提高。

在国外,可靠性的重要性被宣传到极为重要地步。如美国国防部认为"所有武器的战斗效能取决于可靠性"。为了确保可靠性,必须加强可靠性管理。

7.1.2 可靠性管理的经济性

从经济角度来说,可靠性管理不一定像质量管理那样受企业的欢迎。因为质量管理能在较短的时间内给企业带来提高合格率、降低成本的好处。然而可靠性需要投入很大的人力、物力，而且效果还不一定马上看得出来。但是，只要认真加强可靠性管理，总的成本就会降低，有的降低幅度可达百分之十几以上，使产品平均无故障时间延长，维修时间减少。

一般情况下，对产品的可靠度要求高，投资费用就会高，而维修费用降低。产品可靠度 R 与费用 G 之间的关系曲线，如图 7-1 所示。提高可靠度所付出的代价是否合理，要用总费用曲线判断。

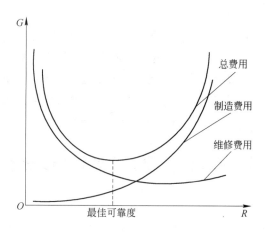

图 7-1　产品可靠度 R 与费用 G 的关系

7.2　系统可靠性管理

7.2.1　项目

系统可靠性管理的项目很多，主要项目如表 7-1 所示。

表 7-1　系统可靠性管理项目

项　目	构思阶段	方案论证阶段	研制阶段	生产阶段	使用阶段
可靠性要求	√	√	√		
可靠性数学模型		√	√		
可靠性预计		√	√		
可靠性分配		√	√		
失效模型影响分析		√	√		
可靠性设计		√	√		
元件选用		√	√	√	
设计审查		√	√	√	
设计规范	√	√	√		
验收规范		√	√		

项 目	构思阶段	方案论证阶段	研 制 阶 段	生 产 阶 段	使 用 阶 段
可靠性评价试验		√	√		
失效分析		√	√	√	√
数据收集		√	√	√	√
质量管理		√	√	√	√
环境试验			√	√	
可靠性验收试验			√	√	

7.2.2 可靠性指标

在系统可靠性管理中，首要的是确定可靠性指标。可靠性指标是可靠性管理的努力目标。这个目标应定得恰当，不能偏高，也不能偏低。若偏高就会使研制费用增加，计划脱离实际，甚至使计划落空。若偏低，则会失去提高可靠性的机会，增加后面的维修费用。可靠性指标的制定，最好采用系统费用效果分析方法及寿命周期费用分析方法进行多方面的衡量，同时考虑当前元件失效率水平现状、可生产性、任务、时间等因素。

可靠性指标主要由以下三个指标来衡量。

（1）工作寿命。液压元件或系统运行至发生故障不能运行的时间，或往复运行次数，或换向次数。

（2）功能性失效。当液压元件或系统发生任一项功能故障，则可视为该液压元件或系统失效。

（3）阈值水平。运行的液压元件或系统失效前不能超过或低于规定的阈值水平，如液压缸的理论负载效率值不得低于80%等。阈值水平可由制造商参考国内外资料来规定或者由可靠性专家给出。

7.2.3 编制可靠性模型

可靠性模型是对系统失效率与元件失效率关系的数学描述。每个元件都有自己的可靠性模型。系统的可靠性模型是可靠性预测的分析基础。这个模型在系统构思阶段是很粗糙的，但在方案论证及在研制阶段中则变得充实与完善。系统的可靠性模型根据系统的功能图或详细的设计图纸编制。其具体步骤是：

（1）确定完成任务的要求，并把它们绘制为完成某一任务的方框图。

（2）列出系统无故障的概率公式。

（3）使用可靠性预测技术对系统中每一设备的可靠度进行计算。

（4）将第（3）步推导出来的各种设备无故障工作概率值代入第（2）步推导出来的系统故障工作概率公式中。

（5）将几个时间值作为任务时间，并按上述步骤所选出的几个时间值计算出系统无故障工作概率，即可绘出随时间变化的无故障工作概率曲线图。

7.2.4 可靠性保障体系

建立可靠性保障体系是为了把有关人员组织起来，通力合作，共同保证可靠性。只有这样，才能实现可靠性指标要求。下面扼要介绍可靠性专业部门、设计部门、领导人员在可靠性保障体系中的基本职责。

7.2.4.1　可靠性专业部门的职责

（1）负责组织制定型号可靠性控制计划，并作为型号研制计划不可分割的一部分。

（2）协助指导可靠性设计，这包括：解释定性和定量的可靠性要求；指出设计上应考虑的问题；推荐元器件供设计人员选用；向设计人员提供可靠性反馈信息并提出建议；等等。

（3）负责完成定量的可靠性分析，评定可靠性水平，并提出建议供讨论和决策。

（4）参加设计评审，报告可靠性状况和存在的问题，并提出建议供讨论和决策。

（5）了解失效反馈情况，检查失效趋势和存在的问题。

（6）检查元器件是否达到要求。

（7）检查制造部门的质量控制工作程序和试验计划，了解试验情况，协助进行试验结果分析和试验报告的编写。

7.2.4.2　设计部门在可靠性方面的职责

（1）在可靠性专业部门的支持下负责可靠性设计。

（2）向可靠性专业部门提供设计资料以供评审和分析。

（3）应力分析，边缘性能分析。

（4）必要时可以对部件、整机进行故障分析。

7.2.4.3　企业领导人员的职责

（1）尊重科学，认真学习和运用可靠性管理知识。

（2）明确分工，建立体系和工作制度，并监督其实施，合理分配人力、物力、财力。

（3）奖惩分明。

在可靠性保障体系中，企业领导是关键，其积极性和主动性都是保障产品可靠性必不可少的条件，因为保障可靠性的根本动力是在企业内部。

7.3　产品出厂后的可靠性措施及反馈信息

（1）产品出厂后的可靠性措施。产品出厂后的可靠性措施如表 7-2 所示。

表 7-2　产品出厂后的可靠性措施

项　目	内　容
销售可靠性	（1）广告、宣传的可靠性；（2）销售训练的可靠性；（3）使用说明书、图纸资料
包装、保管运输的可靠性	（1）包装的可靠性；（2）保管的可靠性；（3）运输的可靠性
使用的可靠性	（1）使用的可靠性与售出后的技术服务；（2）保养的可靠性；（3）补充元件或零件的可靠性；（4）用户的不满与可靠性；（5）市场情报与可靠性
可靠性情报反馈	（1）使用环境及条件；（2）失效原因的分析；（3）使用人员的可靠性教育

（2）液压系统使用单位反馈信息。从可靠性管理角度看，有许多信息要反馈到设计、

生产、销售、维修服务部门。使用单位在液压系统及元件的入库、装机、调试等阶段，应将液压系统及元件的储存、调试、使用情况作出综合评价统计分析报告，送给液压元件生产厂，以便改进设计，提高可靠性。对于失效元件，使用单位原则上应将液压系统失效的元件连同其报表一起反馈给有关液压系统及元件生产厂，也可以将分析结果反馈给元件生产厂。

—————— **重点内容提示** ——————

关注液压系统在设计、加工、装配、试验、运输、贮存、使用均存在可靠性管理，重视并熟悉如何进行可靠性管理。

思 考 题

1. 分析可靠性与经济性之间的关系。
2. 可靠性管理包含哪些内容？
3. 为什么生产单位十分重视售后服务和用户信息反馈？

液压系统故障诊断基础
及可靠性维修

扫码获得
数字资源

思政之窗：

中国天眼：人类看得最远最清晰的"眼睛"，中国天眼是 500 m 口径球面射电望远镜。它能看到 130 多亿光年的区域，接近宇宙边缘。它是我国具有自主知识产权，用于探索宇宙的单口径球面射电望远镜，可以用来探究宇宙事物变化、发生各种现象的装备，相当于工业诊断液压元件和液压系统故障的仪器设备。有了这种设备可以预测液压系统故障的发生或及时进行可靠性维修。

8.1 液压故障诊断的重要性

社会的发展和进步，必须不断满足人民群众物质文化生活的需要，也就是为人民群众提供充足而优质的物质。而这些物质，有相当一部分是由工业生产出来的。要生产出工业及国防所需的产品，满足人民群众生活和国防工业以及各方面需要，就必须有生产产品的机器设备。而机器设备的好坏，直接影响产品的质量和产量。

为了不断满足人民群众物质需求，不断提高国家经济建设水平，一方面，人们不断提出新要求、新设想，设计研究开发新设备，生产优质产品，只有这样，社会才能发展。回顾近些年来科学技术的发展，充分体现这一点。另一方面，企业在购进新液压设备的同时，应抓紧对生产操作和管理人员、维修人员进行技术培训，提高他们的技术水平、管理水平，从而更好地使用和维护设备，进行故障诊断工作。这两方面内容，相当于人的左右手，要一手抓设计、研制、开发新产品或引进的产品；另一手抓维护、故障诊断，提高液压设备的有效性。其框图如图 8-1 所示。

应用设备状态监测和故障诊断技术所带来的经济效益，包括减少可能发生的事故损失和延长检修周期所节约的维修费用两部分。国外一些调查资料显示，设备监测诊断技术带来了可观的经济效益。据日本统计，在采用诊断技术后，事故率降低 75%，维修费用降低 25%~50%。新日铁八幡厂热轧车间在采用诊断技术第一年后，事故率就由原来的 29 次/年，降低为 8 次/年。英国对 2000 家工厂的调查表明，采用设备诊断技术后，维修费用每年节约 3 亿英镑，除去用于实施诊断技术的费用 5000 万英镑外，将获利 2 亿 5000 万英镑。美国 PEKRUL 电厂的调查资料表明，投入 20 万美元的设备诊断费，年获利可达 120 万美元。在我国，鞍钢每年维修费用为 2.3 亿~2.7 亿元，占设备总投资的 9.58%~11.25%，占全年产值 6%~7%。可见，故障诊断的经济效益显著，具有十分重要的地位。

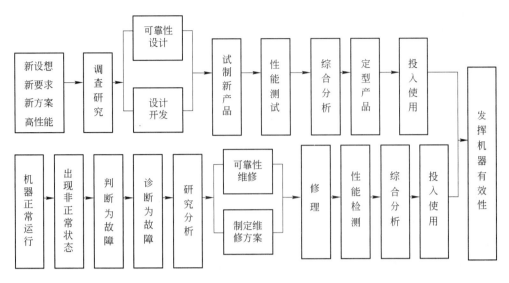

图 8-1　提高液压设备有效性框图

8.2　液压故障分析与识别基础

8.2.1　液压故障模式

液压故障模式是从不同表现形态来描述液压故障的，是液压故障现象的一种表征。一般来说，液压故障的对象不同，即不同的液压元件和液压系统，其液压故障模式也不同。

（1）液压缸的液压故障模式有：液压缸爬行、冲击、泄漏、推力不足、运动不稳等。

（2）液压泵的液压故障模式有：无压力、压力与流量均提不高、噪声大、发热严重等。

（3）电液换向阀的液压故障模式有：滑阀不能移动、电磁铁线圈烧坏、电磁铁线圈漏电或漏磁、电磁铁有噪声等。

8.2.2　液压故障原因

（1）液压故障因素（也称为内因）。液压故障对象（发生液压故障的液压元件和液压系统）本身的内部状态与结构，对液压故障具有抑制或促发作用，其内因有：

1）液压元件结构设计潜在缺陷或液压元件结构特性不佳，如滑阀在往复运动中易发生泄漏的液压故障等。

2）液压元件材质不佳，制造质量差，留下隐患，易导致液压故障。

3）液压系统设计不合理或不完善，使用时由于液压功能不全，导致液压故障。

4）液压设备运输、液压系统安装调试不当或错误，导致液压故障。

（2）液压故障诱因（也称为外因）。液压故障诱因是指引起液压元件和液压系统发生液压故障的破坏因素，如力、热、摩擦、磨损、污染等环境因素，时间因素和人为因素等。其外因有：

1）液压系统的运行条件，即环境条件与使用条件的影响，如温度过高、水和灰尘的污染等导致液压故障。

2）液压系统的维护保养不当和管理不善，如未能按时保养、按时换油、按时向蓄能器补充氮气等导致液压故障。

3）自然因素和人为因素的突变，如密封圈老化失效、运行规范不合理、操作失误等导致液压故障。

8.2.3　液压故障机理

液压故障机理是诱使液压元件和液压系统发生液压故障的物理与化学过程、电学与机械学过程等，也是形成液压故障源的原因。一般说来，在研究液压故障机理时，至少要研究下列三个基本因素：

（1）液压故障对象。发生液压故障的液压元件和液压系统本身实体，是液压故障的载体。

（2）液压故障诱因。加害于液压故障对象，使其发生液压故障的外因，或者说是输入的液压故障加害因素，即输入诱因。

（3）输出结果。输出的异常状态、液压故障模式等，或者说是液压故障诱因作用于液压故障对象的结果。也就是说，液压故障对象的状态超过某种界限，就作为输出而发生液压故障。

8.2.4　液压故障模型

把液压故障对象和液压故障诱因同液压故障机理相关的事件用图、表、数式等加以表现，称为液压故障模型。它是研究关于液压故障发生机理（过程）的一种思路或逻辑表述。

因此，8.2.3 节中的液压故障机理用液压故障模型可表示为：

$$\boxed{液压故障对象} + \boxed{液压故障诱因} \longrightarrow \boxed{液压故障模式}$$

或 　　　$$\boxed{液压故障对象} + \boxed{输入诱因} \longrightarrow \boxed{输出结果}$$

液压故障模型是多种多样的，如图 8-2 所示的液压故障发生框图就是一种通用形式。

8.2.5　液压故障分析的基本方法

为识别液压故障而研究液压故障发生的原因、机理、概率、后果以及预防对策，对液压故障对象及其相关事件进行逻辑分析与系统调查的技术活动，就称为液压故障分析。

液压故障分析是液压故障诊断的一个重要方面。从液压故障对象的液压功能出发，采取液压故障分析的方法查找液压故障，是当前常用的液压故障诊断的基本方法。从液压故障对象的液压功能联系出发，追查探索液压故障原因时，有两类基本分析方法：

（1）液压故障顺向分析法：是指从发生液压故障的原因出发，按照液压功能的有关联系，分析液压故障原因对液压故障表征（输出结果 - 液压故障模式）影响的分析方法。也就是指，按照液压功能联系，从液压设备的下位层次（即液压故障对象发生液压故障的各

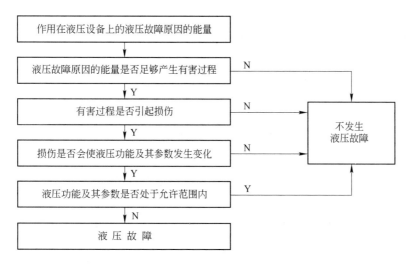

图 8-2 液压故障发生框图

种因素）向上位层次（即液压故障表征–输出结果）进行分析的方法。采用这种分析方法，对预防液压故障的发生、预测和监视具有重要的作用。

（2）液压故障逆向分析法：是指从液压故障对象发生液压故障后的液压故障表征（输出结果–液压故障模式）出发，按照液压功能的有关联系，分析发生液压故障的各种因素影响的分析方法。也是指，按照液压功能联系，从液压设备的上位层次（液压故障表征）发生液压故障出发，向下位层次（液压故障原因）进行分割的分析方法。简单地说液压故障逆向分析法是从液压故障的结果向原因进行分析的方法。这种分析方法是常用的液压故障分析方法，其目的明确。只要液压功能原理的关系清楚，查找液压故障就简便，故应用较为广泛。

8.2.6 液压故障识别

根据已知的设备液压故障的状态、征兆和特征类型，与检测出的液压故障状态和特征（即检测所获得的诊断信息）集合（可理解为若干可能性）进行分类、比较，判断液压故障。

（1）液压故障识别的基本方法。

1）分类探查，明确区分所要识别的状态及诊断对象，即事先应规定液压设备技术状态。

2）选择检测的特征，确定这些特征与液压设备状态之间的关系，即区分正常状态还是故障状态。根据液压设备的状态选择一组相应的检测特征。

3）提出识别的决策规划。一般按"液压故障对象 + 液压故障诱因 —→ 液压故障模式"的原则判断液压故障。

（2）液压故障识别的途径。

1）参数识别：即通过检测以获得诊断参数并将其与状态参数进行比较、分类，从而识别液压故障。诊断参数有一个识别范围，如阀芯磨损 0~0.01 mm 是正常情况。诊断参数有时是间接获得的，所以应有一个对比标准，如获得的振动值，其磨损有一个对应值。

2）状态识别：即对液压设备的正常状态进行分类，按细分程度确定其状态特征，然后按选择的检测特征分组，与获得诊断状态进行比较，从而识别液压故障。

3）图像识别：即通过对液压系统的正常图像与异常图像的比较分析来识别液压故障。液压设备的图像是指液压系统在运行过程中随时间变化的动态信息，如压力、流量、温升、噪声、振动等反映液压系统技术状态的各种参数，经过各种动态测试仪器拾取，并用记录仪器记录下来的图像。它是液压故障诊断的原始依据。

8.3   液压系统共性液压故障诊断基础

液压系统共性液压故障是各类液压系统都可能出现的一种故障特性相同的液压故障。下面分别阐述其故障机理及诊断原理。

8.3.1   液压冲击故障诊断

8.3.1.1   液压冲击的故障表现及危害

由于快速换向或突然关闭，液压系统管道内流动的液体的瞬时压力值增至极大，这种现象称为液压冲击，如图 8-3 所示。

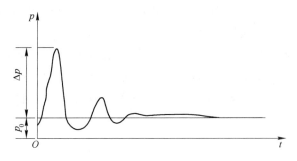

图 8-3   液压冲击的压力变化

液压冲击会使系统瞬时压力比正常工作压力大好几倍，例如，当突然关闭液压缸的油口时，从示波器上很明显地看出压力波动情况，瞬时压力可达工作压力的 3 倍以上。液压冲击会产生巨大的振动和噪声，会使油温升高，还会使密封装置、管件及其他元件损坏。例如，有一直径为 25 mm，壁厚 1.5 mm 的油管，当系统工作压力只有 7~10 MPa 时，便发现有破坏现象（而这种油管的实际静止破坏压力为 50~60 MPa），这除了压力脉动使管道产生疲劳外，主要原因是液压冲击导致的破坏。不仅如此，液压冲击还会导致系统调整失效、控制不灵、液压程序动作错乱，影响生产。

8.3.1.2   液压冲击发生的原因

液压冲击发生的原因主要有：管路内瞬间流速改变；液压元件灵敏度不高；动作滞后以及溢流阀不能及时打开，从而使之超调；限压式变量泵压力升高时不能及时减小流量等。

另外，控制阀关闭后，高速运动部件在惯性力的作用下仍继续运动，需要经过一段时间才能停止。在这种情况下，也会引起系统压力瞬时急剧上升，产生液压冲击。

8.3.1.3 防止和减小液压冲击的措施

（1）减慢液流的换向速度。对于电液换向阀，可控制先导阀的流量（用节流阀及单向阀），以减缓滑阀的换向速度。选用元件时，尽可能用带阻尼器的换向阀。换向时间应大于 0.2 s，这可大大减小液压冲击。

（2）在阀的前面设置蓄能器，以减小冲击波传播的距离，使控制阀突然关闭或换向所引起的液压冲击得到缓冲。

（3）加大管道通径，缩短管道的长度或采用橡胶软管，均可减小液压冲击。

（4）在系统冲击源前设置安全阀，可起卸荷作用。这是因为，液压缸在高速运动中突然停止或反向时，由于惯性而引起的冲击一般很难计算，设计系统时，应在液压缸出入口处安装旨在限制压力升高的溢流阀（其调整压力可超过液压缸额定压力的 5% ~ 15%），起安全作用。

（5）液压缸设置缓冲装置，使液压缸在行程终点附近逐渐减速，慢慢停止或反向，以防止液压冲击。

8.3.2 液压系统空化与气蚀液压故障诊断

8.3.2.1 空化与气蚀故障的表现及危害

液体在液压系统中流动时，流速高的区域压力就低。当压力低于空气分离压力时，溶解于液体中的空气（一般矿物油在常态条件下溶解空气的体积分数为 6% ~ 12%）就被分离出来，以气泡的形式存在于液体中，使液体变得不连续。这种现象称为空化（又称空穴）。

空化发生后，气泡随着液流进入高压区，并被急剧破坏或缩小，原来所占据的空间形成真空。四周液体质点以极大的速度冲向真空区域，产生局部液压冲击，将质点的动能忽然变成压力能和热能（局部高压可达数百个大气压，温度可达 1000 ℃）。当这种液压冲击发生在金属边壁上时，会加剧金属氧化腐蚀，使金属零件表面逐步形成麻点。严重时，会使金属表面脱落、出现小坑，这种现象称为气蚀。

空化使液压系统工作性能恶化，容积效率降低，零件损坏，管道机械寿命缩短，使系统压力和流量受到影响，还会产生液压冲击、振动及噪声等不利现象。

从修理解体的轴向柱塞泵缸体损伤情况来看，泵吸油时进口压力不足，不能使油液快速进入缸体，流体中产生气泡（空腔）。气泡撞到缸壁时就破裂，此时压力瞬时极大，从而导致金属表面小块剥落。齿轮泵产生气蚀会对浮动侧板产生损伤。气泡在进口处的低压腔被液压油带入，到出口处的高压腔又被挤破。叶片泵的气蚀现象表现在装叶片的转子的叶片槽内有明显的波纹伤痕。

8.3.2.2 空化与气蚀在液压系统中发生的部位

空化发生在液流的低压区，而气蚀则发生在高压区内。高压区内的气泡压缩或破坏所产生的局部液压冲击对金属表面有剥蚀作用。液压系统的节流部位、突然启闭的阀门、吸油不畅或安装过高的液压泵吸油口等处，均有可能产生气蚀。

（1）节流部位的空化，是油液流经节流小孔或缝隙时，由于流速高、压力低而产生的空化。油液流经节流小孔时，产生颈缩现象（即出口附近的液流断面小于孔的几何断面）。由实验测得，一个具有尖棱薄壁小孔的节流装置，在小孔前后的压力比 $p_1/p_2 > 3.5$ 时，就要发生空化。在阀类节流而压力降低的情况下，不发生空化条件的压力比为 $p_1/p_2 < 3.5$。p_1、p_2 分别为节流阀的前后压力。

（2）液压泵中的空化现象主要决定于液压泵的吸油高度、吸油速度和管路中的压力损失。这些参数都可能造成液压泵吸油腔压力过低。当压力低于空气分离压力时，就产生空化现象。例如，齿轮泵和叶片泵转速过高时，由于油液不能填满整个工作空间，不仅容积效率降低，而且未充满油液的齿根（或叶片根部）压力降低，故容易形成空化和气蚀。为此，对泵的吸油高度和转速均有一定的限制。

8.3.2.3   空化与气蚀的检测

（1）在液压泵进口处装一个真空表，检测真空值。

（2）凭经验听液压泵发出的声音是否正常，气蚀的液压泵会发出啸叫声。

（3）通过故障现象测定。例如，液压泵吸油不足或输出油量降低，都会使液压缸或液压马达动作减慢，系统动作变迟钝。

（4）检查过滤器，过滤器堵塞也会导致空化与气蚀的发生。

8.3.2.4   防止空化与气蚀产生的措施

（1）系统油压高于空气分离压力。空气分离压力随油液种类、温度和空气的溶解量不同而不同。当高温空气溶解量大时，空气分离压力就高。一般矿物油的含气量为10%，油温为50 ℃时的空气分离压力约为40 kPa 的绝对压力。

（2）为防止小孔及控制阀类等节流部位产生空化，节流口前后压力比应小于3.5。

（3）液压泵应有足够的管径，以避免狭窄通道或急剧转弯。液压泵离油面不能太高，以保证吸油管路中各处压力不低于空气分离压力，尽可能减小液压泵的吸油阻力。另外，油液在泵内的流速不能太大，即液压泵的转速不能过高。

（4）尽可能降低油液中空气的含量，避免压力油与气体直接接触而增大溶解量。管接头及元件的密封要良好，防止空气侵入；要防止吸油管口吸入气泡；回油管应插入液面以下，防止回油把空气冲入油中；减少油液中的机械杂质，因为机械杂质的表面往往附有一层薄的空气。

8.3.3   液压系统污染与卡紧故障诊断

8.3.3.1   污染控制的意义及污染物类型

A   污染物的种类

所谓污染物是指对液压系统的正常工作、使用寿命和工作可靠性产生不良影响的外来物质和能量。油液中的污染物质根据其物理形态可分为固态、液态和气态三种类型。固体污染物通常以颗粒形状存在于系统油液中；液态污染物主要是外界侵入系统的水；气态污染物主要是空气。

液压系统油液中污染物的来源主要有以下三方面：

（1）系统内原来残留的污染物包括元件和系统在加工、装配、试验、包装、贮存及运输过程中残留下来而最后未被清除的污染物，如铸造型砂、切屑、焊渣、锈片、尘埃及清洗溶剂等。

（2）系统运转过程中生成的污染物如元件磨损产生的磨屑，管道内的锈蚀剥落物，以及油液氧化和分解产生的颗粒和胶状物质等。

（3）工作过程中从外界侵入的污染物如通过液压缸活塞杆密封和油箱呼吸孔侵入系统的污染物，以及注油和维修过程中带入的污染物等。

归纳起来，实际液压系统中的污染物质主要有固体颗粒、水、空气、化学物质和微生物等。油液中的化学污染物有溶剂、表面活性剂、油液提炼过程中残留的化学杂质，以及油液或添加剂分解产生的有害化学物质等。微生物一般常见于水基液压液中，因为水是微生物生存和繁殖的必要条件。

此外，液压系统中存在的静电、磁场、热能及放射线等也是一种以能量形式存在的污染物质。静电可引起对元件的电流腐蚀，还可能导致矿物油的挥发物——碳氢化合物燃烧而造成火灾。磁场的吸力可使铁磁性磨屑吸附在零件表面或过滤器中，导致磨损加剧、堵塞和卡紧等故障。系统中过多的热能使油温升高，导致油液润滑性能下降，泄漏增加，加速油液变质和密封件老化。放射性将使油液酸值增加，氧化稳定性降低，挥发性增大，还将加速密封材料变质。

在以上各类污染物中，固体颗粒污染物是液压和润滑系统中最普遍，而且危害作用最大的污染物。据统计，由于固体颗粒污染物所引起的液压系统故障占总污染故障的 70%～80%。固体颗粒物不仅加速液压元件的磨损，而且可能堵塞元件的间隙和孔口，使控制元件动作失灵而引起故障。因此，采取有效措施去除油液中的固体污染物是液压和润滑系统中污染控制的一个重要方面。

B 污染磨损机理

所谓磨损是指摩擦副的对偶表面相对运动时，工作表面物质不断损失或产生残余变形的过程。伴随磨损的逐渐加剧，液压元件的效率下降，性能劣化，最终导致完全失效。磨损是导致液压和润滑元件失效的重要原因，特别是由于颗粒污染物的参与，将使磨损更为加剧。

颗粒污染物参与磨损过程的方式主要有两种，一种是随油液进入摩擦副对偶表面之间而参与磨损，另一种是混杂在液流中对元件表面产生冲蚀磨损。为了减小和控制元件的磨损，必须充分了解各类磨损的机理以及油液污染对元件磨损的影响。

（1）黏着磨损。在一定的负荷条件下，两相对运动表面的微凸体间可能产生局部接触，接触点处压力很高，润滑膜可能破裂。在润滑膜或其他表面膜破裂或被挤出的情况下，其接触部位由于摩擦高温或分子力的作用将产生熔合黏着（即固相焊合）。由于相对运动的剪切作用，使材料从屈服强度较小的一个表面转移到另一个表面或释放到油液中。极端条件下，如果外力克服不了焊合点附近的结合力，即出现咬死现象。上述在接触点上的黏着，然后在剪切作用下又被撕脱，再黏着，再撕脱，如此反复的循环过程便构成黏着磨损。

（2）表面疲劳磨损（简称疲劳磨损）。两个表面在重复滑动或滚动作用下，所引起的表面点蚀或剥落现象称为表面疲劳磨损。与黏着磨损不同，疲劳磨损不是渐进式的磨损，在某一临界时刻以前，其磨损量可以忽略不计，当到达某一临界时刻，块状脱落发生，元件很快失效。疲劳磨损往往发生在齿轮泵的齿轮副、滚动轴承、柱塞泵的缸体端面—配流盘、叶片泵的叶片顶部一定子等对偶摩擦表面。

进入摩擦副间隙中的固体颗粒在碾压和搓动下，在材料表面产生很大的应力，当这种作用不断重复时，材料表面将产生错位、滑移，以致形成缺陷，最后由于这些缺陷不断发展并与表面裂纹相连，导致表面材料的疲劳剥落。这种剥落产生的硬化颗粒物进入系统油液中，将进一步加剧元件磨损，如此形成磨损的链式反应。

此外，由于材料的错位和剥落，形成表面凸起和凹陷，从而又将引起和加剧表面的黏着磨损。

（3）磨粒磨损。磨粒磨损是由于硬的物质使较软的材料表面被擦伤而引起的磨损。它可分为两种类型：一种是粗糙的硬表面在软的表面擦过所引起的；另一种是硬的颗粒在两个摩擦面间滑动所引起的。影响磨粒磨损的主要因素包括油膜厚度，材料硬度，污染颗粒尺寸、硬度及浓度等。

油膜厚度是指两个相对运动表面间的最小距离。对于磨粒磨损而言，尺寸等于或略大于油膜厚度的颗粒危害最大。因为它们很容易进入摩擦副间隙而产生磨削作用。但这并不意味着尺寸大于或小于油膜厚度的颗粒没有危害，例如，当负荷减小时，大尺寸的颗粒就可能进入增大的摩擦副间隙；而当载荷增大时，间隙变小，已进入的较小颗粒就会作用于材料表面而引起磨粒磨损。当系统启动或停车时，油膜极薄，这时油液中的微小颗粒也会对表面产生各种不同形式的磨损作用。

研究还表明，污染磨损量随摩擦副材料的硬度 H_m 与污染颗粒硬度 H_p 之比的增大而减少。为了减少磨粒磨损，要使对偶材料的硬度比磨粒的硬度高，一般的规律是，当 $H_m \geq 1.3H_p$ 时，磨损较轻微；当 $H_p > (1.3 \sim 1.7)H_m$ 时，磨损剧烈。

（4）冲蚀磨损。冲蚀磨损是指含有固体颗粒的高速液流对元件表面或边缘的冲击所造成的磨损。当液流中的颗粒以接近垂直的方向冲击元件表面时，若颗粒在冲撞时所释放出的能量大于元件表面材料的结合力，则表面材料将发生变形而导致疲劳磨损。当颗粒以接近平行的方向冲击元件表面时，则会对元件表面产生切削作用。冲蚀产生的疲劳磨损往往需要经过一个潜伏期后才能表现出来。

材料的冲蚀磨损率决定于颗粒撞击表面时所具有的能量，因此磨损率与液流速度的平方成正比，还与颗粒硬度、形状和大小等因素有关。

（5）腐蚀磨损。腐蚀磨损是腐蚀与磨损同时起作用的一种磨损。由于腐蚀在对磨表面生成化学或电化学反应物，一般情况下，反应物与材料表面结合不牢，容易在摩擦过程中被磨掉，新露出的金属表面由于腐蚀又产生新的反应物，反应物生成后又被磨掉，如此反复作用，急剧加速对偶表面的磨损失效。

矿油型液压油中，如果有水分存在，或油品氧化变质，或加入了对金属有腐蚀作用的添加剂，都会使油液的腐蚀性增加而导致摩擦副中的腐蚀磨损。如果采用纯水作液压介质时，腐蚀磨损就更加突出了。

C　污染控制的主要措施

（1）元件的净化。元件在加工、装配或维修过程的每一工艺环节后，不可避免地残留污染物，因此必须采取有效的净化措施，使元件达到要求的清洁度。

清洁度不符合要求的元件装入系统后，在系统油液冲刷和机械振动等的作用下，将使元件内部残留的污染物从黏附的表面脱落而进入油液中，使系统受附加污染。此外，元件内部残留的污染物往往是造成元件初期损坏或故障的主要原因，如导致零件表面划伤、控制孔堵塞和运动件卡死等。

元件的净化应从元件生产的最初工序开始，每一工艺过程后都应采取相应的净化措施，包括铸件的净化，零部件的粗洗和精洗等。零部件经过净化后一般应立即进行装配。元件的装配应在清洁的环境下进行。装配好的元件要在性能试验台或专用清洗台上进行最后清洗，使其达到清洁度要求。

（2）液压系统的清洗。油箱和管道是液压系统的重要组成部分，液压系统组装之前，必须对油箱和管道进行彻底清洗。表面残留的焊渣和锈蚀物一般可用机械方法消除。管道内壁的污染物可采用向管内通压缩空气或蒸汽的方法清洗。对于牢固地黏附在油箱和管道内壁的氧化物，则需通过酸洗才能清除。

液压系统组装完毕后需采用流通法进行全面的清洗，用以消除在系统组装过程中带入的污染物。清洗时可以利用液压系统的油箱和泵，也可以采用专门的清洗装置。对于复杂的系统可以分为几个回路分别进行清洗。对于系统中污染敏感度很高的元件或对液流速度有限制的元件，在清洗时应先将这些元件用管件旁路。液压系统的过滤器可接入系统，但不装滤芯，清洗时采用专门的清洗过滤器。

采用的清洗液应与系统内所有元件（特别是密封件）相容，并且要与系统将要使用的工作介质相容。系统清洗一般采用黏度低的油液，但不允许使用煤油等溶剂。

在清洗过程中，要定时从系统中抽取油样进行污染度测定，系统一直要清洗到内部油液污染度达到规定要求为止。清洗完后，排尽系统内全部油液，然后注入清洁的工作液。

（3）防止污染物的侵入。液压系统工作过程中，外界污染物将通过油箱呼吸孔和活塞杆密封等渠道不断地侵入系统油液中。此外，向系统注油和维修过程中容易将污染物带入系统，因此，必须采取有效措施，严格控制污染物的侵入，包括新油也必须过滤，在油箱呼吸孔上装设精度 $10 \sim 40\ \mu m$ 的空气滤清器，在油缸活塞杆压力密封外端装置防尘密封等。

（4）固体污染物的排除。为了保持油液的清洁，主要的措施是利用过滤器不断地滤除液压系统中残存的、不断侵入的和生成的污染物。因此要特别注意对过滤系统的合理设计、使用和维护。

（5）防止水、液和空气混入系统。虽然本章重点讨论的是固体颗粒物的污染，但对于水、各种润滑冷却液和空气混入液压系统后所造成的危害也应给予足够重视，在液压系统设计、运行和维护过程中，要特别注意采取措施防止这些污染物质进入系统油液中。

8.3.3.2 液压卡紧故障诊断

（1）液压卡紧的故障表现及危害。大多数液压元件均采用圆柱形滑阀结构。从理论上讲，阀体与阀芯应该完全同心，不论控制压力多大，只需克服很小的黏性摩擦力即可移动阀芯，但实际上并非如此（尤其在中、高压系统中）。顺序阀和减压阀在高压下常产生很大的轴向卡紧力，甚至"卡死"，使动作失灵。阀芯停止一段时间（一般几分钟）后再启动时，往往需要数十牛顿或数百牛顿的推力才能使阀芯移动，这就是滑阀的轴向液压卡紧现象。

液压卡紧的危害是增加滑阀的磨损，降低元件的寿命。在控制系统中，阀芯的位移通常用作用力较小的电磁铁或弹簧驱动，液压卡紧将使阀芯动作不灵甚至不能动作。例如，减压阀的阀芯在持续高压下工作，泄压后有复位滞后或不能复位的现象，有时虽能工作，但有明显滞后现象。

（2）液压卡紧发生的主要原因。

1）径向液压力不平衡。由于滑动副（阀芯与阀体、柱塞与柱塞孔、液压缸与活塞等）的几何形状误差和同心度的变化，使配合间隙内液压力不平衡而产生径向力。由于这个力的作用，就形成了液压卡紧现象。

2）油液中极性分子的吸附作用。径向力的作用使阀芯、活塞或柱塞等孔壁一边靠近，因而产生阻碍阀芯等运动的摩擦力。停顿一段时间后，轴向启动所需之轴向力突然大大增加，甚至在泄压后仍然紧密黏附在孔壁上。这种现象是由于油液中的极性分子（如油性的酸类物质）堵塞所致。实践证明，在高压下，摩擦力或转向卡紧力总是迅速产生，然后慢慢趋向一个最大值。轴向卡紧现象一般均在高压下停留 8~600 s 时形成，泄压后，轴向卡紧自然消失的时间比形成的时间稍长。

3）油中脏物楔入配合间隙。油液中所含有脏物楔入较小的间隙就会形成卡紧现象。

此外，阀芯高压变形及装配时引起阀体变形也会造成液压卡紧。

（3）消除液压卡紧的方法。

1）在阀芯表面开均压槽（卸荷槽）。这种方法目前应用较多。均压槽深度比间隙大得多（槽的深度和宽度至少为间隙的 10 倍），可以认为槽中各处压力相等。由于均压槽把圆锥部分分成几段，故每段径向不平衡力很小，各段加起来，总的径向不平衡力也比原来小得多。缝隙中流体沿轴线方向的压力分布基本上趋于均匀，同时还能使油中脏物存入槽中。据研究试验证明，在阀芯凸肩中部开 1 条均压槽，其径向力可减小到不开槽时的 40%；开等距的 3 条均压槽，减小到 6%；开 7 条均压槽：减小到 2.7%。一般，宽度为 0.3~0.5 mm，深为 0.8~1 mm 的槽，槽距 2~6 mm，通常至少开 3 条均压槽。均压槽还有利于阀芯的对中，使泄漏量减少。

2）在阀芯工作台肩受高压一端加工出微小的顺锥。锥部大端与小端半径差一般不大于 0.003 mm。这样，既可防止泄漏增加，又可产生一个自动定心的液压力，减小滑阀的运动阻力。先导式溢流阀采用这种结构，效果良好。但装配时应注意，若在反向有高压时，则不能采用此方法。

3）严格控制加工精度。通常把滑阀与阀孔的椭圆度和锥度控制在 0.002~0.004 mm 以内，其表面粗糙度为 0.2~0.4。

4）精密过滤油液，避免尘埃颗粒或其他脏物引起卡紧力的增加。一般采用 5~25 μm 的精过滤器。

8.3.4　液压系统温升故障诊断

8.3.4.1　液压系统温升的故障表现及危害

系统总的能量损失包括压力损失、容积损失和机械损失。传动过程中，这些能量损失转化为热能，一部分散到大气中去，另一部分传到液压元件和油液中，使系统产生温升。如果油路和油箱设计不当，散热不好，液压元件就会磨损。当液压系统油温超过 60 ℃时，就会导致液压系统故障：

（1）油液黏度下降，泄漏增加，液压泵容积效率和整个系统效率也随之下降。由于黏度下降，滑阀移动部位油膜被破坏，摩擦阻力增加，磨损增大，则引起系统发热，增加了温升。同时，油液经节流元件后，其特性发生了变化，造成速度不稳定。

（2）引起膨胀系数不同的运动副之间间隙的变化。间隙变小，会使动作不灵或"卡死"；间隙变大，会造成泄漏增加，使工作性能及精度降低。

（3）油液氧化加剧，油的使用寿命降低，石油基液压油形成胶状物质，并在元件局部过热的表面上形成沉积物。它可能堵塞节流小孔，使之不能正常工作。水-油乳化液过热时，会分解而失去工作能力。

（4）使橡胶密封件、软管早期老化失效，丧失功能，降低使用寿命。此外，温度过高对机构精度和过滤器都有一定影响。

8.3.4.2 液压系统温升过高的主要原因

（1）液压系统设计不当，造成液压系统温升过高。如液压系统的容积效率及压力损失和溢流损失不当、油箱设计及冷却装置设计不完善等。

（2）液压元件磨损局部发热，导致液压系统温升过高。

（3）液压泵吸气发热，导致液压系统温升过高。

（4）节流调速系统，导致液压系统发热。

（5）泄漏比较严重。液压泵压力调整过高，运动件之间磨损较大，使密封间隙过大，密封装置损坏，所用油液黏度过低等，都会使泄漏增加，油温升高。

（6）系统缺少卸荷回路或卸荷回路动作不良。当系统不需压力油时，油液仍在溢流阀调定压力或卸荷压力较高的高压情况下流回油箱，引起油温升高。

（7）散热性能不良。油箱散热面积不够或储油量不足，使油液循环太快，冷却作用较差（如冷却水供给失灵或风扇失灵等），周围环境气温较高等，都会导致油温升高。

（8）误用黏度过高的油液，使液流压力损失过大（转换为热能），从而引起温升过高。

8.3.4.3 液压系统温升过高的控制

（1）完善散热装置。设置冷却器，按油箱容积要求增大油箱，以确保散热，可控制液压系统温升。

（2）诊断液压系统磨损发热大的液压元件，及时进行更换或修理。

（3）更换高黏度的油液，选用适宜黏度的液压油。

（4）完善液压系统的卸荷回路，减少高压溢流，以控制系统温升。

（5）诊断吸油故障，防止液压泵吸进空气产生空化气蚀现象，从而减少气泡受压而产生局部高温。

（6）改善节流调速方式，减少节流发热。

（7）诊断高压下的泄漏故障，减少系统发热。

8.3.5 液压系统爬行与进气故障诊断

液压系统中执行元件（液压缸或液压马达）在运动时出现时断时续（或时快时慢）的速度不均现象称为爬行。爬行故障导致液压设备不能工作，应及时加以诊断排除。

8.3.5.1 润滑条件不良导致爬行故障

当滑动速度减小时，油楔作用减弱，润滑油膜变薄，甚至部分油膜破裂，造成金属表面局部接触。当滑动速度降到一定值时，油膜断裂比率增加，摩擦力随之增大，摩擦系数增加到某一定值后，滑动副交替出现"停顿—滑动—停顿"的现象，即所谓"爬行"。因此润滑不良，润滑系统供油不足及供油压力过大或过小，或导轨面刮点不合要求（过多或过少）等，都会造成油膜破裂，出现爬行。

（1）表现与诊断：用手触检运动部件（或工作台）有波浪式的摆振，且节奏感很强；导轨面发白为润滑油压力低且量少所致；用手捏搓润滑油，若滑感太差，则为润滑油润滑性能太差。

（2）维修处理：调整润滑油压力和流量，使运动部件（工作台）运动平稳，检查或更换液压油，以恢复润滑性能；清洗润滑孔道系统，使润滑油路畅通，恢复润滑性能。

8.3.5.2　液压系统进气导致爬行故障

（1）液压泵连续进气导致爬行故障。

1）故障表现：压力表显示值较低，压力升不起来；执行元件工作无力；油箱气泡严重；执行元件连续爬行，采取排气措施后间隔 0.5~1 h 继续爬行。

2）故障原因及检测：故障原因有，液压泵吸油侧、吸油管及接头处密封不良；油箱油面过低，吸油管在吸油时液面呈波浪状，致使吸油管间断性地露出液面，从而导致液压泵吸气故障。检测办法是，采用涂油法检查。将液压泵吸油侧和吸油管段部分用油清洗干净后，涂上一层稀润滑脂，再启动液压泵，观察涂有稀润滑脂部位，若为进气处，则稀润滑脂会出现吸破而呈皱折状或开裂状，以此确定液压泵进气点。为了进一步验证进气部位，再将稀润滑脂擦掉，然后再涂上一层稠润滑脂，因其表面张力大些，再次启动液压泵时是不会吸破也不会进气的。同时也应严密观察油箱油面波浪状的波幅大小及吸油管是否会间断性地露出油面外而吸进气体，以确切地诊断其进气故障。

3）维修处理：根据具体情况，对密封不良处严加密封，当油面过低时应及时加油。

（2）液压系统内存有空气导致系统爬行故障。

1）故障表现：执行元件到达终点或停止前发生爬行，规律性很强，有的并伴有振动和强烈的噪声。

2）诊断处理：故障原因是，液压系统压力区（即液压泵压油口以后的高压区）运行时由于内压高，而外压为大气压，故漏油而不能进气。当停止运行时，系统内油漏掉了，形成真空，空气乘虚进入系统内。此外，有的系统拐弯高处存有少量气体，系统个别区域形成局部真空而进气，使少量气体存在于执行元件的进出油腔内挤不出来，造成端点（终点）爬行。

3）处理办法：采用排气装置进行排气。若无排气装置，则低速反复运动 6~7 次，每次运动到终点端头，使之排净气体。对各漏油点进行密封及诊断空化故障。

8.3.5.3　机械别劲导致爬行故障

（1）故障表现：压力表显示值较高（或比正常稍高）；执行元件爬行，规律性很强，甚至伴有抖动；导向装置表面因润滑油被刮掉而发白；升压快。

（2）故障原因：

1）由于执行元件和运动部件中心线不同心或不平行、执行元件与导向面不平行、运动部件导向装置夹得太紧、液压马达转动件与固定件不同心、活塞和活塞杆与缸体不同心而别劲等，均会造成摩擦阻力不均，从而产生爬行。

2）执行元件运动零部件密封过紧，造成过大摩擦阻力而产生爬行。

3）处理方法：调整运动部件、导向装置和执行元件的平行度和不同心度、加强导向装置的润滑和调整密封的松紧程度，以减小摩擦阻力，恢复正常运行。

8.3.5.4 液压系统密封不良而泄漏导致爬行故障

（1）故障表现与诊断：

1）执行元件爬行且规律性很强，爬行部位极为明显。

2）若压力表显示值上升很慢，即使将溢流阀调得很高甚至关死，压力仍难以升起来，时间需 15 min 左右执行元件才勉强动作。此为执行元件的运动组件上的密封圈老化破裂，造成严重泄漏，导致爬行故障。

3）若压力表显示值上升较慢，约 5 min 才能达到要求值，或仍难以达到要求值，执行元件开始动作，则为执行元件和控制阀因磨损或密封圈损坏而造成内泄所致。

（2）维修处理：按查清的内、外泄漏部位，严加密封或更换已损零件以排除故障。

8.3.6 振动和噪声故障诊断

8.3.6.1 液压系统振动和噪声的故障现象

液压系统产生振动，同时还伴随着噪声，将导致液压故障。

（1）振动。液压系统的振动可能来自机械系统、液压泵与液压马达、阀类元件和管道内液流的振荡等。振动一旦发生，不仅影响液压设备性能，而且还会导致液压故障。液压系统出现振动的形式可分为强迫振动与自激振动两类。单纯的自由振动比较少。强迫振动一般由液压泵或液压马达的流量脉动所引起，也可能是接近液压装置的外界振源通过系统的某一元件所引起。通常产生强迫振动的元件有液压泵、液压马达、联轴器及压力控制阀等。自激振动是由液压传动系统中的压力、流量、作用力和质量等参数相互作用而产生的。

对于液压泵、液压马达、液压缸、管件、控制阀等所组成的液压系统，可能是单个元件产生振动，也可能是两个或两个以上元件产生共振。每个振动的弹性体都有其固有的振动频率。若与其他振源频率相近或相同，则产生共振。共振将破坏液压系统的正常工作，造成故障。根据现场调查，液压装置的共振多发生在控制阀和管路上。必须在安装、维护和使用上尽可能减少或控制一切振源，特别是共振。

（2）噪声。随着液压技术向高压、高速和大功率方向的发展，对液压系统噪声液压故障的诊断要求也越来越高，这也是环境保护和安全生产两方面的共同要求。

测量振动和噪声时，需用纸盒将被测元件与系统隔开，在隔离 1 m 处面对被测元件检验或用仪器测试。

8.3.6.2 液压系统振动和噪声液压故障的产生及诊断处理

液压系统中的元件及辅件产生和传递噪声的强弱能力见表 8-1。

表 8-1 液压元件及辅件产生和传递噪声的强弱排序

元件或辅件名称	液压泵	溢流阀	压力阀	流量阀	方向阀	液压缸	管道	油箱	过滤器
产生噪声的强弱排序	1	2	3	4	5	5	5	6	6
传递噪声的强弱排序	2	3	3	4	3	2	2	1	4

（1）液压泵或液压马达产生振动和噪声的诊断处理。液压泵和液压马达主要由于磨损和质量问题产生振动和噪声，如加工精度不高、流量和压力脉动较大、困油现象解决不当、轴承质量不好等都会引起噪声。工作中，由于零件磨损、间隙过大、流量不足和压力波动等原因也会引起噪声。按照液压泵和液压马达的液压故障诊断方法，检查出液压故障，加以排除处理。

（2）液压系统进入空气产生振动和噪声的诊断处理。液压系统进入空气后，将产生空化现象，由于空化的存在，故低压区的油液体积较大。液体流到高压区时，因受压缩体积突然缩小，而流到低压区时，体积又突然增大。空化体积的突然改变，将产生"爆炸"现象，发出噪声。应按液压系统进气故障诊断方法，及时予以排除。

（3）液压系统中控制阀产生振动和噪声的诊断处理。流动液体的涡流或流体剪切所引起的压力振动，将使阀体壁振动，形成噪声。阀的动作造成压力差很大的两个油路连接时将产生液压冲击，使管道与压力容器等震荡而形成噪声，如换向阀的换向冲击声、溢流阀卸荷动作的冲击声等。另外，阀的不稳定所引起的高频振动状态，会产生强烈的噪声，有的达到刺耳的程度。应按控制阀的液压故障诊断方法加以排除。

（4）机械振动引起的噪声。如联轴器、滚动轴承的滚动体发生振动等都会引起噪声。液压系统安装不良也会引起机械振动而发出噪声。如液压泵轴与电机轴不同心或联轴器松动，管道支承不良及基础缺陷等，都会引起振动和噪声。找出噪声源和振动源，应按照安装要求进行处理。

8.3.7 液压系统泄漏故障的诊断

8.3.7.1 液压系统泄漏故障现象
（1）由于内外泄漏使系统压力达不到规定值，系统工作可靠性降低。
（2）由于密封不良，停机后外界污物侵入而污染液压系统，同时还会进气，产生爬行故障。
（3）由于液压油污染，增大液压元件的磨损，降低液压元件和液压系统的寿命。
（4）液压系统泄漏造成流量减少、效率降低、能源损耗增加。

8.3.7.2 液压系统泄漏的主要原因
（1）密封圈槽和密封接触处加工不良造成泄漏。
（2）密封装置安装（装配）不当造成泄漏，如密封圈在安装时被切破等。
（3）由于维护及选用密封装置及其材质不当而造成泄漏。
（4）使用过期老化的密封圈，安装后泄漏。
（5）密封装置过期老化或磨损、损伤，造成泄漏。

8.3.7.3 泄漏的处理
（1）检查密封部位的加工质量，需要时采取精加工措施予以补救。

（2）选用密封性能好的密封圈和其他密封材料作为密封装置，以提高其密封效果，如铜片、牛皮圈、密封胶、密封带、聚四氟乙烯等。

（3）识别密封圈是否过期老化，安装时防止密封装置损坏，以实现其密封性。

8.3.8　液压系统进水与锈蚀故障诊断

8.3.8.1　水进入液压系统后的危害

（1）使液压油乳化，成为白浊状态。当油液长时间处于白浊状态时不仅会使液压元件内部生锈，同时还会降低摩擦运动副的润滑性能，使零件磨损加剧，效率降低。

（2）金属生锈后，剥落的铁锈在管道和元件内流动，将导致整个系统内部生锈，出现油泥，使元件运动部位卡死、阻尼孔堵塞，引起液压系统动作失常。

（3）使油液酸值增高，产生过氧化物、有机酸等氧化生成物，使液压油的抗乳化性及抗泡沫性能降低，使油变质。

8.3.8.2　水分进入的途径

（1）油箱盖上因冷热交替而使空气中的水分凝结，变成水珠落入油中。

（2）冷却器破裂等，水漏入油中。

（3）油桶中的水分、雨水、水冷却液、人汗水等漏往油中。

（4）潮湿空气，凝结成水滴进入油中。

8.3.8.3　防止水分进入导致元件生锈的措施

（1）运输与存放有防雨水进入的措施，油桶盖密封严密，装油容器应放在干燥避雨处。

（2）经常检查冷却器水管是否破裂，一经发现，马上处理。

（3）防止屋内漏雨，室外液压设备换油必须在晴天进行，油箱要加盖并严格密封，防止雨水渗入油内。

（4）选用油水分离性好的油液，装设油水分离装置。

总之，液压油中侵入水分是不允许的。当抽油时，若油桶底部有水分，千万不能往油箱里抽。

8.4　液压故障微型计算机诊断技术

微型计算机具有成本低、体积小、可靠性高、使用方便等优点，因而在各个技术领域得到了广泛应用。微型计算机直接用于液压设备，除进行工业过程控制外，还广泛用于液压设备的在线监视控制，同时，还应用于液压设备液压故障诊断系统中，对提高液压故障诊断率和液压设备的工作可靠性起到了极为重要的作用。

8.4.1　诊断系统的基本构成

监测诊断系统的结构设计既要注意到当前信息特征值变化规律又要注意到故障的发生、发展过程，同时还考虑到各种应用场合。为此本系统采用如图8-4所示的结构。

第一层次由多路振动信号并行采集卡、工艺信号（温度、压力等信号）采集卡、转速

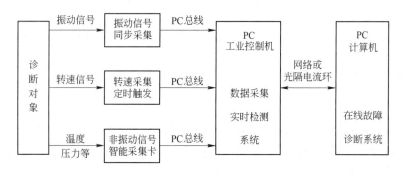

图 8-4　监测诊断系统的总体结构

采集卡、联锁报警开关量信号采集储存卡以及相应的信号切换、调理电路所组成。利用振动、温度、压力等检测传感器在线获取机组运行状态信息，且对于振动信号利用转速信号实现整周期同步采集。

第二层次由一台 PC 总线、工业控制计算机实现（简称下位机）。实时监测各种快变信号（如振动）、缓变信号（如压力、温度）以及开关量信号的状态，运用通频振幅和分频振幅值等多种方法判别机组运行是否正常，实现异常工况自动报警，并有在不可预见事故发生时保存现场信息的"黑匣子"功能。该模块还具备故障初步诊断功能，以满足运行工程师的需要。

第三层次由一台普通 PC 总线计算机构成（简称上位机）。它是一个智能诊断决策系统，接收第二层次实时监视和状态识别模块的初步分析结果，并利用逻辑推理和数值分析相结合的方式，结合领域专家知识和机组历史返案进行分析，做出诊断。

8.4.2　液压泵故障微型计算机诊断系统

对于液压泵的磨损情况，通常的办法是通过检测泵的流量及油压的变化以及凭操作人员的直接经验来判断。采用这种办法，往往不能在早期发现液压泵内部的一些异常现象，从而使隐患存在，导致故障发生。

为了能够尽早发现液压泵内部的隐患并推测出其剩余寿命，应在不拆卸液压系统和液压泵的条件下进行液压泵早期故障的诊断。以日本研制的一种液压泵故障早期诊断器为例，该诊断器可较快地检测出在线生产的液压泵内部的磨损情况。将该诊断器连接在液压泵上，通过振动变化进行检测，用微型计算机进行分析处理和预报故障。

（1）结构特点及性能。如图 8-5 所示，该诊断器为手提式箱型，体积小，重量轻（110 N），携带使用方便。其结构全部采用微型组件、印刷电路（线路）组成。防误动作由 3 个开关进行操作，诊断动作由 1 个开关进行自动处理。测试精度为 0.025%（1 个输入信号），动态响应时间为 35 s。它由检测振动变化的振动检测器、信号放大器、获得所需振动频率的滤波器、把模拟信号转换成数字信号的 A/D 转换器、判别输入信号进行分辨及演算处理的微型计算机和记录结果的打印机等组成。

（2）判断基准。在测试中，根据大量数据制定的判断基准和以液压泵的剩余寿命时间表示的寿命曲线进行判断。

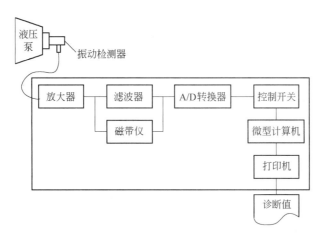

图 8-5　液压泵故障计算机诊断原理框图

（3）诊断。微型机按寿命曲线随时推算出液压泵剩余寿命及诊断出液压故障，为维修提供可靠性依据。

8.5　液压系统可靠性维修

液压系统维修是为了保持或恢复液压系统的使用能力，但它并不能纠正液压系统原有设计缺陷和提高固有的可靠性，所以液压系统设计阶段应尽量发现和纠正设计中的缺陷，这样才能提高液压系统的固有可靠性和维修性，减少维修需求。

8.5.1　"以可靠性为中心"的维修

"以可靠性为中心"的维修是一种用于确保机械系统在使用环境下保持实现其设计功能所必需的维修活动。它是以故障模式、影响和危害度分析为基础，以维修方式的适用性、有效性和经济性为判断准则，通过逻辑决策分析方法确定液压系统零部件预防性维修方式，并确定维修类型、维修周期和维修级别。其最大特点是从故障后果的危害度出发，尽可能避免出现危害性的故障后果或减轻故障后果的危害度，从而改变根据液压系统故障的技术特性对液压系统的故障本身进行预防维修的传统观念。

8.5.1.1　"以可靠性为中心"的维修原则

针对液压系统故障后果，"以可靠性为中心"的维修遵循以下 4 个原则。

（1）液压系统的功能故障如果具有安全性和环境性后果危害，则必须进行预防性维修。如果预防性维修不能将液压系统的功能故障危害度降低到一个可以接受的水平，则必须对液压系统进行改进。

（2）液压系统的功能故障如果不是显性的，而是隐蔽性功能故障，则必须采用预防性维修。

（3）液压系统预防功能故障的维修工作在经济上是合理的。

（4）液压系统在设计中应尽量达到标准化、模块化、互换性要求，易于进行功能故障的查找和识别。

8.5.1.2　"以可靠性为中心"的维修原理

"以可靠性为中心"的维修基本思想主要体现在以下几个方面：

（1）定期预防性维修对复杂液压系统的故障预防作用不明显，而仅对简单液压系统的故障预防有作用。

（2）"以可靠性为中心"的维修提出液压系统潜在故障概念，使液压系统在不发生功能故障的前提下得到充分的利用，使液压系统达到既安全又经济的目的。

（3）检测液压系统隐蔽性功能故障是预防多重故障危害后果的必要措施。隐蔽功能故障在液压系统正常工作的情况下系统发生的功能故障对于使用人员不是显性的，或在正常情况下停机的液压系统，在重新使用时是否正常，对于使用人员来说不明确。多重故障是由连续发生的 2 个及 2 个以上的独立故障所组成的故障。

减少液压系统由隐蔽性功能故障发展成为多重故障概率的方法为：合理确定检测频率，及时发现液压系统的隐蔽性功能故障；改进液压系统设计，增加冗余结构，把液压系统多重故障发生的概率降低到可以接受的水平。

（4）液压系统的预防性维修一般只能保持液压系统固有可靠性，不能改善和提高液压系统的使用可靠性。如果要改善和提高液压系统的使用可靠性，只能通过改善维修或采用主动性维修策略来实现。

（5）液压系统的预防性维修能降低液压系统故障发生频率，但不能改变故障后果，只有通过改进设计或重新设计才能改变液压系统的故障后果。

（6）液压系统的预防性维修是根据系统故障后果，依据技术可行、有效的原则进行。否则，应采用其他的维修方式。

（7）液压系统投入使用前制定的预防性维修大纲，应该在使用过程中根据液压系统故障维修统计数据不断完善。

8.5.2　"以可靠性为中心"的维修分析步骤

"以可靠性为中心"的液压系统维修分析基本步骤如下：

（1）确定液压系统重要功能维修项目。一般液压系统的故障影响、生产任务和经济性是液压系统维修应实现的重要功能，在确定时必须详细。如果不加以区分，对液压系统的所有元件和零部件都进行维修分析，则工作量是十分惊人的，而且也不必要。因此，在维修分析前必须对元件进行筛选，剔除无须进行预防性维修的项目。当已有相似液压系统的故障模式、影响及危害度分析结果时，则由该分析结果确定出液压系统的重要功能维修项目。

（2）进行故障模式及影响的具体分析。

1）划分液压系统中的"功能模块"。

2）找出液压系统中各"功能模块"的故障模式和影响因素。

3）分析液压系统的故障原因，通过状态检测，查明液压系统的故障原因。

4）进行各故障模式的危害性评估，并按危害性大小分级。

（3）提出预防性维修措施。根据液压系统的故障模式及影响分析，提出相应的预防性维修措施。

（4）进行液压故障分析。进行液压系统的故障模式、影响及危害度分析，以此作为确定预防性维修方式的依据。

（5）确定液压系统预防性维修方式。对液压系统中的每一故障模式，都应根据维修方式的选择原则确定合适的维修方式。

（6）确定液压系统预防性维修周期。液压系统的预防性维修周期直接影响到液压系统预防性维修的有效性，同时也反映维修工作量的大小。预防性维修周期及维修级别的确定，应根据液压系统元件的磨损规律、维修的复杂性、故障后果和已有的维修经验确定。

———————— **重点内容提示** ————————

理解液压故障机理和液压故障识别，掌握液压系统共性的故障诊断基础知识。

思 考 题

1. 主要有哪些工作可以提高液压系统的工作寿命？
2. 在研究液压故障机理时，主要考虑哪些因素？
3. 液压系统有哪些共性故障？
4. 可维修的液压系统，为什么提出"以可靠性为中心"的维修策略？
5. 液压介质中的污染物有哪几种类型，它们有何危害？
6. 液压油液被污染的途径有哪些，如何才能有效地控制油液的污染？

9 液压系统在线状态监测在故障诊断中的应用

思政之窗:

完善科技创新体系,加快实现创新驱动发展战略。

液压系统在线状态监测(on-line monitoring)能及时了解液压设备运行情况,为故障诊断和处理提供重要依据。本章将结合工程实例,介绍基于可编程控制器(PLC)及组态软件的液压设备在线状态监测系统的结构、功能、开发以及在故障诊断中的应用。

9.1 概　述

液压系统的规模与复杂性日益提高,元件及系统的故障与失效原因也变得更加复杂,因此迫切需要提高系统运行可靠性与安全性的有效方法与措施。设备状态监测技术可以有效地提高设备运行的可靠性与安全性,它将传统意义上的设备定期维护变为按需维护与预测维护。通过设备状态监测技术并综合运用各种故障诊断新技术与新方法,对液压元件及系统的运行状态及故障进行实时在线状态监测及诊断成为提高液压系统运行可靠性与安全性的一种有效手段。

9.1.1 液压系统在线状态监测的含义与发展

随着现代化大生产的不断发展和科学技术的不断进步,为了最大限度地提高生产效率和产品质量,作为主要生产工具的液压设备正朝着大型、高速、精密、连续运转以及结构复杂的方向发展。这样,在满足生产要求的同时,液压设备发生故障的潜在可能性和方式也在相应增加,并且设备一旦发生故障,就可能造成严重的甚至是灾难性的后果。因此,确保液压设备的安全正常运行已成为现代设备运行维护和管理的一大课题。对液压设备进行在线状态监测是保障其安全、稳定、长周期、满负荷、高性能、高精度、低成本运行的重要措施。

所谓液压系统在线状态监测,是在生产线上对液压设备运行过程及状态所进行的信号采集、显示、分析诊断、报警及保护性处理的全过程。

设备在线状态监测技术以现代科学理论中的系统论、控制论、可靠性理论、失效理论、信息论等为理论基础,以包括传感器在内的仪表设备、计算机、人工智能为技术手段,并综合考虑各个对象的特殊规律及客观要求,因此它具有现代科技系统先进性、应用性、复杂性和综合性的特征。

目前,在线状态监测技术发展的主要趋势如下:

（1）整个系统向着高可靠性、智能化、开放性以及与设备融合为一体的方向发展，从单纯监测分析诊断向着主动控制的方向发展。

（2）采集器向着高精度、高速度、高集成度以及多通道方向发展。精度从 8 位发展到 12 位甚至 16 位，采集速度从几赫兹发展到几万赫兹，采集器内插件有所减少，从通用电子元件的组装向专用芯片（ASIC）的方向发展。

（3）采样方式从等时采样向着等角度同步整周期采样的方向发展，以获取包括相位在内的多种信息，采集的数据从只有稳态数据发展到包括瞬态数据在内的多种数据。

（4）通道数量从单通道向多通道发展，信号类型从单个类型向着多种类型（包括转速、振动、位移、温度、压力、流量、速度、开关量以及加速度等）方向发展。

（5）数据的传输从串行口和并行口通信向着网络通信（波特率可达 10 兆、100 兆甚至几百兆）、5G 无线通信的方向发展。

（6）监测系统向对用户友好的方向发展，显示直观化，操作方便化，采用多媒体技术实现大屏幕动态立体显示。

（7）分析系统向多功能发展，不仅能分析单组数据，还可分析开停机等多组数据。

（8）诊断系统融入深度学习等 AI 算法，向智能化诊断方向发展。

（9）数据存储向大容量方向发展，存储方式向通用大型数据库方向发展。

（10）诊断与监测的方式向基于 Internet/Intranet 的远程诊断与监测的方向发展。

9.1.2 液压系统在线状态监测目的与内容

对液压系统的运行状态进行监测的主要目的有：

（1）实时地、真实地反映系统的运行状态，保证系统正常工作，防止意外事故发生。

（2）对系统中主要元件如电动机、液压泵、换向阀、压力阀、伺服元件及过滤装置等的工作状态进行监测，对潜在故障进行预报，防止元件突然失效导致系统出现故障。

（3）预测系统状态变化趋势，对运行趋势进行预报，对将要发生的故障进行报警并且给出故障处理方法及措施。

为达到以上目的，对液压系统进行状态监测时，监测系统的主要监测对象与内容一般是液压系统的主要工作参数，具体来说有如下几方面内容：

（1）压力。系统压力综合反映了系统及系统内元件的工作状态，通过对液压泵进出油口、重要管道内及执行机构进出油口的压力（或压力差）的监测，可以对系统失压、压力不可调、压力波动与不稳等与压力相关的故障进行监视。

（2）流量。系统内流量的变化可以反映系统容积效率的变化，而容积效率的变化又反映了系统内元件的磨损与泄漏情况。可以通过监测重要元件流量变化状况达到对系统及元件的容积效率及元件磨损状况的监视目的。

（3）温度。设计合理的液压系统其工作温度变化范围是有限制的，系统温度的异常升高往往意味着系统内出现故障。通过监测系统温度变化可以实现对与温度变化有密切联系的故障的监视，如系统内泄漏增加、环境温度过高、冷却器故障或效率降低、执行机构运动速度降低或出现爬行导致溢流量增加等。

（4）泄漏量。泄漏量的大小直接反映了元件的磨损情况及密封性能的好坏，一般说来对液压泵和液压马达的泄漏量的监测比较容易实现，对其他元件泄漏量的监测则不太容易实现。除了通过监测以上工作参数达到对系统工作状态进行监视的目的外，还可以监测系统的振动、噪声、油液污染程度、伺服元件的工作电流与颤振信号、电磁阀的通电状况等，实现对系统工作状态的监视。具体选用哪些参数作为监测量要根据系统的应用场合、信号采集的难易程度和资金多少等合理确定，在可能的情况下应该尽可能多地选取被监测量，以便全面地了解系统工作情况，综合分析系统运行趋势并为故障诊断与定位提供充分依据。

9.1.3　液压系统在线状态监测基本要求

液压系统在线状态监测的主要对象是对生产影响最大的关键设备，包括工艺要求十分严格及产品质量要求十分严格的设备、连续运行的设备、单一生产流程中的设备、没有备用的设备、对系统的可靠性影响最大的薄弱环节、负荷繁重且不可缺少的装置、数据表明寿命最短的零部件。液压系统在线状态监测系统的基本要求有：

（1）先进性。在系统建设过程中应采用具有国际领先水平的技术，主要包括先进的现场总线技术、OPC（OLE for Process Control）Server 网络数据采集技术、标准的布线技术、先进的 Internet/Intranet 技术等。

（2）实用性。首先是系统具有实用的功能，其次是系统硬件配置和软件设计应从使用者的角度出发，尽可能方便、实用。应根据设备维护和检修的实际需求，严格按照国家标准，使系统既能满足生产需求，又做到用户界面友好、操作方便。

（3）有效性。应保证分析、诊断结果的有效性，在被监测的设备出现故障前能起到预防作用，而当设备出现故障时能及时给出正确的判断。

（4）可靠性。在线状态监测系统的主要目的是保障生产机械的工作可靠性，因此其本身应具有更高的可靠性。监测系统结构上采用层次式分布结构，以实现故障分散，保证高可靠性，即在任何一个单元发生故障情况下，不影响诊断系统其他部分的运行。考虑生产现场的环境恶劣，监测系统还应采用高抗干扰性的措施。

（5）安全性。应采用完备的模拟量、数字量隔离（如三端隔离）技术和正确的信号接地措施，系统应具备冗余性，确保整个系统的电气安全性；在网络系统上采用防计算机病毒系统；在系统数据管理方面考虑整个系统数据系统的备份的完备性。

（6）可扩展性。系统应具有可扩展和自我开发性能，能适应相关技术的发展和软件的升级换代。系统必须提供与其他系统互联的良好接口。

（7）经济性。在保证满足监测与诊断要求的前提下，应尽可能地节省投资。

9.1.4　液压系统在线状态监测系统结构

液压系统在线状态监测系统可能由于应用场合和服务对象的不同、采用技术的复杂程度不同而呈现出一定的差异，但一般主要由以下部分组成：

（1）数据采集部分。它包括各种传感器、比例/伺服放大器、A/D 转换器（模数转换器）、存储器等。其主要任务是信号采集、预处理及数据检验。其中信号预处理包括电平变换、放大、滤波、疵点剔除和零均值化处理等，而数据检验一般包括平稳性检验以及正态性检验等。

（2）监测、分析与诊断部分。这部分由计算机硬件和功能丰富的软件组成，其中硬件构成了监测系统的基本框架，而软件则是整个系统的管理与控制中心，起着中枢的作用。状态监测主要是借助各种信号处理方法对采集的数据进行加工处理，并对运行状态进行判别和分类，在超限分析、统计分析、时序分析、趋势分析、谱分析、轴心轨迹分析以及启停机工况分析等的基础上，给出诊断结论，更进一步还要求指出故障发生的原因、部位，并给出故障处理对策或措施。

（3）结果输出与报警部分。这部分的作用是将监测、分析和诊断所得的结果和图形通过屏幕显示、打印等方式输出。当监测特征值超过报警值后，可通过特定的色彩、灯光或声音等进行报警，有时还可进行停机连锁控制。结果输出也包括机组日常报表输出和状态报告输出等。

（4）数据传输与通信部分。简单的监测系统一般利用内部总线或通用接口（如 RS232 接口、GPIB 接口）来实现部件之间或设备之间的数据传递和信息交换。对于复杂的多机系统或分布式集散系统往往需要用数据网络来进行数据传递与交换，有时还需要借助于调制解调器（MODEM）及光纤通信方式来实现远距离数据传输。对于远程诊断，显然要依赖互联网。

为了对液压系统故障进行监测、预报、诊断，必须运用在线状态监测系统对现场液压系统运行参数进行在线采样与监测，在线状态监测系统主要是对被测物理量（信号）进行监测、调理、变换、传输、处理、显示、记录等。目前液压系统在线状态监测主要分为两种形式，一种是基于数据采集卡和高级语言所开发的在线状态监测系统，另一种是基于PLC 和组态软件开发的在线状态监测系统。

（1）基于数据采集卡和高级语言的液压在线状态监测系统。这种液压系统在线状态监测形式是以各类传感器来监测液压系统设备运行的各种参数，然后以各种物理量信号的形式传输给 A/D 数据采集卡（A/D 数据采集卡是直接安装在工业控制用计算机主板上的扩展插槽内的，能直接将数据传输给计算机进行处理），并最终在用高级语言开发的用户操作界面上将各种结果显示出来。其具体原理如图 9-1 所示。图中实线部分为炼钢结晶器激振液压系统生产控制部分，虚线为其液压系统在线状态监测部分。

对于这种在线状态监测形式，A/D 数据采集卡是整个系统的核心，它既要将传感器采集的各种物理量转换成计算机所能识别的信号量并传输给计算机，让人们能实时了解系统的运行状态，同时还要将人们通过计算机给定的控制信号转换成设备能接收的物理量并传输给在线设备以进行相应的控制，让系统能按照人们设定的目标去工作。

（2）基于 PLC 和组态软件的液压在线状态监测系统。这种液压系统在线状态监测也是以各类传感器来监测液压系统设备运行的各种参数，区别在于各种物理量信号传输给PLC 的信号输入模块，而不是 A/D 数据采集卡。PLC 通过数据总线电缆与工业控制计算机相连，能直接将数据传输给计算机进行处理，并最终在与 PLC 相适合的组态软件开发的用户操作界面上将各种结果显示出来。其具体原理如图 9-2 所示。图中实线部分为炼钢结晶器激振液压系统生产控制部分，虚线为其液压系统在线状态监测部分。

对于这种在线状态监测形式，PLC 是整个系统的核心，它所要实现的功能与第一种在线状态监测形式一样，即对数据进行处理和传输。下面以西门子 PLC 为例对 PLC 的原理做简要介绍。

从当前及今后的技术发展趋势看，监测系统应该优先采用基于网络的实时、在线状态

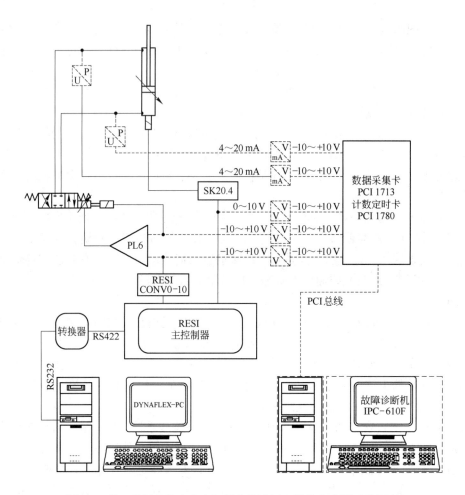

图 9-1   基于数据采集卡和高级语言的液压在线状态监测系统原理

监测与诊断技术模式。图 9-3 所示为一种基于网络与 PLC 的液压监控系统模型。该模型是一种分级的层次化结构形式，从下到上依次为设备层、车间级监控层、厂级监视诊断层与远程监视诊断中心层等。

系统操作人员通过 HMI（人机交互界面）发出的操作指令经由车间以太网送到 PLC 主站，再经过现场 PLC 分站的 AO、DO 模块与设备总线对液压系统中相关元件进行调节与控制；同时液压系统运行过程中的状态参数经过设备总线与现场 PLC 分站的 AI、DI 模块送到 PLC 主站，再经过车间以太网送到监视站。工程技术人员可以通过工程师站对系统运行环境、参数进行设定、修改和维护。设在车间级的 WWW 服务器还可以将液压系统运行的状态参数经过厂局域网送到厂信息中心，供厂级监视诊断中心和远程监视诊断中心使用。

此模型具有以下几个主要特点：

（1）将监测、诊断与控制功能集中到一个系统中实现。

（2）系统构成上实现了分布式、模块化与层次化，既易于实现又便于维护，同时为今

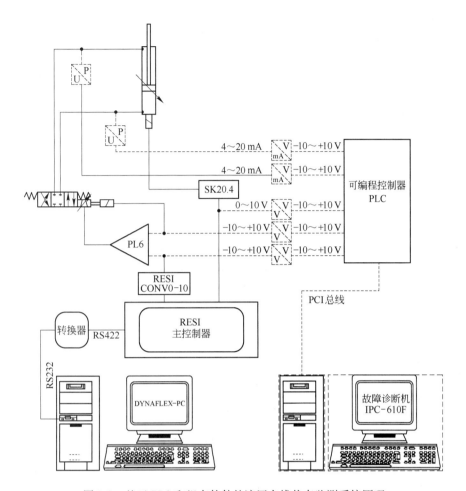

图 9-2　基于 PLC 和组态软件的液压在线状态监测系统原理

后系统升级提供了方便。

（3）从网络观点看，整个系统实际上构成了一个监控诊断局域网，为最终实现实时、在线及远程监控奠定了基础。

监控系统主要由 PLC、上位监视主机、工程师站、操作员 HMI 和音视频系统等组成，具有自动和手动调试两种工作方式。该监控系统可以通过 PLC 按工况要求对系统与执行机构进行控制与调节，同时对液压系统中泵的出口压力、液压缸工作压力、蓄能器压力、过滤器进出口压差、油箱内液位、油液温度及电磁阀的电磁铁通电状况进行监测。监控系统在设计时考虑了多种安全联锁保护和故障报警、解除与自动恢复措施，能最大限度地提高系统运行的可靠性与安全性。

另外系统还能够实现被监测对象历史运行曲线显示、趋势预报、故障分析与定位、报表打印与数据远程上传等功能。系统工作参数的实时在线综合监测与控制，对保障系统正常工作，提高系统运行的可靠性与安全性，让操作者及时了解系统的工作状况以及对液压系统故障的早期预防和诊断等均有重要意义。

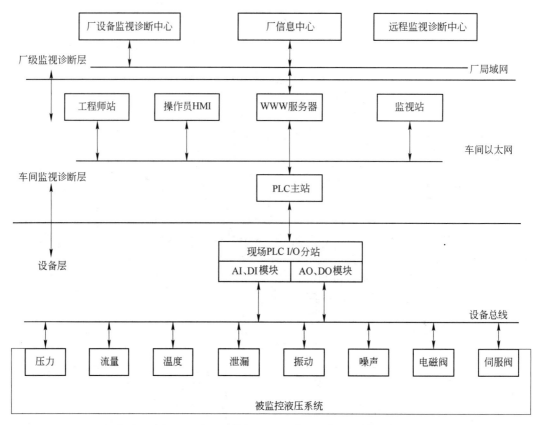

图 9-3　基于网络与 PLC 的液压监控系统模型

9.2　液压系统在线状态监测的软硬件组成

　　液压系统在线状态监测根据其硬件系统的组成有两种不同的形式：一种是基于计算机、数据采集卡、高级编程语言的在线状态监测系统。这种形式一般在实验室或实验设备上应用较多，受其通道数量以及扩展能力的限制，不便于参与大规模工业现场的控制。另一种是基于 PLC 和组态软件的在线状态监测系统，主要应用于工业控制环境。它具有丰富的输入/输出接口（包括数字量的和模拟量的），可以不受通道数量的限制，并且可以以组网的形式来实现工业大规模的复杂控制与监测。在实际使用时，其硬件可以根据实际需要进行配置，其软件也可以根据控制要求进行设计编制。另外，它还具有简单易懂、操作方便、可靠性高、通用灵活、体积小、使用寿命长等一系列优点，在工业领域得到了广泛应用。

　　鉴于上述两种在线状态监测系统的差异，本书以工业应用为主，介绍基于 PLC 和组态软件的在线状态监测系统。该系统主要由传感器、PLC、计算机和组态软件 4 部分组成，下面分别进行介绍。

9.2.1　传感器

　　传感器是一种检测装置，它的输出量是与某一被测量（物理量、光、电气、化学量、生物量等）有对应关系的量，且具有一定的精度。传感器按用途可分为位移传感器、压力传感器、温度传感器、振动传感器、电流传感器、电压传感器等。

表征传感器输出与输入之间关系的特性，称之为传感器的一般特性，其指标有：

（1）线性度：指传感器输出量和输入量间的实际关系与它们的拟合直线（可用最小二乘法确定）之间的最大偏差与满量程输出值之比。线性度低会产生系统误差。

（2）迟滞：指传感器正向特性和反向特性不一致的程度。迟滞大，会产生系统误差。

（3）重复性：指当传感器的输入量按同一方向作全量程连续多次变动时，静态特性不一致的程度。重复性差会产生随机误差。

（4）准确度：表明传感器的准确性。一般来说，它主要由传感器的线性度、迟滞、重复性三种特性构成。

（5）灵敏度：指传感器对输入量变化反应的能力，通常由传感器的输出变化量 Δy 与输入变化量 Δz 之比来表征，即 $S = \dfrac{\Delta y}{\Delta z}$。灵敏度数值大，表示相同的输入改变量所引起的输出变化量大，传感器的灵敏度高。

（6）分辨率：也称灵敏度阈值，表征传感器有效辨别输入量最小变化量的能力。当用满量程的百分数表示时称为分辨率。

（7）稳定性：指在规定工作条件范围内，在规定时间内传感器能保持不变的能力。一般分为温度稳定性、抗干扰稳定性和时间稳定性等。

9.2.2 PLC 系统

随着微处理器、计算机和数字通信技术的快速发展，计算机控制已经广泛地应用于工业领域中。现代社会要求制造业能对市场需求做出迅速的反应，生产出小批量、多品种、多规格、低成本和高质量的产品。为了满足这一要求，生产设备和自动生产线的控制系统必须具有极高的可靠性和灵活性。以微处理器为基础的通用工业控制装置 PLC 正是顺应这一要求出现的。它采用可编程序的存储器在其内部存储执行逻辑运算、顺序控制、定时、计数和算术运算等操作的指令，并通过数字式、模拟式的输入和输出，控制各种类型的机械或生产过程。PLC 及其有关设备，都应按易于使工业控制系统形成一个整体，易于扩充功能的原则设计。

液压系统在线状态监测系统中 PLC 处于核心地位。它具有功能强、体积小、能耗低、性价比与可靠性高、抗干扰能力强以及维修方便等优点。工业现场用的 PLC 多种多样，有三菱公司的 F_1、F_2、FX_0 系列，AB 公司的 SLC500 系列，OMRON 公司的 C 系列和西门子公司的 S7-1200/1500 系列等。虽然各个公司的产品型号、设备外形以及档次能力不同，但其功能和原理都是一样的，所以只要详细地了解其中一种，其他各类也就比较容易掌握了。在这里以西门子公司 S7-1200 系列的 PLC 为例来介绍液压系统在线状态监测系统硬件系统。

西门子的 PLC 以其极高的性能价格比，占有我国很大的市场份额，在我国的各行各业得到了广泛的应用。S7-1200 属于模块式 PLC，主要由机架、CPU 模块、信号模块、功能模块、接口模块、通信处理器、电源模块和编程设备组成。各种模块安装在机架上。通过 CPU 模块或通信模块上的通信接口，PLC 被连接到通信网络上，可以与计算机、其他 PLC

或其他设备通信。

（1）电源模块。PLC 一般使用 AC 220 V 电源或 DC 24 V 电源，电源模块将输入电压转换为 DC 24 V 电压和背板总线上的 DC 5 V 电压，供其他模块使用。

（2）CPU 模块。CPU 模块主要由微处理器（CPU 芯片）和存储器组成。在 PLC 控制系统中，CPU 模块相当于人的大脑和心脏，它不断地采集输入信号，执行用户程序，刷新系统的输出。存储器用来储存程序和数据。S7-1200 将 CPU 模块简称为 CPU。

（3）信号模块。输入（Input）模块和输出（Output）模块简称为 I/O 模块，开关量输入、输出模块简称为 DI 模块和 DO 模块，模拟量输入、输出模块简称为 AI 模块和 AO 模块，它们统称为信号模块。信号模块是系统的眼、耳、手、脚，是联系外部现场设备和 CPU 模块的桥梁。输入模块用来接收和采集输入信号，开关量输入模块用来接收从按钮、选择开关、数字拨码开关、限位开关、接近开关、光电开关、压力继电器等来的开关量输入信号；模拟量输入模块用来接收电位器、测速发电机和各种变送器提供的连续变化的模拟量电流电压信号。开关量输出模块用来控制接触器、电磁阀、电磁铁、指示灯、数字显示装置和报警装置等输出设备，模拟量输出模块用来控制电动调节阀、变频器等执行器。CPU 模块内部的工作电压一般是 DC 5 V，而 PLC 的输入/输出信号电压一般较高，如 DC 24 V 或 AC 220 V。从外部引入的尖峰电压和干扰噪声可能损坏 CPU 模块中的元器件，或使 PLC 不能正常工作。因此，在信号模块中，用光耦合器、光敏晶闸管、小型继电器等器件来隔离 PLC 的内部电路和外部的输入、输出电路。信号模块除了传递信号外，还有电平转换与隔离的作用。

（4）功能模块。为了增强 PLC 的功能，扩大其应用领域，减轻 CPU 的负担，PLC 厂家开发了各种各样的功能模块。它们主要用于完成某些对实时性和存储容量要求很高的控制任务。

（5）接口模块。CPU 模块所在的机架称为中央机架。如果一个机架不能容纳全部模块，可以增设一个或多个扩展机架。接口模块用来实现中央机架与扩展机架之间的通信，有的接口模块还可以为扩展机架供电。

（6）通信处理器。通信处理器用于 PLC 之间、PLC 与远程 I/O 之间、PLC 与计算机和其他智能设备之间的通信，主要通信接口有 MPI（Multipoint Interface）、PROFIBUS-DP、AS-i（Actuator-Sensor Interface）和 Industrial Ethernet 等。CPU 模块集成有 MPI 通信接口，有的还集成了其他通信接口。

（7）编程设备。S7-1200 使用安装了编程软件 TIAPortal V13 的个人计算机作为编程设备，在计算机屏幕上直接生成和编辑各种文本程序或图形程序，可以实现不同编程语言之间的相互转换。程序被编译后下载到 PLC，也可以将 PLC 中的程序上传到计算机。程序可以存盘或打印，通过网络，可以实现远程编程和传送。编程软件还具有对网络和硬件组态、参数设置、监控和故障诊断等功能。

9.2.3　组态软件

组态软件是数据采集监控系统（SCADA，Supervisory Control and Data Acquisition）的软件平台工具，是工业应用软件的一个组成部分。它具有丰富的设置项目，使用方式灵活，功能强大。组态软件由早先单一的人机界面向数据处理机方向发展，管理的数据量越来越大。随着组态软件自身以及控制系统的发展，监控组态软件部分地与硬件发生分离，为自动化软件的发展提供了充分发挥作用的舞台。

社会信息化的加速是组态软件市场增长的强大推动力。在用户的眼里，组态软件在自动化系统中发挥的作用逐渐增大，甚至有的系统就根本不能缺少组态软件。其中的主要原因是软件的功能强大，广大用户逐渐认识了软件的价值所在，需求很大。

目前所有组态软件都能实现类似的功能：几乎所有运行于 32 位 Windows 平台的组态软件都采用类似资源浏览器的窗口结构，并对工业控制系统中的各种资源（设备、标签量、画面等）进行配置和编辑；处理数据报警及系统报警；提供多种数据驱动程序；各类报表的生成和打印输出；使用脚本语言提供二次开发的功能；存储历史数据并支持历史数据的查询；等等。

随着新技术不断被应用到组态软件当中，组态软件不断向更高层次和更广范围发展。其发展方向如下：

（1）多数组态软件提供多种数据采集驱动程序，用户可以进行配置。在这种情况下，驱动程序由组态软件开发商提供，或者由用户按照某种组态软件的接口规范编写。由 OPC 基金组织提出的 OPC 规范基于微软的 OLE/DCOM 技术，提供了在分布式系统下，软件组件交互和共享数据的完整的解决方案。服务器与客户机之间通过 DCOM 接口进行通信，而无需知道对方内部实现的细节。由于 DCOM 技术是在二进制代码级实现的，所以服务器和客户机可以由不同的厂商提供。在实际应用中，作为服务器的数据采集程序往往由硬件设备制造商随硬件提供，这样可以发挥硬件的全部效能，而作为客户机的组态软件则可以通过 OPC 与各厂家的驱动程序无缝连接，故从根本上解决了以前采用专用格式驱动程序总是滞后于硬件更新的问题。同时，组态软件同样可以作为服务器为其他的应用系统（如 MIS 等）提供数据。随着支持 OPC 的组态软件和硬件设备的普及，使用 OPC 进行数据采集成为组态中更合理的选择。

（2）脚本语言是扩充组态系统功能的重要手段，因此，大多数组态软件提供了脚本语言的支持。其具体的实现方式分为两种：一是内置的 C/Basic 语言；二是采用微软的 VBA 的编程语言。C/Basic 语言要求用户使用类似高级语言的语句书写脚本，使用系统提供的函数调用组合完成各种系统功能。微软的 VBA 是一种相对完备的开发环境。采用 VBA 的组态软件通常使用微软的 VBA 环境和组件技术，把组态系统中的对象用组件方式实现，并使用 VBA 的程序对这些对象进行访问。

（3）可扩展性为用户提供了在不改变原有系统的情况下，向系统内增加新功能的能力。这种增加的功能可能来自组态软件开发商、第三方软件提供商或用户自身。增加功能最常用的手段是 ActiveX 组件的应用。所以更多厂商会提供完备的 ActiveX 组件引入功能及实现引入对象在脚本语言中的访问。

（4）组态软件的应用具有高度的开放性。随着管理信息系统和计算机集成制造系统的普及，生产现场数据的应用已不仅仅局限于数据采集和监控。在生产制造过程中，需要现场的大量数据进行流程分析和过程控制，以实现对生产流程的调整和优化。这就需要组态软件大量采用"标准化技术"，如 OPC、DDE、ODBC、OLE-DB、ActiveX 和 COM/DCOM 等，使组态软件演变成软件平台，在软件功能不能满足用户特殊要求时，用户可以根据自己的需要进行二次开发。

（5）与 MES（Manufacturing Execution Systems）和 ERP（Enterprise Resource Planning）系统紧密集成。经济全球化促使每个企业都需要在合适的软件模型基础上表达复杂的业务流程，以达到最佳的生产率和质量。这就要求不受限制的信息流在企业范围内的各个层次朝水平方向和垂直方向不停地自由传输。ERP 解决方案正日益扩展到 MES 领域，并且正在寻求到达自动化层的链路。自动化层的解决方案，尤其是 SCADA 系统，正日益扩展到 MES 领域，并为 ERP 系统提供通信接口。SCADA 系统是用于构造企业信息平台的一种理想的框架。由于它们管理过程画面，因而能直接访问所有的底层数据。此外，SCADA 系统还能从外部数据库和其他应用中获得数据，并处理和存储这些数据。所以，对 MES 和 ERP 系统来说，SCADA 系统是理想的数据源。在这种情况下，组态软件成为中间件，是构造企业信息平台承上启下的重要组成部分。

（6）现代企业的生产已经趋向国际化、分布式的生产方式。Internet 将是实现分布式生产的基础。组态软件将从原有的局域网运行方式跨越到支持 Internet。使用这种客户方案，用户在企业的任何地方通过简单的浏览器，输入用户名和口令，就可以方便地得到现场的过程数据信息。这种 B/S（Browser/Server）结构可以大幅降低系统安装和维护费用。

9.3　液压系统在线状态监测软件画面编制

目前在工业现场的液压系统控制中使用的组态软件有多种，这里介绍西门子的组态软件——视窗控制中心 WinCC（Windows Control Center）。WinCC 是一款专门与西门子可编程控制器配套使用的专业组态软件，它以强大的灵活性、开放性、易使用性和高性价比在工业控制领域得到了广泛的应用。

在设计思想上，WinCC 功能全面、技术先进、开放性好。WinCC 软件配置了目前世界主流的控制设备制造商生产的控制设备的通讯驱动程序，兼容性好，如 AB、Modicon、GE 等公司的主要产品都能与 WinCC 连接，并且它的通信驱动程序库还在不断增加。通过 OPC 的方式，WinCC 还可以与更多的第三方控制器进行通信。

WinCC V6.0 采用 Microsoft SQL Server 2000 进行生产数据的归档，同时具有 Web 浏览器功能，可使管理人员在办公室内就能看到生产流程动态画面，从而更好地调度指挥生产，是工业企业中首选的生产实时数据平台软件。

WinCC 的基本组件是组态软件和运行软件。WinCC 项目管理器是组态软件的核心，对整个工程项目的数据组态和设置进行全面的管理。开发和组态一个项目时，使用 WinCC 项目管理器中的画面编辑器建立项目中具体设备的直观图形，并将图形颜色、运动等属性与 PLC 程序中的控制检测参数动态关联，运行 WinCC 的软件，操作人员即可监控生产过程。

下面以西门子组态软件 WinCC 为例，介绍 WinCC 的基本组件，并通过一个简单的例子来说明如何进行测控画面的编制，具体步骤如下。

9.3.1　建立项目

（1）启动 WinCC。单击"开始—所有程序—SIMATIC—WinCC—Windows Control Center 6.0"菜单项，如图 9-4 所示。

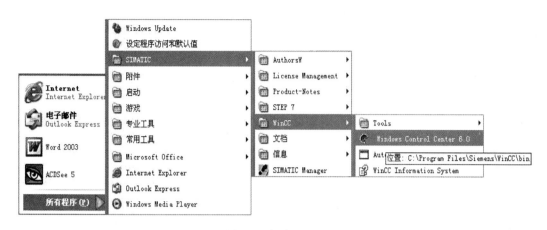

图 9-4　启动 WinCC

（2）建立一个新项目。第一次运行 WinCC 时，出现一个对话框，要求选择建立新项目的类型。类型包括有单用户项目、多用户项目和客户机项目 3 种。如果希望编辑和修改已有项目，可选择"打开已存在的项目"。

这里建立一个 Qckstart 项目，步骤如下：

1）选择"单用户项目"，并单击"确定"按钮。

2）在"新项目"对话框中输入 Qckstart 作为项目名，并为项目选择一个项目路径。如有必要可以对项目路径重新命名；否则，将以项目名作为路径中最后一层文件夹的名字。本次关闭 WinCC 前所打开的项目，在下一次启动 WinCC 时将自动打开。如果本次关闭 WinCC 前项目是激活的，则下一次启动 WinCC 时也将自动激活所打开的项目。

3）打开 WinCC 资源管理器，如图 9-5 所示，实际窗口内容根据配置情况有细微差别。

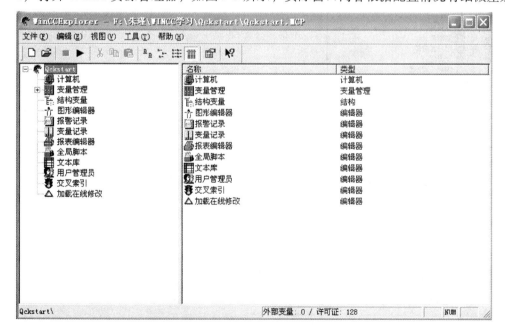

图 9-5　WinCC 资源管理器

窗口的左边为浏览窗口，包括所有已安装的 WinCC 组件。有子文件夹的组件在其前面标有符号"+"，单击此符号可显示此组件下的子文件夹。窗口右边显示左边组件或文件夹所对应的元件。

4）在导航窗口中单击"计算机"图标，在右边窗口中将显示与用户的计算机名一样的计算机服务器。右击此"计算机"图标，在快捷菜单中选择"属性"菜单项，在随后打开的对话框中可设置 WinCC 运行时的属性，如设置 WinCC 运行系统的启动组件和使用的语言等。

9.3.2 组态项目

9.3.2.1 组态变量

（1）添加逻辑连接。若要使用 WinCC 来访问自动化系统（PLC）的当前过程值，则在 WinCC 与自动化系统间必须组态一个通信连接。通信将由被称为通道的专门的通信驱动程序来控制。WinCC 有针对自动化系统 SIMATIC S7 的专用通道以及与制造商无关的通道，如 PROFIBUS-DP 和 OPC。

添加一个通信驱动程序，右击浏览窗口中的"变量管理"，在快捷菜单中选择"添加新的驱动程序"，菜单项如图 9-6 所示。

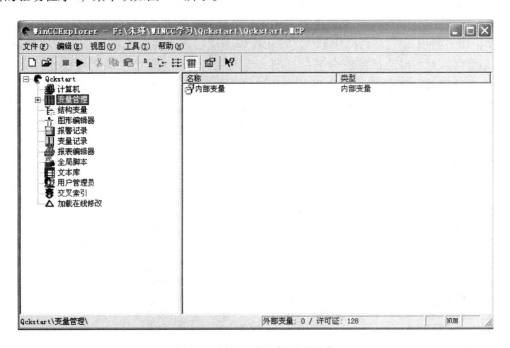

图 9-6　添加一个通信驱动程序

在"添加新的驱动程序"对话框中，选择一个驱动程序，如选择 SIMATIC S7 Protocol Suite. chn，并单击"打开"按钮，所选择的驱动程序显示在变量管理的子目录下。

单击所显示的驱动程序前面的"+"，显示当前驱动程序所有可用的通道单元。通道单元可用于建立与多个自动化系统的逻辑连接。逻辑连接表示与单个的、已定义的自动化系统的接口。

右击 MPI 通道单元，在快捷菜单中选择"新驱动程序的连接"菜单项。在随后打开的如图 9-7 所示的"连接属性"对话框中输入 PLC1 作为逻辑连接名，单击"确定"按钮。

图 9-7　建立一个逻辑连接

（2）建立内部变量。如果 WinCC 资源管理器"变量管理"节点还没有展开，可双击"变量管理"子目录。右击"内部变量"图标，在快捷菜单中选择"新建变量"菜单项，如图 9-8 所示。

图 9-8　建立内部变量

在"变量属性"对话框中,将变量命名为 TankLevel。在数据类型列表框中,选择数据类型为"有符号 16 位数",单击"确定"按钮,如图 9-9 所示。建立的所有变量显示在WinCC 项目管理器的右边窗口中。

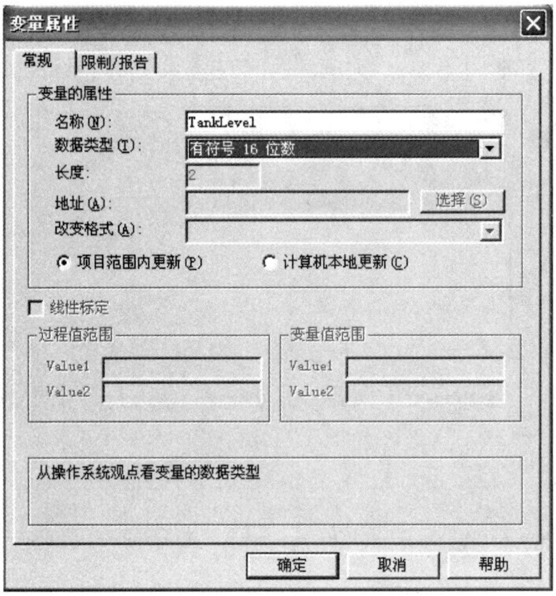

图 9-9　内部变量的属性

如需要创建其他的内部变量,可重复上述操作,还可对变量进行复制、剪切、粘贴等操作,快速建立多个变量。

(3)建立过程变量。建立过程变量前,必须先安装一个通信驱动程序和建立一个逻辑连接。在前面已建立了一个命名为 PLC1 的逻辑连接。

依次单击"变量管理—SIMATIC S7 PROTOCOL SUITE—MPI"前面的"+",展开各自节点,右击出现的节点 PLC1,在快捷菜单中选择"新建变量"菜单项,如图 9-10所示。

在"变量属性"对话框中给变量命名,并选择数据类型。WinCC 中的数据类型有别于 PLC 中使用的数据类型,如有需要可在"改变格式"列表框中选择格式转换。

必须给过程变量分配一个在 PLC 中的对应地址、地址类型与通信对象相关。单击地址域旁边的"选择"按钮,打开"地址属性"对话框,如图 9-11 所示。

在过程变量的"地址属性"对话框中,选择数据列表框中过程变量所对应的存储区域。地址列表框和编辑框用于选择详细地址信息。

单击"确定"按钮,关闭"地址属性"对话框。单击"确定"按钮,关闭"变量属性"对话框。

9.3.2.2　创建过程画面

(1)建立画面。在组态期间,图形系统用于创建在运行系统中显示过程的画面。图形编辑器是图形系统的组态软件,用于创建过程画面的编辑器。

右击 WinCC 资源管理器的图形编辑器,从快捷菜单中选择"新建画面"菜单项,创

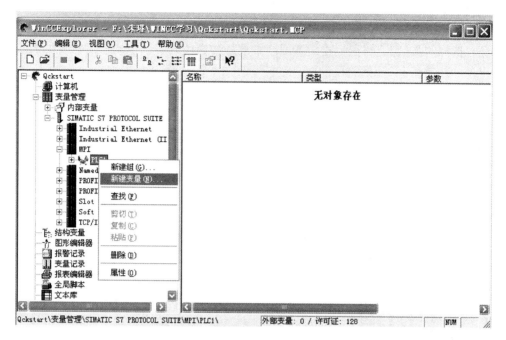

图 9-10　建立一个过程变量

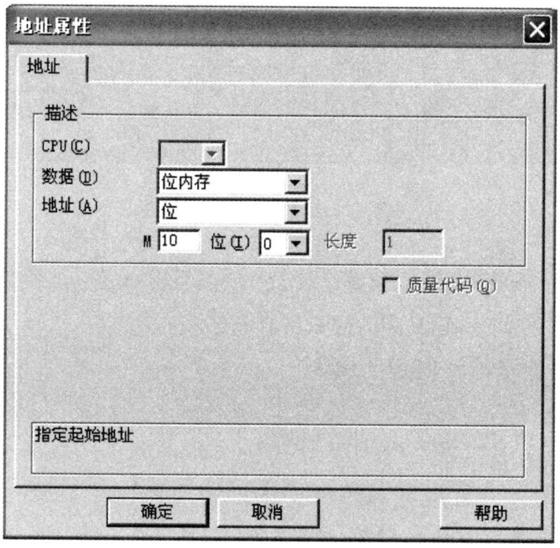

图 9-11　过程变量的地址属性对话框

建一个名为 NewPdl0. pdl 的画面，并显示在 WinCC 资源管理器的右边窗口中。右击此文件，从快捷菜单中选择"重命名画面"菜单项，在随后打开的对话框中输入 start. pdl。

重复上述步骤创建第二个画面，命名为 sample. pdl。

双击画面名称 start. pdl，打开图形编辑器编辑画面。

（2）编辑画面。在画面中创建按钮、蓄水池、管道、阀门和静态文本等对象。

1) 组态一个按钮对象，系统运行时按下此按钮能使画面切换到另一个画面。

在图形编辑器中选择对象选项板上的窗口对象，单击窗口对象前面的"+"，展开窗口对象。选择"按钮"，将鼠标指向画图区中放置按钮的位置，拖动至所需要的大小后释放，出现"按钮组态"对话框。在"文本"的文本框中输入文本内容，如输入 sample。单击对话框底部的图标，打开"画面"对话框，选择需要切换的画面，如图 9-12 所示。关闭对话框，并单击工具栏上的保存按钮，保存画面。

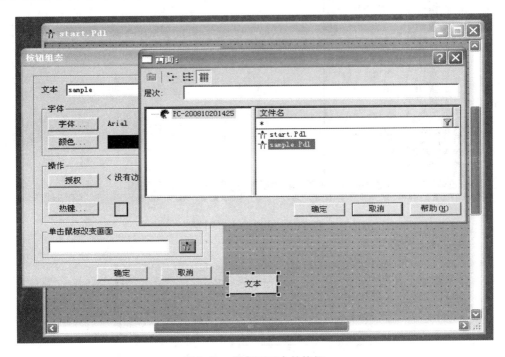

图 9-12　组态画面中的按钮

为在切换到另一个画面时能回到本画面，在画面 sample. pdl 中应组态另一按钮。在"按钮组态"对话框中的"单击鼠标改变画面"文本框中选择 start. pdl。

2) 在画面上组态蓄水池、管道、阀门。

选择菜单"查看—库"或单击工具栏上的图标，显示对象库中的对象目录。双击"全局库"后显示全局库中的目录树，双击"PlantElements"，双击"Tanks"。单击对象库工具栏上的"眼睛"图标，可预览对象库中的图形。单击"Tank1"，并将其拖至画图区中。拖动此对象周围的黑色方块可改变对象的大小。

单击"全局库—PlantElements—Pipes Smart Objects"，选择管道放置在画面上。

单击"全局库—PlantElements—Valves Smart Objects"，选择阀门放置在画面上。

选择"标准对象"中的"静态文本"，将其放置在画面的右上角。输入标题"试验蓄水池"。选择字体大小为 20，调整对象的大小。

创建的画面如图 9-13 所示。

9.3.2.3　改变画面对象的属性

(1) 更改 Tank 对象的属性。画面上的图形要动态地变化，必须将对象的某个属性与

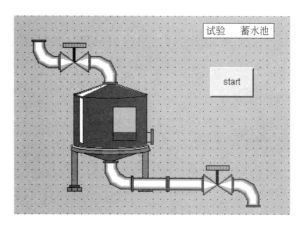

图 9-13　创建的画面

变量相关联。

选择 Tank1 对象并右击，从快捷菜单中选择"属性"菜单项。在"对象属性"窗口中选择"属性"选项卡，并单击窗口左边的"UserDefined1"。右击"Process"行上的白色灯泡，从快捷菜单中选择"变量"菜单项，如图 9-14 所示。

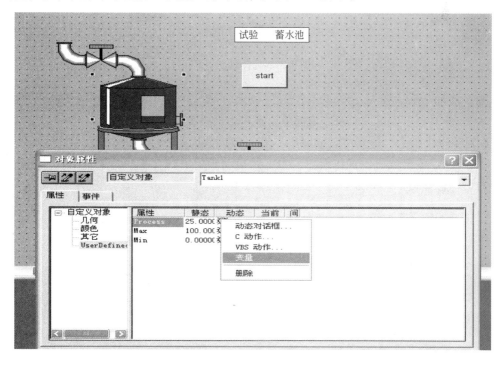

图 9-14　选择过程画面

在出现的对话框中选择在已创建的内部变量 TankLevel，单击"确定"按钮，退出对话框。原来的白色灯泡此时变成绿色灯泡。

右击"Process"行，"当前"列处显示"2秒"，从快捷菜单中选择"根据变化"菜单项，如图 9-15 所示。默认的最大值 100 和最小值 0 表示水池填满和空的状态值。

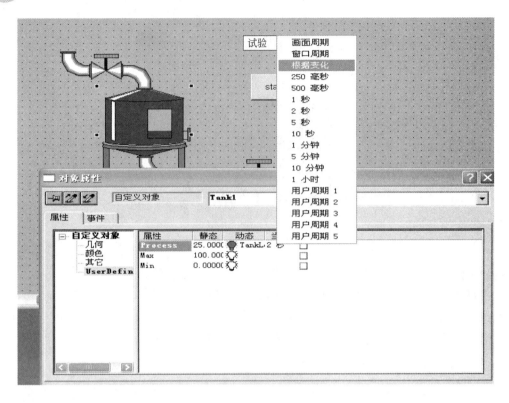

图 9-15   选择更新周期

（2）添加一个"输入/输出域"对象。在画面蓄水池的上部增加另一个对象"输入/输出域"，此对象不但可以显示变量的值，还可以改变变量的值。

在对象选项板上，选择"智能对象—输入/输出域"。

将"输入/输出域"放置在绘图区中，并拖动到要求的大小后释放，出现"I/O 域组态"对话框，如图 9-16 所示。

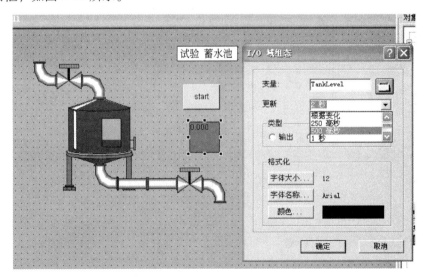

图 9-16   "I/O 域组态"对话框

单击图标,打开变量选择对话框,选择变量"TankLevel"。

单击更新周期组合框右边的箭头,选择"500毫秒"作为更新周期。

单击"确定"按钮,退出对话框。

注意:如果在完成设置前意外地退出"I/O域组态"对话框或其他对象的组态对话框,右击需要组态的对象,从快捷菜单中选择"组态"对话框,可继续组态。

(3)更改输入/输出域对象的属性。

右击刚刚创建的"输入/输出域"对象,从快捷菜单中选择"属性"菜单项。

在"对象属性"窗口上,单击"属性"选项卡,如图9-17所示,选择属性"限制值"。

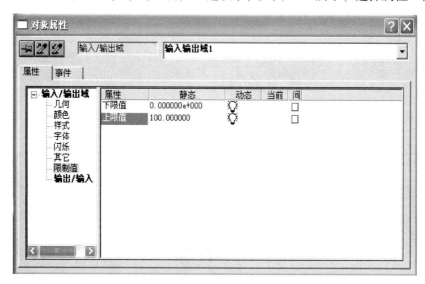

图9-17 更改输入/输出域对象的属性

双击窗口右边的"下限值"。在随后打开的对话框中输入0,单击"确定"按钮。

双击窗口右边的"上限值"。在随后打开的对话框中输入100,单击"确定"按钮。

单击工具栏上的保存图标,保存画面,并将图形编辑器最小化。至此画面组态完成。

9.3.3 设置属性

一些属性值影响项目在运行时的外观,可以对它们进行修改。其操作步骤如下:

单击WinCC项目管理器浏览窗口上的电脑图标。

在右边窗口中,右击以计算机名字命名的服务器。从快捷菜单中选择"属性"菜单项,打开"计算机属性"对话框,选择"图形运行系统"选项卡,设置项目运行时的外观,如图9-18所示。单击窗口右边的"浏览"按钮,选择"start.pdl"作为系统运行时的启动画面。

选择"标题""最大化"和"最小化"作为窗口的属性。单击"确定"按钮,关闭对话框。

9.3.4 运行工程

选择WinCC资源管理器主菜单"文件→激活",也可直接单击工具栏上的箭头图标,运行工程。运行效果如图9-19所示。

图 9-18　设置工程运行时的属性

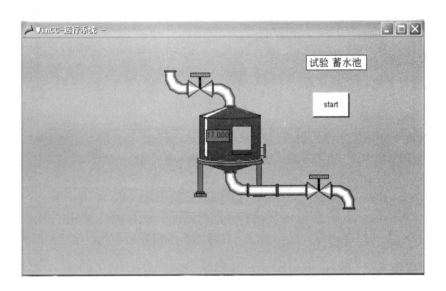

图 9-19　运行工程画面

9.3.5　离线模拟

如果 WinCC 没有连接到 PLC，而又想测试项目的运行状况，则可使用 WinCC 提供的工具软件变量模拟器（WinCC Tag Simulator）来模拟变量的变化。

单击 Windows 任务栏的"开始"，并选择"SIMATIC→WinCC→Tools"，单击"WinCC Tag Simulator"，运行变量模拟器。

注意：只有当 WinCC 项目处于运行状态时，变量模拟器才能正确地运行。

在 Simulation 对话框中，选择"Edit→New Tag"，从变量选择对话框中选择"TankLevel"变量。

在"属性"选项卡上,单击 Inc 选项卡,选择变量仿真方式为增 1。

起始值输入为 0,终止值输入为 200,并选中右下角的"active"复选框,如图 9-20 所示。在"List of Tags"选项卡上,单击"Start Simulation"按钮,开始变量模拟。TankLevel 值会不停地变化。

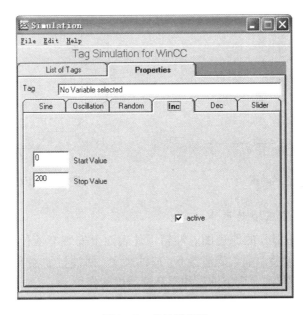

图 9-20 变量模拟器

9.4 步进式加热炉液压设备在线监测系统与故障诊断

9.4.1 步进式加热炉工况

步进式加热炉是热轧生产的关键设备之一。某厂步进炉动梁自重 400 余吨,带载重 1000 余吨,步进周期短、运动速度高、采用液压传动。在步进式加热炉里,钢坯的移动是通过固定梁和载有钢坯的移动梁进行的。步进梁的运动轨迹为矩形,由升降机构的垂直运动和平移机构的水平运动组合而成,步进梁相对于固定梁作上升、前进、下降、后退 4 个动作,如图 9-21 所示。这 4 个动作组成步进梁的一个运动周期,每完成这样一个周期,钢坯就从装料端向出料端前进一个定尺行程。步进加热炉升降高度为 200 mm,平移距离为 600 mm。

动梁上升或下降到与静梁持平时,运动速度要较慢,以便轻抬或轻放钢坯,防止冲击,当上升到最高点时要减速,平移时运动要平稳,防止钢坯产生晃动,必须精确控制动梁驱动液压油缸的运动加速度和速度,如图 9-22 所示。项目中采用电液比例控制双向变量泵实现无级在线速度调节控制方式。

9.4.2 液压系统工作原理

步进式加热炉的液压系统原理图由五个部分组成。第一部分是油箱及液压辅助元件;

第二部分是循环过滤冷却；第三部分是控制油泵；第四部分是主泵电机组；第五部分是水平升降切换阀架。

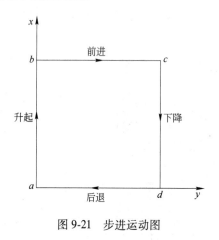

图 9-21　步进运动图

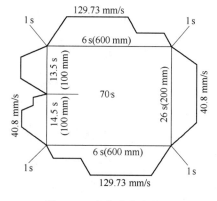

图 9-22　步进速度方块图

9.4.2.1　油箱及液压辅助元件

图 9-23 所示为油箱部分的原理图。油箱 1 外表面上安装有液位继电器 2、液位计 3、温度继电器 4、电加热器 5、空气滤清器 6、放油阀 7、回油过滤器 8。这些液压附件主要是对系统的工作状态起监测、调节油温和提高清洁度的作用。

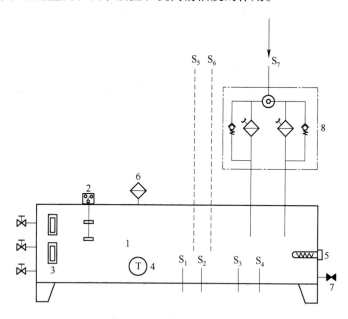

图 9-23　油箱部分原理图

1—油箱；2—液位继电器；3—液位计；4—温度继电器；5—电加热器；
6—空气滤清器；7—放油阀；8—回油过滤器

液位计是方便工作人员观察油箱里面的液压油的液面高低。液位计的安装位置应使液位计窗口满足对油箱吸油区最高、最低位置的观察。一般来说，在液压系统工作时，液面应该保持一定高度，以防止液压泵吸空，同时为保证当系统中的油液全部流回油箱时不致溢出，油箱液面不应超过油箱高度的 80%。

液位继电器是油液液面高度的一个监控装置。当油箱的液面高度过低或者过高时，可以发出报警信号。工作人员根据报警信号对油箱油液进行相应的处理。

其处理内容如下：

（1）油位稍低，加油。

（2）油位严重下降，停止工作。

（3）油加热停止工作。

温度继电器是油液的油温的一个监控装置。液压系统的工作温度一般希望保持在 30~50 ℃ 的范围内，最高不超过 65 ℃，最低不低于 15 ℃。温度过高将使油液迅速变质，同时使液压泵的容积效率下降；温度过低使液压泵吸油困难。当系统工作时的油温过高或者过低时，温度继电器就会发出报警信号。工作人员就可以根据报警信号对油液温度采取相应的措施。其处理意见如下：

（1）温度低于 20 ℃，液压主泵系统停止工作，循环过滤系统工作，加热器工作。

（2）温度低于 30 ℃，加热器接通，对油箱的油液进行加热，随后可以启动主泵向系统供油。

（3）温度高于 40 ℃，加热器断开，停止工作。

（4）温度高于 65 ℃，正在进行的步进周期做完，禁止新的步进周期和任何液压操作。此时，除循环系统外，控制设备、阀门的操作停止，整个装置停止运行。

电加热器是针对油液温度过低的情况下采取的加热装置。它用法兰盘水平安装在油箱侧壁上，发热部分全部浸在油液内。由于油液是热的不良导体，单个加热器的功率容量不能太大，以免其周围油液的温度过高而发生变质现象。本系统中安装了 3 个加热器，1 个冷却器。

空气滤清器在这里的作用主要是使油箱与大气相通，并滤除空气中的灰尘杂物，使泵能顺利地吸油。它安装在顶盖上靠近油箱边缘处。

放油阀安装在油箱的最低处，平时被堵住。只有当换油时才打开以放走油污。为了便于换油时清洗油箱，在油箱的侧壁还设有清洗窗口。

回油过滤器使油液在流回油箱前先经过过滤，滤去油液中的污染物，净化油液，为液压泵提供清洁的油液，控制油箱的污染程度。

油箱上还有 7 个油口，分别与相应的油管相连。其中，S_1 和四套主泵电机组部分的副泵进油口相连，其管径为 200 mm；S_2 和控制泵部分的泵进油口相连，其管径为 40 mm；S_3 和循环冷却部分的回油口相连，其管径为 50 mm；S_4 和循环冷却部分的泵进油口相连，其管径为 65 mm；S_5 是主泵变量控制部分的回油口，其管径为 22 mm；S_6 是系统的泄油管道，其管径为 40 mm；S_7 是系统的回油口，其管径为 65 mm。

9.4.2.2　循环过滤冷却

图 9-24 所示为系统的循环冷却部分，其工作原理是：在电动机的带动下，泵将油箱内的油液吸出，经过双筒过滤器 5 和单向阀 6 后再进入水冷却器 7，然后回到油箱。过滤精度为 5 μm、流量为 600 L/min 的双筒过滤系统来取代原单筒过滤器，提高了系统油液清洁度和可靠性，通过切换手柄可选择单筒工作，另一单筒备用。这种结构过滤器可在线更换。由于系统的流量非常大，在系统工作过程中，能量损失比较多，因而系统发热比较严

重。单纯的小流量的水冷却器不能满足系统的要求，所以采用大流量的水冷却器，使油箱内的油液充分冷却。在这个系统中，有两台电机泵组，一台工作，一台备用。通过操作截止阀 8 和 9 来确认选用哪台泵工作。

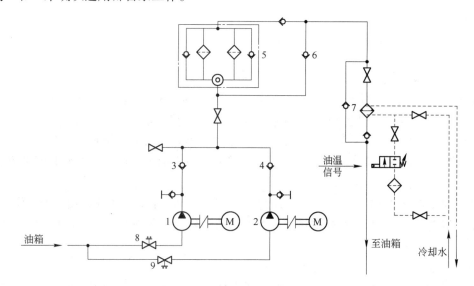

图 9-24　循环冷却部分原理图

1，2—液压泵；3，4，6—单向阀；5—双筒过滤器；7—冷却器；8，9—截止阀

9.4.2.3　控制油泵

图 9-25 所示为控制泵组原理，采用一台工作一台备用的工作方式。打开限位开关 1 或 2，控制阀门开启，开启相应的电动机，油箱内的液压油经过 S_2 管道吸入相应的液压泵 3 或 4。从泵出来的压力油经过过滤器 5 或 6 和减压阀 7 后给主泵电动机组的轴向柱塞变量泵的变量机构供油。除此之外，它还在油缸的运动中起一定的作用。升降运动时，打开相应的电磁阀，控制的升降缸中先导控制阀；平移运动时，打开电磁换向阀，控制的平移液压缸中先导控制阀。在泵的出口并联了压力继电器，其报警压力调为 4.5 MPa。

为了防止回路中过滤器堵塞而引起系统故障，在两泵的出口各装有溢流阀（8、9，调定压力为 6 MPa），起安全过载保护作用。当滤油器堵塞，系统压力升高，多余的流量就会通过溢流阀和单向阀流回油箱。

由于控制油路的供给的对象对油液洁净度要求比较高，所以选用过滤精度为 25 μm 的过滤器。同时，为了保证轴向柱塞泵的变量部分没有很大的冲击和脉动，在系统出口串联减压阀（调定压力为 4.5 MPa），保证供油压力的平稳。同时，减压阀的入口也并联了蓄能器 10，蓄能器在这里的作用是辅助动力源、系统保压、吸收系统脉动、缓和液压冲击。检测蓄能器充气压力时，在测压口接压力表，关闭蓄能器组合阀中的常闭阀，缓慢打开泄油阀，当压力突变时的压力即为充气压力。

9.4.2.4　主泵电机组

图 9-26 所示为四套泵组中的 1 号液压原理图。这四套泵组是整个四号加热炉液压系统的心脏部位，给执行元件供油。其中，1 号、2 号泵组仅仅给升降缸供油，3 号、4 号泵组既可以给升降缸供油，也可以给水平缸供油。在系统工作过程中，三台泵工作一台泵备

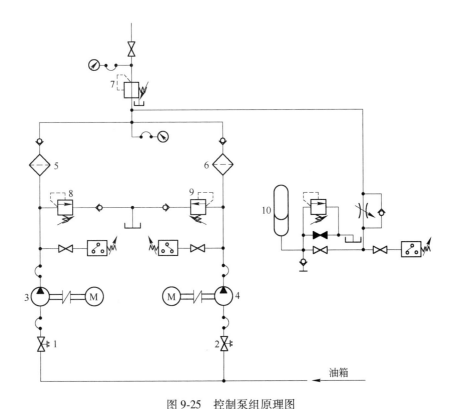

图 9-25　控制泵组原理图

1，2—限位开关；3，4—液压泵；5，6—过滤器；7—减压阀；8，9—溢流阀；10—蓄能器

用，任意组合三台泵都可以满足步进梁的周期性的"上升—前进—下降—后退"运动。升降运动时，三台泵工作，水平运动时，一台泵工作。选定泵组后，需要更改相应的截止阀来确保水平移动缸和升降缸的供油泵组。

主泵给升降和平移缸供油时，非对称油缸无杆腔进油，有杆腔回油。由于非对称缸截面之差，进油多于回油，必然会产生主泵吸空现象。这时，副泵就会给主泵补油。油液从油箱 S_1 管道被吸入副泵，流出的高压油经过补油溢流阀块，依靠两个单向阀自动向主泵的低压腔补油，补油泵多余的油通过溢流阀溢回油箱。补油阀块由先导式溢流阀3、两个单向阀4和5组成，溢流阀的压力调整为 1.5 MPa。下降运动时，非对称缸有杆腔进油，无杆腔回油。由于非对称缸截面之差，回油大于进油流量。为了充分保证液压缸升降速度一致，在液压缸的有杆腔进油处装有一个溢流阀来分流。

补油泵设置的补油压力为 1.6 MPa。如果补油泵没有压力油输出，则主泵将会吸空而损坏，为了保护主泵，在补油泵的压力油口设有压力继电器，该继电器设定报警压力为 1.0 MPa，如果补油泵压力低于 1.0 MPa，3 s 内，系统会自动停机。

为了保证泵给液压缸的供油压力一定，在泵的出口并联了两个起安全阀作用的溢流阀6和7，防止压力变化太大而使油缸产生振动和撞击。1、2 号主泵推动油缸上升运动时，安全阀调定压力为 15 MPa；1、2 号主泵推动油缸下降运动时，安全阀调定压力为 5 MPa；3、4 号主泵在推动油缸上升时，安全阀调定压力为 15 MPa；3、4 号主泵在推动油缸下降时，安全阀调定压力为 15 MPa。

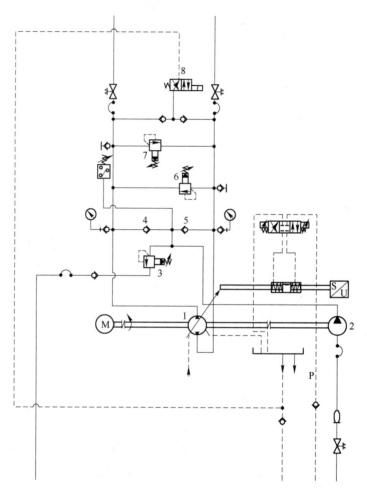

图9-26　1号主泵电机组原理图（并联四套泵组）

1—主液压泵；2—补油泵；3，6，7—溢流阀；4，5—单向阀；8—电磁换向阀

　　主泵选用比例双向变量泵，零流量误差在±3%以内。主泵启动后，步进梁不工作时，主泵输出的压力油必须排回油箱，否则会使系统在高压下工作。因此，在液压系统中采用梭阀来检测泵两侧压力大小，使主泵的零流量通过低压侧的管道及相关阀泄回油箱。

　　水平移动缸的工作原理和升降缸的类似。当水平移动缸推动负载移动时，系统压力比较大，类似于升降缸的上升运动；当水平移动缸后退时，系统压力比较小，类似于升降缸的下降运动。

　　当3号、4号泵组之一给升降缸供油时，另外一台泵用于水平移动时给水平缸供油，1号和2号泵组中有一套处于备用状态。当选择不同的泵组和切换相应的截止阀后，各套泵组的供油情况与步进梁的运动周期的关系由水平升降切换阀组来实现。

9.4.2.5　水平升降切换阀组

　　图9-27所示为水平升降阀组的原理。其中C5和C11是升降缸的两腔供油管道，和1号、2号、3号泵组的进出油口相连。C6是回油管道，C9和控制泵的液压油出口相连，C10和系统的泄油管道相连。C3和C4是油缸的两腔供油管道，和3号、4号泵组的进出

油口相连。现以1号、2号、3号泵组组合为例来说明加热普钢时，步进梁的运动周期过程及相应电磁铁的得失电动作关系。

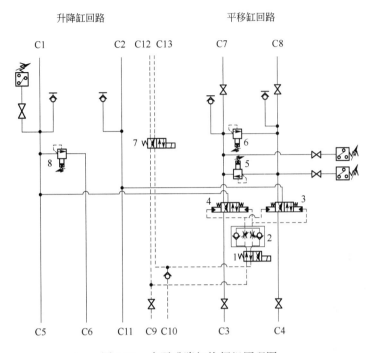

图9-27 水平升降切换阀组原理图

1，7—电磁换向阀；2—双单向节流阀；3，4—液动换向阀；5，6，8—溢流阀

在这种组合下，升降运动时，三台泵同时工作，给升降缸供油；水平运动时，3号泵给水平移动缸供油。步进梁的运动过程为：上升—前进—下降—后退。

（1）上升：1号泵、2号泵、3号泵工作，阀1失电，控制油经阀2推动阀3、4处于左位，此时从3号泵出来的油液和1号、2号泵出来的高压油汇合，经C3往C1给升降缸供油。

（2）前进：1号泵、2号泵卸荷，3号泵继续给液压缸供油，阀1得电，控制油经阀2推动阀3、4处于右位，此时从3号泵输出的高压油经C3往C2给平移缸供油。

（3）下降：1号泵、2号泵、3号泵输出的油液供给液压缸，阀7得电，控制泵的油液打开升降缸无杆腔回油液控单向阀，阀1失电，控制油经阀2推动阀3、4处于左位，此时从3号泵出来的油液和1号、2号泵输出的高压油汇合，经C4往C2给升降缸供油。

（4）后退：1号泵、2号泵卸荷，3号泵继续给液压缸供油，阀1失电，控制油经阀2推动阀3、4处于右位，此时从3号泵出来的高压油经C4往C8给平移动缸供油。

9.4.3 系统硬件

本实例按基于PLC与组态软件WinCC在线状态监测模式而设计。选用PLC作为主控制器，输出控制信号，经比例放大器功率放大，驱动比例方向阀，控制液压泵变量活塞运动到相应位置，液压泵排出所需流量，供系统工作。同时主泵斜盘倾角由位移传感器进行测量，转换为电信号，送入比例放大器作为闭环控制的反馈信号，对流量进行无级调节，从而实现动梁驱动液压缸的速度和位移完全由程序进行自动控制。同时，液压系统的控制参数通过 PLC 与 WinCC 的实时通信，上传到监控计算机，对液压系统监控画面进行动态刷新。

（1）传感器。比例变量泵是本控制系统的核心部件，由 PLC 程控给定变量信号来调节泵的斜盘倾角，从而达到变量目的。选用电量传感器来监测给定变量信号和斜盘实际倾角的反馈信号，实现变量泵的工作参数实时显示。

另外，加热炉炉床的实际运行位置也是实时监控重点，因此在驱动炉床的平移缸和升降缸上分别设有位移传感器，将两组缸的实际位置通过传感器检测后送入 PLC 系统，并上传到 WinCC 组态画面，进行炉床实际位置显示。

（2）PLC 控制。电控系统选用西门子公司的 S7-300 控制器。它能满足中等性能要求的应用，应用领域相当广泛。其模块化、无排风结构、易于实现分布、易于被用户掌握等特点使得 S7-300 成为能完成各种从小规模到中等性能要求的控制任务，这是一种既方便又经济的方案。S7-300 具有多种性能递增的 CPU 和丰富的且带有许多方便功能的 I/O 扩展模块，用户可以完全根据实际的应用选择合适的模块。当任务规模扩大并且愈加复杂时，用户可随时使用附加的模块对 PLC 进行扩展。西门子 S7-300 所具备的高电磁兼容性和强抗振动、抗冲击性，使其具有更高的工业环境适应性。此外，S7-300 系列还具有模块点数密度高、结构紧凑、性价比高、性能优越、装卸方便等优点。电控系统布局和结构框图如图 9-28、图 9-29 所示。

通过对控制对象和控制任务进行分析和统计，本系统需要以下不同的 I/O 点：

1）数字量输入点（DI）：32 点。其中 24 点接收炉体、进钢和出钢辊道上限位行程开关信号，另外 8 点分别用来设置四个比例放大器的状态。

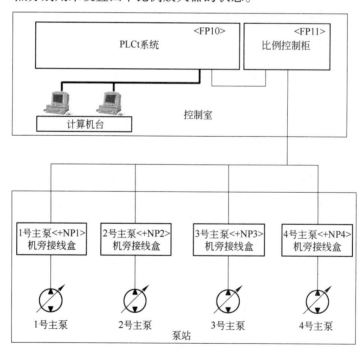

图 9-28　电控系统布局

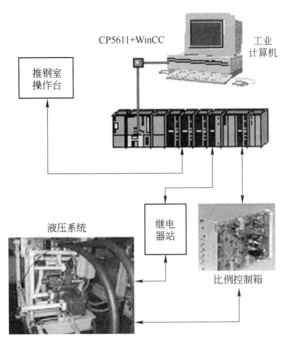

图 9-29 电控系统结构框图

2）数字量输出点（DO）：5 点。其中 4 点是用来控制放大器使能继电器的；另外 1 点用来控制故障声光报警。

3）模拟量输入点（AI）：24 点。其中 4 台泵的手动给定 4 点；4 台泵的倾角传感器 4点；4 台泵的零点调整 4 点；4 台泵的比例电磁铁 8 点；炉床驱动升降和平移液压缸位移5 点。

4）模拟量输出点（AO）：16 点。其中 4 台泵的比例放大器给定 4 点；4 台泵的比例放大器给定值仪表显示 4 点；4 台泵的比例电磁铁实际电流仪表显示 4 点；4 台泵的流量仪表显示 4 点。

系统所需要的 PLC 控制模块好如表 9-1 所示。

表 9-1 系统的 PLC 控制模块

模 块 类 型	模 块 数	实 际 点 数
数字量输入（DI）	2	32
数字量输出（DO）	1	5
模拟量输入（AI）	4	24
模拟量输出（AO）	4	16

9.4.4 在线监测画面

液压系统主控制器采用西门子 S7-300 PLC 系统，组态软件选用 WinCC，监测画面编制如下。

（1）液压系统运行状态监测界面。系统状态主要指的是液压系统的状态，在该界面中，可以监测各电动机泵组的启停、各控制截止阀的开关、各过滤器的是否堵塞、各压力继电器的通断、泵的倾角以及各比例阀两端的电流大小等系统信息，各种状态的变化通过不同的颜色来区分，如图 9-30 所示。

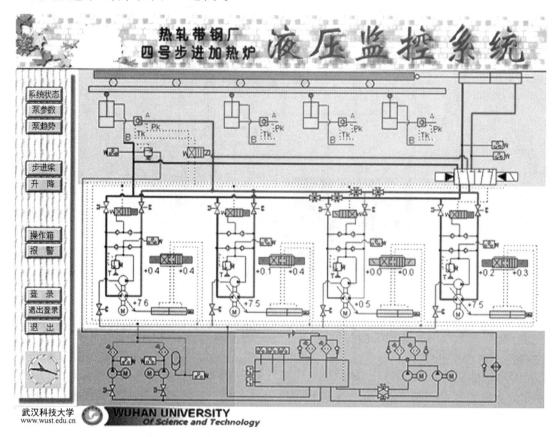

图 9-30　液压系统运行状态监测界面

（2）主泵运行参数监测界面。如图 9-31 所示，实时显示 1 到 4 号泵的主要运行参数。

（3）主泵实时流量趋势监测界面。如图 9-32 所示，在该界面中有四个趋势图，分别实时显示每台泵的给定电流、输出流量和时间的关系。通过该界面中趋势图上的按钮，可以实现对每台泵的历史曲线的回放。通过界面下方的四个按钮，可以实现对每台泵的任意时间范围内的在线和离线的曲线打印，打印的实现是通过自建全局脚本中的项目函数来实现。

（4）步进梁实时位置监测界面。如图 9-33 所示，该界面可以实现的功能有：

1）监测步进梁的工作方式，包括步进梁是由操作台手动控制（有调零和手动两种）还是自动控制（有自动 1 挡、自动 2 挡、自动 3 挡三种）。

2）监测步进梁的位置显示及运行动画。

3）监测步进梁的运行状态以及与之相对应的原系统中的电磁铁的输出组合。

（5）机旁操作箱状态监测界面。操作箱挂在泵站的墙上，用来手动控制各电动机的启停。该界面监测了此操作箱的状态，如图 9-34 所示。

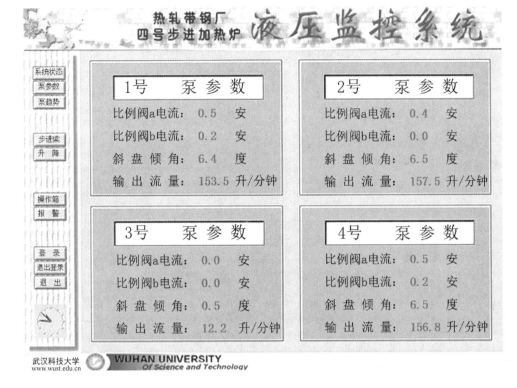

图 9-31　主泵运行参数监测界面

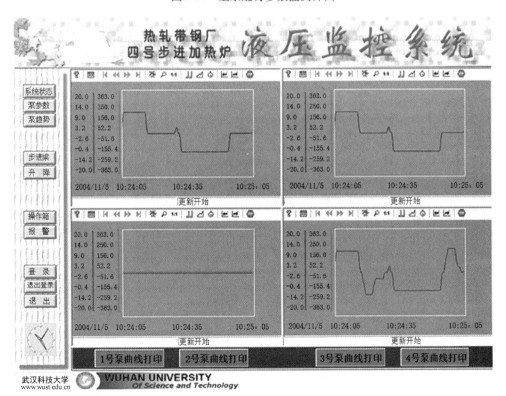

图 9-32　主泵实时流量趋势监测界面

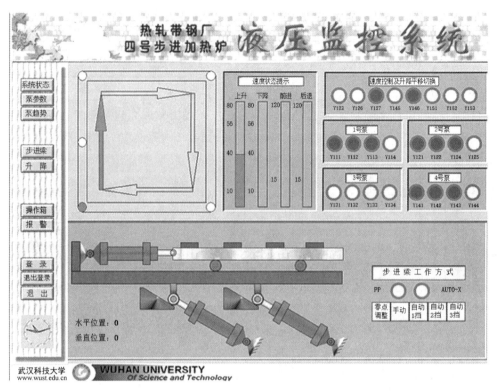

图 9-33　步进梁实时位置监测界面

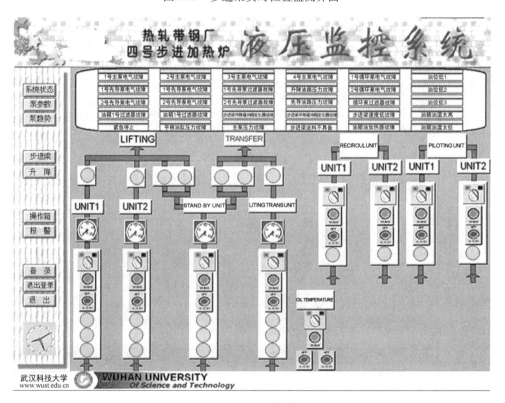

图 9-34　机旁操作箱状态监测界面

（6）仪器面板状态监测界面。控制室 FP10 面板上各数字表的值都是以百分比的形式来显示，但有时需要知道某一百分数所对应的实际值，故设计此界面，它所显示的放大器给定、阀电流、泵流量都是实际的模拟值。另外，该界面还显示了各放大器的工作状态（工作和停止、调试和自动），如图 9-35 所示。

（7）报警状态监测界面。显示系统的报警情况，不管用户现在处在什么界面上，只要系统有报警，报警界面就会弹出并显示报警的位置、报警的文本，并以闪烁灯来提示用户，让用户更快、更好地了解系统当前的情况。此报警界面只有在得到用户的确认后才会关闭。为了使画面能够切换，此时可以移动此界面，也可以改变其大小。如图 9-36 所示。

本液压监控系统分为上述 7 个界面，界面内容详尽、编制合理、便于操作，通过在工业现场实际应用效果的反馈来看，是一套设计非常成功的液压系统在线状态监测系统，为处理故障诊断提供可靠依据。

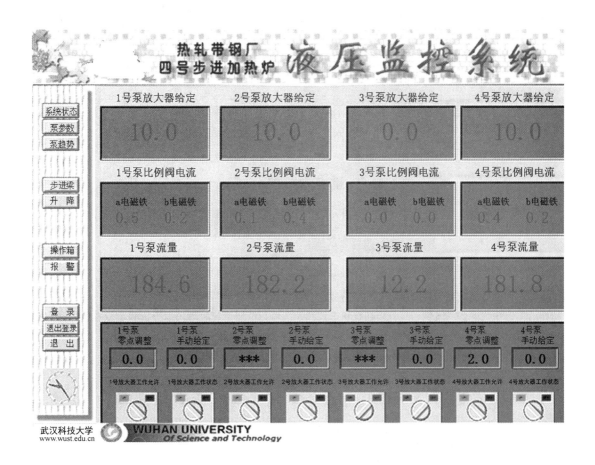

图 9-35　仪器面板状态监测界面

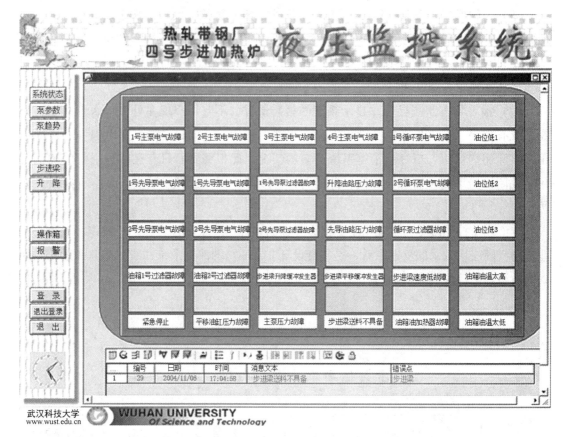

图 9-36 报警状态监测界面

─────── **重点内容提示** ───────

了解液压系统在线监测的定义和特点以及目的，并掌握其内容。

思　考　题

1. 液压在线状态监测系统一般由哪几部分组成，各部分的功能分别是什么？

2. 结合本章中加热炉的案例，试分析在线状态监测系统可为液压系统故障快速分析和定位提供哪些有益的信息。

3. 考虑本章节所介绍的在液压线状态监测系统与液压故障诊断系统的联系与区别。

10 液压元件故障诊断

思政之窗：

　　1964 年，我国制造出中国第一台自移式支架样机，之后又研发出中国第一台放顶煤综合采煤支架，该支架是由液压缸等多个元件及有关构件组成的液压支架。经过多年努力，连续保持液压支架在世界领先地位。由"中国第一架"到"世界第一高"，这与液压元件质量及故障诊断与寿命预测水平不断提高有着密切关系。

　　液压元件包括液压缸、液压马达、液压泵、控制阀、压力表开关、过滤器、蓄能器、冷却器、密封件和管接头等。

10.1　液压缸故障诊断

　　液压缸是把液压泵输入的液压能转换为机械能的执行元件。液压缸按其结构可分为活塞式、摆动式、复合式等，常用的为活塞式液压缸。它主要由两个组件（缸筒组件和活塞组件）和三个装置（密封装置、排气装置及缓冲装置）等组成。

　　（1）液压缸内泄漏液压故障诊断。液压缸内泄漏容易导致液压缸爬行或液压缸推力不足、速度下降、工作不稳等液压故障。液压缸内泄漏表现为压力表显示值上升慢或难以达到规定值；液压缸中途挡铁顶住不能前移时回油管仍有回油，并且检查液压泵和溢流阀均无故障；在液压缸全行程上故障部位规律性很强。液压缸内泄漏的原因是缸体与活塞因磨损而导致间隙过大，若活塞装有密封圈，则因磨损或密封圈老化而失去密封作用。处理措施是更换活塞或密封圈，保持合理的间隙。若液压缸经常使用的只是其中一部分，则局部磨损严重，间隙增大，液压缸会内泄漏。此时，可重磨缸筒、重配活塞。

　　（2）液压缸机械别劲液压故障诊断。液压缸机械别劲容易导致液压缸爬行或液压缸推力不足、速度下降、工作不稳等液压故障。液压缸机械别劲表现为压力表显示压力偏高；液压缸中途用挡铁顶住不能前移时回油管无回油，溢流阀回油管有回油；故障部位规律性也很强；液压缸及其运动部件动作阻力过大，使液压缸的速度随着行程位置的不同而变化。这种现象大多由装置质量差所引起。这时，活塞杆密封压得太紧，活塞杆较长，在滑动部位造成过大的阻力。检查液压缸动作阻力时，可先卸荷，往复空行。如果在同一部位阻力变大，则可能是伤痕或烧结所致。

　　若污物进入液压缸的滑动部位，也会使阻力增大，特别是液压缸带动的运动部件的导轨或滑块夹得太紧，阻力过大，表现更为明显。这时只要将压块或滑块稍微调松一点，故障就很快消除。此外，零件的变形与磨损或形位公差超限等，也都会产生机械别劲，应重修和调整。

（3）液压缸爬行故障诊断。所谓液压缸爬行，是指液压缸运动时所出现时断时续的速度不均现象。低速时爬行现象更为严重，而且显得液压缸推力不足。速度下降的主要特征是推不动或速度减慢，使液压缸工作不稳定。

（4）液压缸进气液压故障诊断。

1）液压缸进气的故障表现及其危害。液压缸混入空气后，会使活塞工作不稳定，产生爬行和振动，还会使油液氧化变质、腐蚀液压系统和元件。当液压缸竖直或倾斜安装时，积聚在活塞下部的空气不易排出，从而产生大的振动和噪声，一旦受到绝热压缩，就会产生较高的温度，以致烧毁密封元件。

2）液压缸进气的原因（进气源）及处理。

① 液压缸中原有空气未排除干净。由于结构上的关系，液压缸内的空气不易排除干净。工作前，必须把缸内残存的空气尽量排除掉。结构上要设置排气口，且应设在最高部位。

② 液压缸内部形成负压时，空气被吸入缸内，因此应设有充油或补油管路等。

③ 管路中积存的空气没有排除干净。液压泵与液压缸连接管路的拐弯处常易积存空气，很难排除。因此，在管路高处一般加设排气装置。

④ 从液压泵吸油管路吸进空气。因为液压泵吸油侧是负压，很容易吸进空气，因此吸油管应插入油箱的油面以下，吸油管不允许漏气。

⑤ 油液中混进空气。当回油管路高出油箱液面时，排回的油液在液面上飞溅，就可能卷进空气。过滤器部分露出液面时，也会使空气吸进液压泵而带入液压缸，因此回油管应插入油箱的液面以下，过滤器不允许露在液面外。

3）故障诊断。

① 液压泵连续吸气进入液压缸，其压力表显示值较低，液压缸无力或爬行，油箱起泡，应及时诊断液压泵吸气故障，及时排除。

② 液压缸内和油管内存入气体，表现为压力表显示值偏低，液压缸有轻微爬行，油箱内有少许气泡或无气泡，通过排气即可解决。

③ 液压缸形成负压吸气和油中带入气体，表现为压力表显示值偏低，液压缸不断爬行，油箱内有少量气泡，应及时消除油中气体及对液压缸形成负压的部位进行处理。

（5）液压缸冲击及缓冲液压故障诊断。

1）液压缸冲击故障表现及其缓冲装置。液压缸快速运动时，由于工作机构质量较大，具有很大的动量和惯性，往往在行程终点造成活塞与缸盖发生撞击，产生很大的冲击力，并发出较大的声响和振动。这不仅损坏液压缸有关结构，而且影响配管及控制阀的工作性能。为了防止这种现象的发生，应在液压缸中设置缓冲装置。缓冲装置的结构有环形间隙式、节流口可调式、节流口可变式及外部节流式等。

2）缓冲装置不良的液压故障。

① 为了提高液压缸速度，往往采用加大油口的办法，但速度提高后，启动液压缸，待缓冲柱塞刚离开端盖，就会发现活塞有短时停止或后退的现象，而且动作不稳定。其原因是油口尺寸虽已加大，但没有考虑缓冲装置中的单向阀结构。当负荷小、活塞高速动作时，如果单向阀流量较小，则进入缓冲油腔的油量就很小，从而出现真空。因此，在缓冲柱塞离开端盖的瞬间，会引起活塞短时停止或逆退，而且启动时的加速时间太长，也会出

现动作不稳定。即使活塞速度不太大，单向阀钢球随油流动，堵塞阀孔，也会引起类似故障。所以，当液压缸动作速度较快时，要求油口尺寸和单向阀流量恰当。另外，活塞与端盖相接触的表面加工精度太高，使之呈密合状态，加压后，液压缸往往不动。其原因是受压面积太小（只有缓冲柱塞、单向阀以及针阀的小孔面积），作用力不足。为了防止这种故障，端盖上的环形凹槽尽量做得大些，以增大受压面积。

② 缓冲装置失灵。即缓冲调节阀处于全开状态，活塞不能减速，惯性力很大，会突然撞击缸盖，可能使安装在底座和缸盖上的螺栓损坏。

10.2 液压泵和液压马达故障诊断

从理论上讲，液压泵和液压马达是可逆的。但实际中同类型液压泵和液压马达，由于二者的使用目的不同，结构上也有差异。为了弄清产生故障的原因，必须了解二者的差异。

液压泵低压腔一般为真空。为了改善吸油性能和抗气蚀能力，通常把进油口做得比排油口大。而液压马达低压腔的压力略高于大气压力，没有上述要求。

液压马达必须能正反转，所以内部结构具有对称性。而液压泵一般是单方向旋转，没有对称性的要求。例如，齿轮马达必须有单独的泄漏油管，而不能像泵那样引入低压腔；叶片马达由于叶片在转子中沿径向布置，装配时不会出现装反的情况，而叶片泵的叶片在转子中必须前倾或后倾安放。

液压马达的速度范围很宽，要求有低的稳定速度，启动扭矩大。液压泵一般速度很高，变化较小。

液压泵在结构上必须保证具有自吸能力，而液压马达没有这一要求。点接触轴向柱塞液压马达（其柱塞底部没有弹簧）不能做液压泵用，就是因为它没有自吸能力。

由于以上原因，很多同类型的液压泵和液压马达均不能互逆使用，因而其故障原因和诊断也不尽相同。

10.2.1 液压泵故障诊断

10.2.1.1 液压泵噪声液压故障诊断

（1）液压泵困油产生的噪声。液压泵内的可变密封容积在由大变小时，压缩油液，由于与液压泵压油口断开，会产生很高的内部压力，似乎要把液压泵撕开。当容积由小变大，但尚未与液压泵吸油口相通时，会形成真空，产生空化和气蚀，发出很大的噪声。这就是液压泵困油现象。为了消除液压泵困油现象，设计时应改进结构（如齿轮泵中设卸荷槽或卸荷孔，叶片泵及轴向柱塞泵在配流盘上设卸荷槽等），使可变密封容积总是分别和液压泵吸、压油口微通。但是，由于装配质量和维修拆装也会造成卸荷槽（或卸荷孔）的位置偏移，导致液压泵困油现象未能消除。其表现为随着液压泵旋转，不断交替地发出爆破声和嘶叫声，规律性很强。新泵或用过的旧泵均会发生这种困油现象。消除的办法是将液压泵上消除困油现象的卸荷槽（或卸荷孔）用刮刀或什锦锉，逐渐沿边修刮或沿槽锉长，边修正边试验，直至消除困油噪声为止。每次修正量一定要很微小，以免造成液压泵吸、压油口互通。

（2）液压泵吸油及进气产生的噪声。一般工作油中溶解的空气量比较少，对噪声影响不是很大。然而，油中一旦混入了空气，则影响极大。许多液压系统在运转初期噪声都很小，但运转一段时间后，出现较大的噪声，油箱中的油液因含有小气泡而变成乳白色，证明油液中已混入空气。

工作油中混入空气后，出现空化，噪声值将增加 10～15 dB，发出很容易分辨的尖叫声。所以，控制空气的侵入是降低噪声的重要途径。检查部位与清除方法是：

1）油箱的液面不能太低，油量要足，一般液压泵的吸油管口距油箱油面高度以 140～160 mm 为宜。否则油面过低，会产生吸油波，从吸油管吸入空气。

2）进油管的密封性要可靠，不得有漏气处，密封圈要保持完好，发现漏气时，可拧紧管接头或更换密封圈。

3）过滤器不可堵塞或滤网过密（一般为 70 目左右），否则会造成吸油阻力过大。滤油网一定不要露出液面或插入油面的深度过浅。一般滤油网应放在油箱油面下 2/3 处。

4）检查液压泵的密封部位，防止由此进入空气。还要检查液压泵的转速，转速不要太高，否则会造成"吸空"现象。若液压泵已进入了空气，则要进行排气。进入管道内的空气，可以松开放气塞排除；对油中的气泡，可以采取短时间停车的办法，让油箱中的气泡分离。

总之，为了防止空化的发生，控制液压泵的噪声，应对所有能进入空气的渠道都进行检查，并采取相应措施进行防治。

（3）液压泵机械噪声。由机械振动而引起的噪声，有的是设计加工问题。例如，各种液压泵的旋转部分产生周期性不平衡力（形成振源），齿轮加工误差（如齿形误差、节距误差、齿槽偏斜，特别是齿形误差）造成啮合时接触不良，产生周期性的冲击和振动等，都会引起噪声。但有的是由于装配质量和零件磨损、破裂和拉毛等造成机械噪声。

1）因轴线不平行而造成齿轮啮合不良，泵盖与齿轮端面磨损，因螺栓松动而使泵体与泵盖接触不良，空气进入泵内等，都会产生噪声。尤其当齿形误差较大，安装又不合要求时，出现的噪声及振动就更大。

2）液压泵的轴承磨损、叶片与定子曲线的撞击与损伤等，都会出现异常的噪声。液压维修人员凭经验很容易察觉到，这一点并不是在运转初期出现，往往是在运转一段时间之后出现，而且越来越严重。

3）电动机与泵传动轴不同心、变量叶片泵滚针轴承调整不当等，也会产生振动和噪声。

对于上述故障，往往凭听觉、视觉和触觉与正常运行状态比较后判定。处理措施是停车检查调整，拆卸液压泵，修磨或更换零件。

此外，为了降低液压泵的噪声，还必须降低液压泵出口的压力脉动和管路影响。例如，可在液压泵出口附近安装一个蓄能器来吸收液压泵的压力脉动或缓冲管路内的压力剧变，以降低液压泵的噪声。为了控制管路的振动，一般可采用隔离装置，加橡胶垫等。实践证明，这些方式对降低噪声有一定的效果。

除上述降低噪声的措施外，还可采用消声器来衰减压力脉动，用隔音材料（或隔音罩）以遮蔽噪声源。例如，多孔烧结铝吸音材料，在距四周 1 m 范围实测，油压机（外形尺寸，长×宽×高为 1.2 m×0.8 m×0.4 m），在无隔音罩时为 86 dB，安装了隔音罩后可降为

70 dB；齿轮泵的噪声值可由原来的 75~90 dB 降到 65~80 dB；叶片泵由原来的 75~95 dB 降到62~75 dB；柱塞泵由原来的 75~95 dB 降到 70~85 dB。

10.2.1.2 液压泵压力不足或无压力

液压泵的压力取决于负载。当负载很小或无负载时，压力是很小的。但如果在负载工况下不能输出额定压力或压力值很小，即为液压泵压力不足的液压故障。

（1）液压泵不吸油。电动机启动后，液压泵不吸油，其原因是液压泵的转向不对，有时可能是吸油管没有插入油箱的油面以下。这类故障比较好检查，也易排除。转向不对时，调换一下电线接头，使电动机反转即可。如仍不吸油，则应进一步检查吸油侧或油管是否有问题。

（2）液压泵泄漏严重。液压泵泄漏严重，势必造成流量下降，压力提不高。这种故障多半是由于液压泵磨损，轴向间隙增大所造成（当然也会有其他部位的泄漏）。齿轮泵的齿轮端面与泵盖内侧面磨损后，会造成轴向间隙过大，这是引起泄漏的主要原因。此外，过多的油流回吸油腔，必然也使压力降低。这种故障从机械噪声或液压泵的温升情况比较容易判断。解决的办法是，修磨齿轮两端面，使其公差满足尺寸要求，然后依此修配泵体，保证合适的轴向间隙（CB 型齿轮液压泵的间隙为 0.03~0.04 mm）。

叶片泵也多是由于磨损严重而引起故障。例如，轴向间隙过大，叶片与叶片槽的间隙超差，叶片顶部与定子内表面接触不良或磨损严重等，都会破坏密封性能，使泵的内漏增大，压力降低。定子内表面及叶片顶部、转子与配油盘端面的磨损是维修中最常见的。双作用叶片泵的定子内表面的吸油区过渡曲线部分，由于叶片根部通压力油使叶片顶部顶在定子内表面上，故定子内表面受较大的压力（有时还要受到叶片的冲击），因而最容易磨损；而在压油区，由于叶片两端（根部和顶部）受力基本平衡，因而磨损较小。解决办法是，磨损不是很严重时，可用细砂条修磨，并把定子旋转 180°（使原来的吸油区变为压油区）即可使用；如果叶片顶部磨损，可把叶片根部做成倒角或圆角，当作新的顶部使用（即原来的顶部作为根部）。转子与配油盘端面磨损严重时，也可采用修磨的办法，把磨损表面磨平。应当注意，转子磨去多少，叶片也应该磨去多少，以保证叶片宽度始终比转子宽度小 0.005~0.01 mm，同时，还要修磨定子端面，保证其轴向间隙。另外，还应注意叶片不要装反，叶片在槽中不要配合过紧或有卡死现象。

10.2.1.3 液压泵排量不足或无排量

液压泵排量不足或打不出油的原因可能与压力不足的原因相同（液压泵不吸油或泄漏较大），也可能有其他原因。这里仅就吸油工况来分析故障产生的原因。

（1）液压泵转速不够，使吸油量不足。这种现象往往是泵的驱动装置打滑或功率不足所致。此时，应检查、测定泵在有载运转时的实际转速、泵与电动机的连接关系及功率匹配情况等。如果液压泵转向接反，始终无油排出，则只要使电动机反转就可解决。

（2）吸油口漏气，导致油量不足和噪声较大。漏气的原因多是管接头处密封不良。

（3）过滤器或吸油管堵塞。过滤器或吸油管堵塞后，造成吸油困难，流量不足。过滤器堵塞多半是被油中污染物堵塞，所以所选用的滤油网也不能过密（一般可选用 60~70 目），且必须定期清洗。

（4）油箱中油面太低、油量不足或液压泵安装位置距油面过高等，都会使吸油困难。

若空气被吸入，也会造成流量不足。

（5）油液黏度太高，造成吸油不畅，或液压泵转速下降，也会使流量下降。

（6）黏度过低或油温过高，造成泄漏增加，使流量不足。

10.2.1.4   液压泵温升过高

液压系统的油温以不超过55 ℃为宜。液压泵的温度允许稍高些（5～10 ℃），但液压泵与液压系统的最高温差不得大于10 ℃。温升过高（俗称发热），有设计、装配、调整及使用等多方面的原因。

（1）系统卸荷不当或无卸荷、管道流速选得过高、压力损失过大等，都是设计不合理而造成液压泵温升过高的原因。

（2）从使用维护的角度考虑，造成温升过高的原因有：

1）装配质量没有保证（如液压泵的轴向间隙太小、转子的垂直度超差、几何形状超差等），相对运动的表面油膜被破坏，形成干摩擦，机械效率降低，使液压泵发热。

2）液压泵磨损严重，轴向间隙过大，泄漏增加，容积效率降低，其能量损失转化为热能，使液压泵发热。

3）油液污染严重、黏度过高或过低，都会使油温升高。例如，油液污染或变质后，形成沥青状污物，使运动副表面油膜破坏，摩擦增大，油温升高。油液黏度过高，将使流动阻力增加，能量损耗转为热能增加。黏度过低，泄漏增加，也导致油温上升。

4）系统压力调整过高，液压泵在超负荷下（超过额定压力）运行，因而易使油温升高。此外，油量不足或油箱隔板漏装（或不设置），使回油得不到充分冷却又被吸入液压泵内，因而油温升高。高压液压泵吸进空气，也会使温度急剧升高。

总之，为抑制液压油温升过高，从制造到使用维修都应严格检查和控制。装配时，要保证轴向间隙符合要求。相对运动的表面，要保证充分润滑，不得出现干摩擦。系统工作压力要调整到小于液压泵的额定压力。油的黏度要选择适当，并保持其清洁性。回油箱的热油，要得到充分冷却（必要时可设冷却器）。

液压泵出现故障的原因是多方面的，既具体又复杂，诊断故障的方法要根据故障的表现、维修人员的经验、工厂的条件和生产使用情况来确定。

10.2.1.5   液压泵故障诊断实例

液压系统或元件的故障诊断技术是随着液压系统不断完善化、复杂化和自动化而发展起来的。近年来，国内外从事这方面研究的人员不断增多，研究的手段和方法日新月异。与故障诊断技术发展初期相比，在诊断方法上，已从用感观直接判断进入到充分利用近代测试、监控技术的阶段。在硬件方面，各种测试设备、分析仪器的不断更新及计算机应用于信号的采集与处理，提高了信噪比，改善了对故障诊断的灵敏度和可靠性。在软件方面，随着各种数学理论及计算方法的发展和利用，故障识别形成了各具特色的方法和流派。现采用求振动信号功率谱法对故障进行识别。

（1）试验及数据处理。以YB16型叶片泵为对象，其常出现的故障有叶片卡滞、配流盘磨损、定子内表面磨损、叶片与转子反装、叶片与叶片槽之间间隙太大等。现只阐述前两种故障。

对液压泵进行故障诊断，首先要判别其是否出故障，因此引入压力平均值、压力振摆、容积效率这三个参量。凡压力平均值、压力振摆、容积效率均合指标的，为正常泵；否则，为故障泵。对故障泵，为进一步判别其故障部位，又引入了压力振动信号功率谱这一参量，根据能量在各倍频程上的分布来大致判别引起泵故障的零件。

根据上述所需参量，建立如图 10-1 所示的液压测试系统。在该液压实验系统中，两压力传感器装在泵出口处某一固定节流口两端。由此可测得压力振动信号及由计算机软件推算出的压力平均值、压力振摆、容积效率及压力振动信号的功率谱。

由于流量传感器有仪表常数，标定不方便，且量程范围较窄，使用较麻烦，因此测量流量时不采用流量传感器，而是通过测量固定节流口前后两端的压力，得到压差，并由此压差推算出泵的流量值。本实验所采用的固定节流口为薄壁小孔式。通过薄壁小孔的流量与其前后压力差的关系为：

$$Q = C_0 A \cdot \sqrt{2\Delta p / \rho}$$

式中　A——薄壁小孔通流面积；

　　　Δp——小孔前后压力差；

　　　ρ——油液密度；

　　　C_0——流量系数。

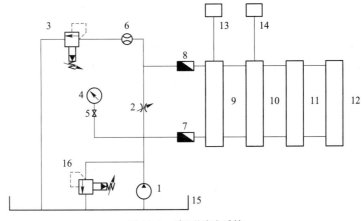

图 10-1　液压测试系统

1—被试泵；2—固定节流口；3，16—溢流阀；4—压力表；5—压力表开关；6—流量计；7，8—压力传感器；9—应变仪；10—磁带记录仪；11—电阻；12—示波器；13，14—稳压电源；15—油箱

由于条件所限，不可能做出过多的实验数据点，也就是变量变化时有一定的间距。而实际应用时往往需要间距内某点的数据，这可根据已获得的实验数据求取中间某点的数值的方法（内插法）求得。这里用拉格朗日三点插值公式对一元不等距插值表进行插值计算。

由实验测得固定节流口前后两端压差与流过的流量的一元不等距插值表见表 10-1。由计算机软件根据插值表求出的插值曲线如表 10-2 和图 10-2 所示。

表 10-1　不等距插值表

p/MPa	0.0	1.37	2.3	3.10	3.81	4.9	5.95	7.22
$Q/\text{L} \cdot \text{min}^{-1}$	0.0	20.0	22.0	22.7	24.0	24.75	25.55	25.65

表 10-2   等距插值表

$\Delta p/\text{MPa}$	0.500	1.000	1.500	2.000	2.500	3.000	3.500	4.000	4.500	5.000	5.500	6.000
$Q/\text{L}\cdot\text{min}^{-1}$	9.654	16.601	20.842	21.494	22.263	22.568	23.511	24.239	24.464	24.823	25.290	25.576

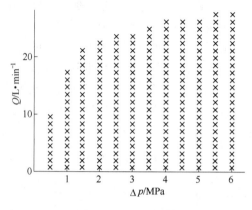

图 10-2 $\Delta p\text{-}Q$ 插值

压力振动信号功率谱采用周期法求取。通过振动信号的频谱分析，即可由峰值的频率位置来分析液压泵的故障零件，因为不同的零件有不同的故障频率。

已知泵的转速 $n = 1450 \text{ r/min}$，示波纸光栅长 $T = 0.01 \text{ s}$。则图 10-3 为配流盘磨损时叶片泵的压力振动信号曲线。图 10-4 为叶片卡滞泵的压力振动信号曲线。

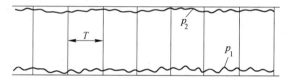

图 10-3   配流盘磨损泵的压力振动信号曲线

p_1—进口压力曲线；p_2—出口压力曲线

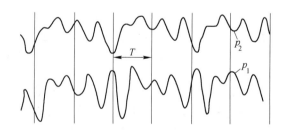

图 10-4   叶片卡滞泵的压力振动信号曲线

p_1—进口压力曲线；p_2—出口压力曲线

（2）功率谱判别准则。图 10-5 和图 10-6 为用 ZMI 故障诊断专家系统软件计算出来的功率谱图。从图中可看出，配流盘磨损泵的能量主要集中在 0、12 倍频上，而叶片卡滞泵的能量主要集中在 2、4、6、8 倍频上。

经过从理论与实践上的反复比较分析，得出叶片泵故障几条判别准则：

1）凡压力平均值、压力振摆、容积效率均合标准的，为正常泵；否则，为故障泵。

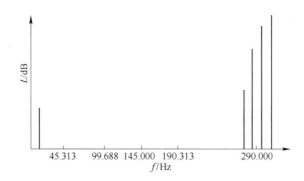

图 10-5 配流盘磨损泵的压力振动信号功率谱

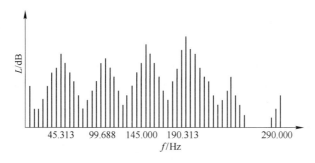

图 10-6 个别叶片卡滞泵的压力振动信号功率谱

2）装配后正常工作一段时间后，容积效率降低，功率谱能量主要集中在 0、12 倍频上的故障泵，为配流盘磨损泵。

3）装配后正常工作一段时间后，压力振摆加大，功率谱能量主要集中在 2、4、6、8 倍频上的故障泵，为个别叶片卡滞泵。

10.2.2 液压马达故障诊断

液压马达与液压泵结构基本相同，其故障及排除方法可参考液压泵故障诊断。液压马达的特殊问题是启动转矩和启动效率等问题。这些问题与液压泵的故障也有一定关系。

（1）液压马达回转无力或速度迟缓。这种故障往往与液压泵的输出功率有关。液压泵一旦发生故障，将直接影响液压马达。

1）液压泵出口压力过低。除溢流阀调整压力不够或溢流阀发生故障外，原因都在液压泵上。由于液压泵出口压力不足，使液压马达回转无力，因而启动转矩很小，甚至无转矩输出。解决的办法是针对液压泵产生压力不足的原因进行排除。

2）油量不够，液压泵供油量不足和出口压力过低，导致液压马达输入功率不足，因而输出转矩较小。此时，应检查液压泵的供油情况。发现液压马达旋转迟缓时，应检查液压泵供油不足的原因并加以排除。

（2）液压马达泄漏。

1）液压马达泄漏过大，容积效率大大下降。

2）泄漏量不稳定，引起液压马达抖动或时转时停（即爬行）。泄漏量的大小与工作压差、油的黏度、马达结构形式、排量大小及加工装配质量等因素有关。这种现象在低速时比较明显。因为低速时进入马达的流量小，泄漏较大，易引起速度波动。

3）外泄漏引起液压马达制动性能下降。用液压马达起吊重物或驱动车轮时，为防止修车时重物下落和车轮在斜坡上自行下滑，必须有一定的制动要求。液压马达进出油口切断后，理论上应完全不转动，但实际上仍在缓慢转动（有外泄漏），重物慢速下落，甚至造成事故。解决办法是检查密封性能，选用黏度适当的油，必要时另设专门的制动装置。

（3）液压马达爬行。液压马达爬行是低速时容易出现的故障之一。液压马达最低稳定转速是指在额定负载下，不出现爬行现象的最低转速。液压马达在低速时产生爬行的原因有：

1）摩擦阻力的大小不均匀或不稳定。摩擦阻力的变化与液压马达装配质量、零件磨损、润滑状况（不良润滑将出现油膜破裂）、油的黏度及污染度等因素有关。例如，连杆型低速大扭矩液压马达的连杆与曲轴间油膜破坏（润滑不良）或滑动面损坏都会出现时动时不动的爬行现象。

2）泄漏量不稳定。泄漏量不稳定将导致液压马达爬行。高速时，因其转动部分及所带的负载惯性大（转动惯性大），爬行并不明显；而在低速时，转动部分及所带负载的惯性较小，就会明显地出现转动不均匀、抖动或时动时停的爬行现象。

为了避免或减小液压马达的爬行现象，维修人员应做到，根据温度与噪声的异常变化及时判断液压马达的摩擦磨损情况，保证相对运动表面有足够的润滑；选择黏度合适的油并保持清洁；保持良好的密封，及时检查泄漏部位，并采取防漏措施。

（4）液压马达脱空与撞击。某些液压马达（如曲柄连杆式），由于转速的提高，会出现连杆时而贴紧曲轴表面，时而脱离曲轴表面的撞击现象。多作用内曲线液压马达做回程运动的柱塞和滚轮，因惯性力的作用会脱离导轨曲面（脱空）。为避免撞击和脱空现象，必须保证回油腔有背压。

（5）液压马达噪声。液压马达噪声和液压泵一样，主要有机械噪声和液压噪声两种。

机械噪声由轴承、联轴节或其他运动件的松动、碰撞、偏心等引起。

液压噪声由压力与流量的脉动，困油容积的变化，高低压油瞬时接通时的冲击，油液流动过程中的摩擦、涡流、气蚀、空气析出、气泡溃灭等引起。

一般噪声应控制在 80 dB 以下。如噪声过大，则应根据其发生的部位及原因，采取措施予以降低或排除。

10.3 液压控制阀故障诊断

液压系统液压故障主要是由控制阀液压故障引起的。对控制阀液压故障诊断处理，能极大地提高液压系统的工作稳定性、可靠性、控制精度及寿命等。控制阀分方向控制阀（换向阀、单向阀等）、压力控制阀（溢流阀、减压阀、顺序阀、压力继电器等）、流量控制阀（节流阀、调速阀等）三大类。

10.3.1 换向阀故障诊断

换向阀是利用阀芯（滑阀）与阀体相对位置的变化来控制液流方向的。对换向阀的主要要求是：换向平稳、冲击小（或无冲击）、压力损失小（减少温升及功率损失）、动作灵敏、响应快、内漏少和动作可靠等。换向阀分为滑阀式换向阀（简称为换向阀）和转阀式换向阀（简称为转阀）。而换向阀按操纵阀芯运动的方式可分为手动、机动（行程）、电磁动、液动、电液动、机液动换向阀（液压操纵箱）等。

10.3.1.1 电磁换向阀

按使用电源不同，电磁换向阀可分为交流电磁阀（220 V 和 380 V）和直流电磁阀（24 V 和 110 V）两种。交流电磁铁电源直接用市电，简单方便，启动力大，动作快，换向时间短（0.01~0.07 s/次）；但缺点是启动电流大，铁芯不吸合而易烧毁线圈，换向冲击大，换向频率不能太高（30 次/min 左右）。直流电磁铁无论是否吸合，其电流基本不变，故不易烧毁线圈，工作可靠性好，换向时间较长（0.1~0.2 s/次），换向冲击小，换向频率较高（允许 120 次/min，高达 240 次/min 以上），但由于需要有直流电源，因此成本较高。当采用交流电磁铁经常烧毁或换向冲击过大时，改用直流电磁铁即可排除上述故障。为了解决专用直流电源问题，另有一种本整型电磁铁，其电磁铁是直流的，但阀上带有整流器，接入的交流电经整流器整成直流后再供给电磁铁，成为使用交流电源的直流电磁阀。当局部要改用直流电磁阀时，可采用本整型电磁阀，虽价格稍高，却效果很好。

电磁铁按照其衔铁是否浸在油中，又可分为干式和湿式两种。干式电磁铁不允许油液进入电磁铁内部，故在推杆上装有密封圈。这既增加了推杆密封处摩擦阻力，又易泄漏。目前常用的就是干式电磁铁。湿式电磁铁的衔铁浸在油中，推杆间不需设密封装置，既减少了运动阻力，又无泄漏。当换向要求较高时，应改用湿式直流电磁铁，这对排除换向阀故障是很重要的。

10.3.1.2 电液换向阀及机液换向阀（操纵箱）

电液换向阀及机液换向阀由先导阀（电磁换向阀、机动换向阀等）、液动换向阀、单向阀及节流阀组成。先导阀控制液动换向阀换向，液动换向阀可控制大流量的执行元件换向。操纵箱就是一个机液换向阀，有控制直线或往复运动、换向停留、断续进给和无级调速等功能。

电液换向阀及机液换向阀常见的故障有：

（1）液动换向阀不换向。产生不换向的原因除换向推杆与先导阀脱开外，还有换向阀两端油道不通（堵塞或节流阀节流口调得过小）或油压调节过低等因素。排除方法是检查、清洗、放松节流阀调节螺钉，适当调高工作压力。

（2）换向时冲击或噪声较大。换向时，滑阀移动速度过快，会产生液压冲击和噪声。控制办法是调小单向节流阀的节流口，减小流量。

（3）换向精度和停留时间不确定。磨床操纵箱换向阀要求换向精度高。换向时，同一速度下换向点的变动应小于 0.02 mm，速度换向精度应小于 0.2 mm，并要求在 0~5 s 内调节。由于换向阀的滑阀卡住或移动不灵活，换向精度和停留时间不稳定。解决办法是检查、清洗或去除有关伤痕或毛刺，若油液污染严重，则应排除污油，更换新油。

10.3.2 溢流阀故障诊断

溢流阀的作用是在系统中实现定压溢流。按其结构不同，可分为直动式和先导式两种。直动式溢流阀用于低压系统调压，或用作远程调压，故又称为调压阀。一般的中高压系统均用先导式溢流阀，多级调压系统亦可用。溢流阀还可以作安全阀、背压阀、压力阀使用，它是压力控制阀中的重要阀类，可应用于所有的液压系统。

10.3.2.1　振动与噪声

振动与噪声是溢流阀的一个突出问题，在使用高压大流量时，振动和噪声更大，有时甚至会出现很刺耳的尖叫声。

低噪声溢流阀在结构上有不少改进。在流量为 50～150 L/min，压力为 6.3～20 MPa，背压为 150～200 kPa 时，其噪声值在 58～72 dB 范围内。

溢流阀产生噪声按原因区分，主要有机械噪声和流体噪声两类。

（1）流体噪声：主要是由空化、高频振动及液压冲击等产生的噪声。

1）空化产生的噪声：发生在主阀芯和阀体之间的节流口部位。油液流经主阀芯与阀座所构成的环形节流口向回油腔喷射时，压力能首先变为动能，然后在下游流道失去动能而变成热能。若节流口下游通道还保持较大的速度值，则压力将低于大气压力，溶解在油中的空气被分离出来，产生大量气泡。当这些气泡被推到下游回油空间和回油管道时，由于液流压力回升而破灭，发生气蚀，产生频率高达 200 Hz 以上的噪声。通过环形节流口的液流冲到主阀芯下端时，也会因产生涡流及剪切流体而发出噪声。

解决的办法有：

① 对溢流阀回油口及回油管进行防漏密封，防止进入空气，或者使回油管段保持一定的低的背压。由于充满了低压油，空气就进不去。防止油液中存有空气，就可防止溢流阀高速溢流时产生空化气蚀而引起噪声。溢流阀回油口和回油管内如有空气，应及时排除。

② 改变阀体内回油腔的结构形状，以损耗能量，使流速降低，压力回升到大气压以上。如设防振块，就有利于降低噪声。

③ 溢流阀主阀弹簧不能太硬，压紧力要适中，使开始溢流时的节流口开大一些，以降低溢流速度，减小溢流的流速声。

2）高频振动引起的高频噪声：溢流阀的尖叫声主要是主阀和先导阀处压力波动大所引起高频振动而产生的。主阀的滑阀芯和阀体孔加工制造的几何精度低，棱边有毛刺，或者体内黏附有污物，使其实际的配合间隙增大，这样，阀在工作过程中由于径向受力不平衡，导致性能很不稳定，就产生振动和噪声。先导阀是一个易振部位，在高压情况下溢流时，先导阀的轴向开口很小，仅为 0.003～0.006 mm，过流面积很小，而流速高，达200 m/s，易引起压力分布不均匀，使锥阀径向力不平衡而产生振动。锥阀和阀座的接触不均匀，是引起压力分布不均匀的内在因素。其主要原因一是锥阀与阀座加工时产生的椭圆度，即接触圆周面的圆度不好，光洁度差。当液压力升高并打开先导阀时，在先导阀和阀座形成的开口周围产生不同大小（开口不一）的液压力迫使调压弹簧受力不平衡，使先导阀振荡加剧，啸叫声刺耳；二是调压弹簧轴心线与端面的垂直度误差很大，弹簧节距不均，调节杆轴心线和与其接触的调压弹簧的端面不垂直度，先导阀圆锥面轴心线和与其接触的调压弹簧的端面不垂直度，都会影响调压弹簧工作时轴心线与其端面的垂直度。装配后调压弹簧实际垂直度变差，先导阀就会歪斜，造成先导阀与阀座接触不均匀；三是调压弹簧轴心线与液压力作用线不相重合，主要是由于调节杆、调压弹簧、先导阀圆锥面的轴心线装配时不重合，装配阀座时镶偏。当调压弹簧与液压力的作用线偏移时，倾斜力矩会使先导阀倾斜，调压弹簧弯曲变形，使锥阀与阀座的接触不均匀。另外，先导阀口上黏附有污物等，都会引起先导阀的振动。所以一般认为，先导阀是发生噪声的振源部位。由于有弹性元件（弹簧）和运动质量（先导阀）的存在，构成了产生振荡的一个条件；而先导阀前腔又起了一个共振腔的作用，所以先导阀经常处于不稳定的高频振动状态，发出颤振声（2000~4000 Hz 的高频声），易引起整个阀共振而发出噪声，且一般多伴有剧烈的压力跳动。高频噪声的发声率与回油管道的配置、压力、流量、油温（黏度）等因素有关。一般情况下，由于管道口径小，流量少，压力高，油液黏度低，自激振动发生率就高，易发生高频噪声。

解决办法有：

① 提高零件的加工制造精度。例如，将滑阀和阀体的圆度提高到 0.002 mm 左右，配合间隙减小到 0.01 mm 左右，先导阀和阀座接触圆周面的圆度误差控制在 0.005mm 以内，光洁度达 0.8 mm 以上，并清洗污物，特别是先导阀和阀座的封油面上的污物，其尖叫声的发生率就可降到 10%以下。

② 加大回油管径，选用适当黏度的油液。主阀弹簧不宜太硬，使溢流阀的溢流量不至于过少而降低高频噪声的产生率。

3）液压冲击产生的噪声：即先导式溢流阀在卸荷时，因液压回路的压力急剧下降而发生压力冲击的噪声。越是高压大流量时，这种噪声越大。这是溢流阀的卸荷时间很短所导致。在卸荷时，由于油液流速急骤变化，引起压力突变，造成压力波的冲击。压力波随油传播到系统中，如果同任何一个机械部件发生共振，就有可能加大振动和增强噪声。故在发生液压冲击时，一般多伴有系统的振动。

解决办法有：

① 在溢流阀遥控油路上设置节流阀，使换向阀打开或关闭时，能增加卸荷时间，以减少液压冲击。

② 在卸荷油路中采用两级卸荷方式，如先用高压，再降至中压溢流，然后由中压卸荷，可减少液压冲击。

另外，溢流阀的噪声与压力、流量及背压的大小有关。调定压力越高，流量越大，其噪声越大。溢流阀的背压过低，易产生空化，噪声增大，但背压过高，也会增大噪声。

（2）机械噪声：一般是由于装配、维护和零件加工误差等原因导致的零件撞击和零件摩擦所产生的机械噪声。主要原因为：

1）滑阀与阀孔配合过紧或过松，都会产生噪声。过紧，滑阀移动困难，从而引起振动和噪声；过松，造成间隙过大，泄漏严重，会引起振动和噪声，液动力等也将导致振动和噪声。所以在装配时，必须严格控制配合间隙。例如，某厂生产的高压溢流阀，在单件试验时发现个别噪声过大，拆换符合配合间隙要求的阀芯后，噪声就降低了。

2）弹簧刚度不够，产生弯曲变形，液动力引起弹簧自振。当弹簧振动频率与系统振动频率相同时，会出现共振。排除方法就是更换弹簧。

3）调压螺母松动。要求压力调节后，一定要拧紧螺母，否则就会产生振动与噪声。

4）出油口油路中有空气时，易产生噪声。要防止空气进入，还要排除已有空气。

5）溢流阀与系统中其他元件产生共振时，会增大振动与噪声。此时，应检查其他元件的安装和管件的固定有无松动。

另外，先导型溢流阀的阀芯磨损后，远程控制腔（控制区）进入空气，阀的流量超过允许最大值。回油管路振动或背压过大等，都会造成尖叫声。

10.3.2.2 压力波动

压力波动是溢流阀很容易出现的故障，这有阀本身的问题，也有受液压泵及系统影响的问题。例如，液压泵流量不均和系统中进入空气等都会造成溢流阀压力波动。溢流阀本身引起压力波动的原因主要有：

（1）控制阀芯弹簧刚度不够，弹簧弯曲变形，不能维持稳定的工作压力。解决办法是更换刚度高的弹簧。

（2）油液污染严重，阻尼孔堵塞，滑阀移动困难。为此，应经常检查油液污染度，必要时换油或疏通阻尼孔。

（3）锥阀或钢球与阀座配合不良。其原因可能是污物卡住或磨损。解决办法是清除污物或修磨阀座。如磨损严重，则需要换锥阀（或钢球）。如果压力波动较大，试用各种办法均排除不了时，垫上木板，将锥阀或钢球向阀座方向轻轻敲打两下，压力波动就可能会下降。

（4）滑阀动作不灵活。可能是滑阀表面拉伤、阀孔碰伤、滑阀被污物卡住、滑阀与孔配合过紧等所致。可先进行清洗并修磨损伤处。不能修磨时，可更换滑阀。

10.3.2.3 压力调整无效

所谓压力调整无效，是指无压力，压力调不上去，或压力上升过大。

调整液压系统压力的正确方法是，首先将溢流阀全打开（即弹簧无压缩），启动液压泵，慢慢旋紧调压旋钮（弹簧压缩量逐渐增加），压力即逐渐上升。如果液压泵启动后，压力迅速上升不止，说明溢流阀没有打开。调整无效的主要原因是：

（1）弹簧损坏（断裂）或漏装。此时，滑阀失去弹簧力的作用，无法调整，应更换弹簧或重新装入弹簧。

（2）滑阀配合过紧或被污物卡死，造成调整压力上升。解决办法是检查、清洗并研修，使滑阀在孔中移动灵活。如果油液污染严重，则需要排出污油，更换新油。

（3）锥阀（或钢球）漏装，使滑阀失去控制，调压无效，解决办法是补装。

（4）阻尼孔堵塞，滑阀失去控制作用。堵塞可能是油液污染所引起。所以，在清洗阻尼孔的同时，必须注意油液的污染度，必要时重新更换新油。

（5）弹簧刚度太差（太软）或弹力不够，应更换新弹簧。

（6）进油口和出油口接反。板式连接的溢流阀，常在连接面上标有"O"（出口）及"P"（进口）的字样，不易接反；而管式连接和类型不同的阀，就容易接反。进、出口无标志的阀，应根据油液的流向加以纠正。

10.3.3 减压阀故障诊断

减压阀液压故障诊断如表10-3所示。一般的减压阀起减压和稳压作用，使出口压力调整到低于进口压力，并保持恒定。

表 10-3　减压阀液压故障诊断

故　障	诊　断	维　修　处　理
不起减压作用	顶盖方向装错，使输出油孔与回油孔沟通	检查顶盖上孔的位置，并加以纠正
	阻尼孔被堵塞	用直径微小的钢丝或针（直径约 1 mm）疏通小孔
	回油孔的螺塞未拧出，油液不通	拧出螺塞，接通回油管
	滑阀移动不灵或被卡住	清理污垢，研配滑阀，保证滑动自如
压力波动	油液中侵入空气	设法排气，并诊断系统进气故障
	滑阀移动不灵或卡住	检查滑阀与孔的几何形状误差是否超出规定或有拉伤情况，并加以修复
	阻尼孔堵塞	清洗阻尼孔，换油
	弹簧刚度不够，有弯曲、卡住或太软	检查并更换弹簧
	锥阀安装不正确，钢球与阀座配合不良	重装或更换锥阀或钢球
输出压力较低，升不高	锥阀与阀座配合不良	拆检锥阀，配研或更换
	阀顶盖密封不良，有泄漏	拧紧螺栓或拆检后更换纸垫
	主阀弹簧太软，变形或在阀孔中卡住，使阀移动困难	更换弹簧，检修或更换已损零件
振动与噪声	先导阀（锥阀）在高压下压力分布不均匀，引起高频振动，产生噪声（与溢流阀同）	按溢流阀振动与噪声故障诊断处理
	减压阀超过流量时，出油口不断升压—卸压—升压—卸压，使主阀芯振荡，产生噪声	使用时，不宜超过其公称流量，将其工作流量控制在公称流量以内

10.3.4　顺序阀故障诊断

顺序阀液压故障诊断如表 10-4 所示。顺序阀是用来控制两个或多个执行元件的动作顺序（先后）的。常用的顺序阀分为直控顺序阀、液控顺序阀、卸荷阀和平衡阀。

表 10-4　顺序阀液压故障诊断

故　障	诊　断	维修处理	故　障	诊　断	维修处理
根本建立不起压力	阀芯卡住	研磨修理	达不到要求值或与调定压力不符	弹簧太软、变形	更换弹簧
	弹簧折断或漏装	更换或补装		阀芯有阻滞	研磨修理
	阻尼孔堵塞	清洗		阀芯装反	重装
压力波动	弹簧刚性差	更换弹簧		外泄漏油腔存有背压	清理外泄回油管道
	油中有气体	排气		调压弹簧调整不当	反复调整
	液控油压力不稳	调整液控油压力	振动与噪声	油管不适合，回油阻力过高	降低回油阻力
				油温过高	降低油温

10.3.5　压力继电器故障诊断

压力继电器是将液压力转换为电信号的元件，它由压力阀和微动开关组成。安装时，必须处于垂直位置，调节螺钉头部向上，不允许水平安装或倒装。调整时，逆时针转动为升压，顺时针方向转动为降压。调整后应锁定，以免因振动而引起变化。微动开关的原始位置，由于调压弹簧的作用，可通过杠杆把常开变成常闭，这一点接线时应注意。其故障诊断如表 10-5 所示。

表 10-5　压力继电器液压故障诊断

故　障	诊　断	维　修　处　理
灵敏度差	微动开关行程太大	调整或更换行程开关
	杠杆柱销处摩擦力大	拆出杠杆清洗，保证转动自如
	柱塞与杠杆间顶杆不正	使柱杆衔入顶座窝，减少摩擦力
	安装不当（如水平或倾斜）	改为垂直安置，减少杠杆与壳体的摩擦力
不发信号	指示灯损坏	更换
	线路不畅通	检修线路
	微动开关损坏	修理或更换

10.3.6　流量阀液压故障诊断

流量阀液压故障诊断如表 10-6～表 10-8 所示。

表 10-6　节流阀液压故障诊断

故　障	诊　断	维　修　处　理
节流失调或调节范围不大	节流口堵塞，阀芯卡住	拆检清洗，修复，更换油液，提高过滤精度
	阀芯与阀孔配合间隙过大，泄漏较大	检查磨损、密封情况，并进行修复或更换
执行机构速度不稳定	油中杂质黏附在节流口边缘上，通流截面减小，速度减慢。当杂质被冲洗后，通流截面增大，速度又上升	拆洗节流器，清除污物，更换精过滤器。若油液污染严重，应更换油液
	系统温升，油液黏度下降，流量增加，速度上升	采取散热、降温措施，当温度变化范围大、稳定性要求高时，可换成带温度补偿的调速阀
执行机构速度不稳定	节流阀内，外漏较大，流量损失大，不能保证运动速度所需要的流量	检查阀芯与阀体间的配合间隙及加工精度，对于超差零件进行修复或更换。检查有关连接部位的密封情况或更换密封圈
	低速运动时，振动使调节位置变化	锁紧调节杆
	节流阀负载刚度差，负载变化时，速度也突变，负载增大，速度下降，造成速度不稳定	系统负载变化大时，应换成带压力补偿的调速阀

表 10-7　调速阀液压故障诊断

故　障	诊　断	维　修　处　理
压力补偿装置失灵	主阀被脏物堵塞	拆开清洗、换油
	阀芯或阀套小孔被脏物堵塞	拆开清洗、换油
	进油口和出油口的压力差太小	提高此压力差
流量控制手轮转动不灵活	控制阀芯被脏物堵塞	拆开清洗、换油
	节流阀芯受压力太大	降低压力，重新调整
	在截止点以下的刻度上，进口压力太高	不要在最小稳定流量以下工作

故　障	诊　断	维　修　处　理
执行机构速度不稳定 （如逐渐减慢突然增快 或跳动等）	节流口处积有脏物，使通流截面减小，造成速度减慢	加强过滤，并拆开清洗、换油
	内、外泄漏，造成速度不均匀，工作不稳定	检查零件尺寸精度和配合间隙，检修或更换已损零件
	阻尼结构堵塞，系统中进入空气，出现压力波动及跳动现象，使速度不稳定	清洗有阻尼装置的零件，检查排气装置是否工作正常，保持油液清洁
	单向调速阀中的单向阀密封不良	研合单向阀
	油温过高（无温度补偿）	若为温度补偿调速阀，则无此故障，温度补偿的调速阀，应降低油温

表 10-8　行程节流阀（减速阀）液压故障诊断

故　障	诊　断	维　修　处　理
达不到规定的最大速度	弹簧软或变形，弹簧作用力倾斜	更换弹簧
	阀芯与阀孔磨损间隙过大而内泄	检修或更换
移动速度不稳定	油中脏物黏附在节流口上	清洗、换油、增设过滤器
	阀的内、外泄漏	检查零件配合间隙和连接处密封
	滑阀移动不灵活	检查零件的尺寸精度，加强清洗

　　流量控制阀是在一定的压差下，通过改变节流口大小来控制油液流量，从而控制执行元件（液压缸和液压马达）的运动。所以，流量阀的工作质量直接影响执行元件的速度。常用的流量阀有节流阀、调速阀（压力补偿调速阀）、温度补偿调速阀、减速阀等。调速阀是由定差减压阀和节流阀串联而成，能自动保持节流阀前后压力差不变，使执行元件的运动速度不受负载变化的影响。温度补偿调速阀是在调速阀上增加一根温度补偿杆，以补偿油温升高所造成的流量不稳，并采用薄刃式节流口，以确保流量稳定。

10.3.7　电液比例阀故障诊断

　　电液比例阀是电液比例控制系统的关键元件，其性能好坏直接影响系统正常工作。及时处理该阀在工作中出现的故障将有效地提高企业经济效益。电液比例阀故障诊断如表 10-9 所示。

表 10-9　电液比例阀故障诊断

故　障	诊　断	维　修　处　理
压力阀阻尼孔堵塞	调低比例阀起始电流，压力始终处于较低值，不能调节	打开阀体，取出阻尼孔清洗
压力阀起始压力过大	调低比例阀最小电流，起始压力仍然偏高，不能降下	先导阀阀座位置设置不合理，调节好阀座位置后锁紧
阀芯卡滞	改变控制电流，液压参数基本不变	在确认电磁铁完好的情况下拆开阀体，清洗阀芯
阀芯磨损	在控制电流不改变条件下液压参数不稳定（压力波动大等）或内泄漏增大或元件温度和噪声异常	研磨修复阀芯外形或更换阀芯

故　障	诊　断	维　修　处　理
线圈损坏	常温下测量线圈电阻，阻值无穷大或与实际阻值差距超过 5%	更换电磁铁
内置放大器受潮或腐蚀	零点漂移远且无规律性或输入输出线性度改变，元件工作性能不稳定	改善工作环境，清洗干燥内置放大器，并对元件电气仓密封进行加强

10.3.8　电液伺服阀故障诊断

　　电液伺服阀是电液伺服系统的关键元素。该元件结构复杂，精度高，对油液清洁度要求十分高，在系统中能进行闭环控制，可用于位置控制、速度控制、加速度控制、力控制、同步控制等场合。电液伺服阀价格高，对其进行有效诊断维修十分重要。电液伺服阀的诊断维修如表 10-10 所示。

表 10-10　电液伺服阀故障诊断

故　障	诊　断	维　修　处　理
喷嘴挡板和射流管阀阻尼孔或喷嘴堵塞	阀芯处于单边全开口位置，控制信号改变，主阀芯不动作	打开阀体，取出阻尼孔清洗或拆下先导级清洗喷嘴
喷嘴挡板阀反馈杆变形	控制信号为零时阀芯处于单边部分开口位置	更换元件或调节零位控制电流进行零位补偿
喷嘴挡板阀反馈杆折断	控制信号变化时阀芯分别处于两边全开口位置，液压参数与控制信号无比例关系	更换元件
阀内置过滤器污染	阀的响应下降，动作迟缓，线性度下降	清洗或更换内置过滤器
主阀芯磨损	内泄漏增大、阀控系统零位稳定性下降	更换元件
线圈损坏	常温下测量线圈电阻，阻值无穷大或与实际阻值差距超 3%	更换电磁铁
内置放大器受潮或腐蚀	零点漂移远且无规律性或输入输出线性度变差，元件工作性能不稳定	改善工作环境，清洗干燥内置放大器，并对元件电气仓密封进行加强

10.4　液压辅件液压故障诊断

10.4.1　压力表故障诊断

　　（1）压力表波登弹簧管破裂。

　　1）表现为瞬时压力急剧升高，超过表面刻度值，压力很快降至零，以后就无法测压。

　　2）诊断为常用压力下因压力波动或管内产生急剧的脉冲压力所致，瞬时冲击压力很高，达常用压力的 3~4 倍。

　　3）维修处理：

　　① 在压力表管接头处加一缓冲器，一般利用直管节流孔、螺旋槽节流孔、圆管间隙节流、针阀式可变节流等阻尼装置。节流孔过小，有时会被尘埃等杂质堵塞和加工困难，故节流孔径以不大于 $\phi 0.8$ mm 为宜。

　　② 装有压力表开关时，则应把开关关小些，以产生阻尼。

（2）压力表指针摆动厉害。故障产生原因与压力表波登弹簧管破裂的相同。除上述处理方法外，若无压力表开关，可在压力表接头的小孔中攻丝拧进 M3 或 M4、长 4~5 mm 的螺杆，利用螺纹间隙产生阻尼。这样处理后，如压力表指针不动或不灵敏，可拆下小螺杆，将其圆柱面上锉平一些，以增大间隙。

（3）压力表读数不准确。

1）压力超过了波登管的弹性极限时，因波登管伸长而引起读数不准。处理方法同前。

2）当齿条和小齿轮不良时读数不准。应及时修理齿条和小齿轮。如齿条和小齿轮在常压下长时间的压力波动，致使齿面产生磨损，从而导致读数不准，应予以更换。

3）由于长时间的机械振动，使表芯的扇形齿轮和小齿轮的齿面磨损，以及游丝缠绕等原因，造成读数不准，应更换已损零件，及时修理。另外，为了防振，可加防振橡胶，将压力表和振动源隔开。

（4）压力表指针脱落。指针脱落主要是由于长时间机械振动而使指针或齿轮的锥面配合松动。应及时修理或更换已损零件。为了消除振动，也可加防振橡胶。

（5）压力表指针不能回零。

1）波登弹簧管疲劳，有所伸长而不能恢复到原位，故指针不能回零。除更换弹簧管外，还可回转表盘对零，但精度不高。

2）指针和齿轮等位移或间隙过大。应及时修理，更换已损零件。

（6）压力表指针超过最大刻度值（冲针过零位）。这主要是压力太高，超过压力表指针刻度值所致。应及时清除压力波动或脉冲压力。

总之，压力表的液压故障，主要是由两种原因引起的：一是由压力波动和急剧变化而产生脉动压力所致，约占损坏原因的 70%；二是由压力表机械振动引起的，约占损坏原因的 30%。

10.4.2 压力表开关故障诊断

（1）测压不准确。压力表开关中一般设有阻尼孔，由于油液中污物卡住，将阻尼调节过大时，会引起压力表指针摆动缓慢或迟钝，测出的压力值也不准确。解决方法一是注意油液的清洁，二是将阻尼孔的大小调节适当。

（2）内泄漏增大，测压不准确，或各测点压力互串。产生原因是阀芯和阀孔的配合损伤或磨损过大。处理办法一是研磨修复，二是更换无法修复的已损零件。

10.4.3 过滤器故障诊断

（1）污垢。滤芯捕捉的污垢来源于油液中的颗粒。如有金属屑的存在，可诊断为液压泵和液压马达磨损故障；若有过量的灰尘，则可诊断为管接头松动或密封失效故障。

（2）滤纸状态。滤纸状态是判断滤芯温度和通流情况的依据。大多数纸式滤芯可承受 167 ℃的温度。温度过高，会烤焦滤纸或使浸渍树脂过热，致使纸式滤芯变脆。流量过大，则把纸褶永久性地压在一起，使滤芯的通过能力严重下降，下降高达 80%。

（3）滤芯变形。油液压力随滤芯的堵塞而增大，可使滤芯变形以致损坏。金属网式（特别是单层金属网式）、板式及金属粉末烧结式过滤器的滤芯更易发生变形。当工作压力超过 10 MPa 时，即使滤芯具有足够刚度的骨架支撑，也会发生凹陷、弯曲、变形或击穿。故应使油液从滤芯的侧面或从切线方向进入，避免从正面直接冲击滤芯。

（4）过滤器脱焊。过滤器脱焊即网式过滤器在高压下使金属网和铜骨架脱离。网式过滤器通常使用低焊点（183℃以下）的锡铅焊料，在高温、高压下工作时，由于高压冲击故易于脱焊。解决办法是，采用熔点高达 300℃以上的银焊料或熔点为 235℃的银镉焊料，效果很好。

（5）滤芯脱粒。烧结式过滤器滤芯颗粒在高压、高温、液压冲击及系统振动下，发生脱粒（青铜粉微粒）。解决方法是，金属粉末烧结式过滤器在使用前应对滤芯进行强度试验，试验项目为在 10 g 的振动条件下，不允许掉粒；在 21 MPa 压力下工作 1 h，应无金属粉末脱粒；用手摇泵做冲击载荷试验，加压速率为 10 MPa/s 时，应无破坏现象。

（6）过滤器堵塞。

1）表现为油液不通畅，阻力增大，流量减小，严重时几乎堵死。特别是液压泵吸油口的过滤器堵塞，会引起噪声和气蚀现象。

2）诊断。对于金属网式过滤器，主要是纤维性污物缠绕，一般为金属碎屑及密封材料碎屑等。

3）维修处理。应及时清理，并更换已损的滤芯。每隔 1~2 周取出滤芯进行清理和检查，以诊断污染的来源。

10.4.4　蓄能器故障诊断

蓄能器按其构造可分为重锤式、弹簧式、油气直接接触式、隔膜式、活塞式、气囊式等几种。其中后两种应用较广，其故障诊断如表 10-11 所示。

表 10-11　蓄能器液压故障诊断

故　障	诊　断	维　修　处　理
蓄能器供油不均	活塞或气囊运动阻力不均	检查活塞密封圈或气囊运动是否受阻碍，及时排除
充气压力充不起来	氮气瓶内无氮气或气压不足	应更换氮气瓶
	气阀泄气	修理或更换已损零件
	气囊或蓄能器盖向外泄气	固紧密封或更换已损零件
蓄能器供油压力太低	充气压力不足	及时充气，达到规定充气压力
	蓄能器漏气，使充气压力不足	固紧密封或更换已损零件
蓄能器供油量不足	充气压力不足	及时充气，达到规定充气压力
	系统工作压力范围小且压力过高	系统调整
	蓄能器容量选小了	重选蓄能器容量
蓄能器不供油	充气压力太低	及时充气，达到规定充气压力
	蓄能器内部泄油	检查活塞密封圈及气囊泄油原因，及时修理或更换
	液压系统工作压力范围小，压力过高	进行系统调整
系统工作不稳	充气压力不足	及时充气，达到规定充气压力
	蓄能器漏气	固紧密封或更换已损零件
	活塞或气囊运动阻力不均	检查受阻原因，及时排除

10.4.5 油冷却器故障诊断

油冷却器有水冷式和风冷式两种。其故障诊断如表 10-12 所示。

表 10-12　油冷却器液压故障诊断

故　障	诊　断	维 修 处 理
油中进水	水冷式油冷却器的水管破裂漏水	及时检查进行焊补
冷却效果差	水管堵塞或散热片上有污物黏附，冷却效果降低	及时清理，恢复冷却能力
	冷却水量或风量不足	调大水量或风量
	冷却水温过高	检测温度，设置降温装置

10.4.6 非金属密封件故障诊断

非金属密封件一般采用耐油丁腈橡胶、夹织物耐油橡胶、聚氨酯橡胶等模压而成，还可用聚四氟乙烯和尼龙加工制成。其故障诊断如表 10-13 所示。

表 10-13　非金属密封件液压故障诊断

故　障	诊　断	维 修 处 理	故　障	诊　断	维 修 处 理
挤出间隙	压力过高	调低压力，调置支撑环或挡圈	膨胀（发泡）	与液压油不相溶	更换液压油或密封圈
	间隙过大	检修或更换		被溶剂溶解	严防与溶剂（如汽油、煤油等）接触
	沟槽等尺寸不合适	检修或更换		液压油劣化	更换液压油
	放入状态不良	重新安装或检修更换	损坏、黏着、变形	压力过高、负载过大、工作条件不良	增设支撑环或挡圈
老化开裂	温度过高	检查油温，及时检修或更换		密封件质量太差	检查密封件质量
	存放和使用时间太长，自然老化变质	更换		润滑不良	加强润滑
	低温硬化	调整油温，及时更换		安装不良	重新安装或检修更换
表面磨损与损伤	密封配合表面运动摩擦损伤	检查油液杂质、配合表面加工质量和密封圈质量，及时检修或更换	收缩	与油液不相容	更换液压油或密封圈
				时效硬化或闭置干燥收缩	更换
	装配时切破损伤	检修或更换	扭曲	横向（侧向）负载作用所致	采用挡圈加以消除
	润滑不良造成磨损	查明原因，加强润滑			

──────── **重点内容提示** ────────

了解液压缸、液压泵、换向阀、溢流阀、电液伺服阀的故障及排除方法。

1. 分析高频响伺服液压缸可能产生什么故障，如何排除？
2. 新安装的轴向柱塞泵为什么要注入油液到泵内才能启动？
3. 内泄液控单向阀安装在回油背压力高的回路上，为什么该阀打不开？
4. 分析溢流阀在系统中无法调压时，可能是什么故障？
5. 分析有哪些原因能造成指针压力表测压不准确。

11 液压基本回路故障诊断

思政之窗：

盾构机有"工程机械之王"的称号，是衡量一个国家地下施工装备制造水平的标志之一。盾构机绝大部分工作机构是由液压基本回路组成的液压系统来完成。液压系统可以说是盾构机的心脏。虽然我国盾构机研发制造起步较晚，但是经过 10 多年的艰苦奋斗。技术和制造以及故障诊断水平有很大提高，不仅打破了国外垄断，现在还成为出口数量第一的国家。

液压系统由一些基本回路组成，液压基本回路是由一些液压元件组合起来，并完成特定功能的简单液压系统。例如，调节执行元件（液压缸或液压马达）运动速度的调速回路，控制系统全部或局部压力的调压回路，改变执行元件运动方向的换向回路等。熟悉和掌握这些回路的组成、原理和性能，对液压设备的设计、使用、维护与正常运行是非常重要的。

液压系统的故障主要出现在液压基本回路上，而回路的故障主要是由于设计考虑不周、元件选用不当、安装调试不合理、维护使用不当等因素造成的。因此，深入分析、研究液压回路的故障，并采取相应的对策，是液压系统故障诊断的重要一环。排除液压基本回路的故障，整个液压系统就能恢复正常的运行状态。

11.1 液压能源装置故障诊断

液压能源装置是向液压系统输送压力油的装置，所以也称为液压动力源。液压能源装置由液压泵、油箱、调压阀等主要元件组成，当它出现故障，整个液压系统就无法工作。

11.1.1 输不出压力油

图 11-1 所示液压系统中，液压泵 2 为 YBN 型限压式变量叶片泵，换向阀 5 为三位四通 M 型电磁换向阀。启动液压泵，调节溢流阀 3，压力表 4 指针不动作，说明无压力；启动电磁阀进行换向，液压缸 6 不动作。当电磁换向阀处于中位时，系统没有液压油回油箱 1。

检测溢流阀和液压缸，工作性能参数均正常。

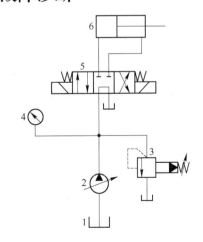

图 11-1 液压系统不输出压力油
1—油箱；2—液压泵；3—溢流阀；4—压力表；
5—电磁换向阀；6—液压缸

三位四通换向阀不论处于任一位置，均没有油流过换向阀。可能是液压泵没有吸入压力油，而无压力油输出。

液压泵不能吸进液压油的原因可能有：液压泵的转向不对；吸油过滤器严重堵塞或容量太小；油液的黏度过高或温度过低；吸油管路漏气；过滤器没有全部浸入油液或油箱液面过低；叶片在转子槽中卡死；液压泵至油箱液面高度大于 500 mm；等等。

经检查，泵的转向正确，过滤器工作正常，油液的黏度、温度合理，泵运转时无异常噪声，泵的安装位置符合要求。将液压泵解体，检查泵内各零部件，叶片在转子槽中滑动灵活，但发现可移动的定子环卡死于零位附近。变量叶片泵的输出流量与定子相对转子的偏心距成正比。定子卡死于零位，就是偏心距为零。变量叶片泵密闭的工作腔逐渐增大为吸油过程，密闭的工作腔逐渐减小为压油过程，这完全是由于定子和转子存在偏心距而形成的。当其偏心距为零时，密闭的工作腔容积不变化，所以不能完成吸油、压油过程，因此，动力源也就无液压油输入，系统也就不能工作。

故障原因判断正确后，相应的排除方法也比较容易了。排除的具体步骤是：将叶片泵解体，清洗并正确装配，重新调整泵的上支撑盖和下支撑盖螺钉，使定子、转子和泵体的水平中心线互相重合，定子在泵体内调整灵活，无较大的上下窜动，从而避免定子不能调整的故障。

11. 1. 2　初始启动液压泵不吸油

图 11-2 所示液压系统中，液压泵为轴向柱塞泵，其初始启动时不吸油。

首先分析一下泵的初始启动问题，初始启动有两种情况：

（1）新安装完毕的液压设备，初始启动时，必须向液压泵内灌满油液（特别是叶片泵和柱塞泵），以排除泵内空气，润滑泵内各运动件。否则，泵内零件将急剧磨损，甚至被破坏。例如，叶片泵的叶片与转子槽因润滑不好而甩不出来或进入不到转子槽内，将导致划伤定子内曲面，甚至折断叶片。同样，柱塞泵内因无油液，滑履与斜盘之间以及缸体与配油盘之间未形成静压而造成剧烈磨损，损坏液压泵。另外，因泵内未排出去的空气作用液压泵也会产生很大的振动和噪声。

（2）间断性使用的液压设备，液压泵和管道内可能进入一些空气，此时，不一定再向泵内灌油，而可采用其他相应措施排除泵内空气。例如，将泵排油侧的压力表接头缓缓放松，使之排气，待空气排净后，再拧紧接头；或将溢流阀的调节压力降到最低值，待液压泵正常工作后，再重新调定液压系统的压力值。这些措施都可以使液压泵初始启动时完成正常吸油过程。

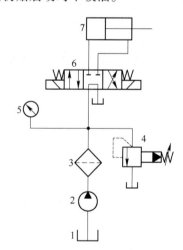

图 11-2　液压泵初始启动不吸油

1—油箱；2—液压泵；3—过滤器；
4—溢流阀；5—压力表；6—电磁
换向阀；7—液压缸

液压设备初始启动是非常重要的阶段，必须在一切技术准备工作完成后，经技术人员认可，方可启动。否则，液压系统的有关部分（如液压泵）就可能被损坏。

11.1.3 液压回路设计不周，导致温度过高

图 11-3（a）所示系统中，液压泵是定量柱塞泵，系统中各元件工作正常，但液压泵异常发热，系统中油液温度过高。液压系统采用调速回路，其调速方式为回油节流调速。定量泵输出的压力油一部分进入液压缸，一部分从溢流阀溢回油箱，溢回油箱的压力油从高压降为零，那么这部分压力油的压力能除少量转换为动能损失外，大部分转换为热量而使油温升高。如果液压油的温度升得过高，影响液压系统正常工作，应增设有足够容量的冷却器，控制液压系统中油液的温度。

将图 11-3（a）所示系统改为图 11-3（b）所示系统，即将节流阀安置在液压缸有杆腔与换向阀之间，并换为单向节流阀，以达到快退时进油路经单向阀直接进入液压缸的有杆腔，实现快退动作行程。

系统中，液压泵的温度较油箱内温度高，一般是正常的。但该泵的温度比油箱温度高得太多，经测试液压泵的温度比油箱的温度要高 20 ℃ 左右。这是什么原因造成的呢?

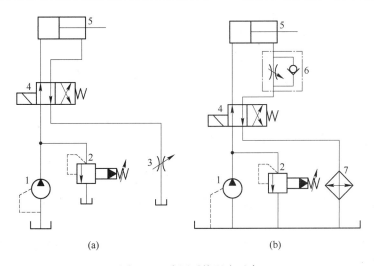

(a)   (b)

图 11-3　液压系统温度过高

1—液压泵；2—溢流阀；3—节流阀；4—电磁换向阀；5—液压缸；6—单向节流阀；7—冷却器

高压泵运转时，泵内运动件的配合间隙将产生从高压向低压流量泄漏。泄漏形成的功率损失基本全部转变成热。另外，机械运动件之间也产生机械摩擦热。这两种热量的形成是不可避免的。但这种功率损失转化为热的程度是可以控制的。这是液压泵性能和质量的一项重要指标。

当液压泵的温度过高，必然影响系统正常工作，因此应采取措施降低泵的温升。例如，增设泵壳体内油液冷却的循环回路，使温度较低的油液流进壳体内，壳体内较高温度的油液导回油箱内散热。图 11-3（a）所示系统中，液压泵的外泄油路接在泵的吸油管上了，泵壳体内的热油全部进入泵的吸油腔，再一次使温度升高。液压油的温度升高，其黏度显著下降。低黏度油液的泄漏量更大，于是发热量也更大。如此恶性循环，造成泵的壳体异常发热，使整个液压泵处于高温下不正常运转。

此外，油液温度过高，加大泄漏量，导致泵的排量减小，液压缸的速度将会受到影

响。同时，由于温升，密封性能显著下降，泄漏更加严重，造成液压泵的压力达不到调定值。

可见，系统中液压泵的外泄油管接入吸油管是不妥的，应单独接回油箱（见图11-3（b）），使热油在油箱内充分散热后再参与系统的油液循环，经过如此处理，液压泵壳体温度下降到正常状态。

11.1.4　双泵合流产生噪声

图11-4所示为双泵供油系统，泵1为高压小流量泵，泵2为低压大流量泵。当系统执行机构快速运动时，泵2输出的油经单向阀4与泵1输出的压力油共同向系统供油。当工作行程时，系统压力升高，打开液控顺序阀（卸荷阀）3使大流量泵2卸荷，泵1单独向系统供油。这时，系统工作压力由溢流阀5调定。单向阀4在系统工作压力作用下关闭。这种双泵供油系统由于功率损耗小，所以应用较多。但当双泵合流进行快速运动时，发现液压泵及输出管路产生异常噪声。

液压泵噪声的一般原因有：吸油管或过滤器堵塞；泵内吸进空气，产生困油与气蚀现象；压力与流量脉动；泵固定不牢；泵轴与电机轴不同心；泵内零件损坏；运动部件卡死或不灵活；等等。

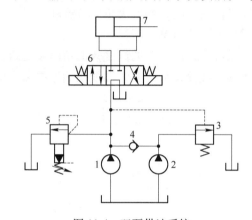

图11-4　双泵供油系统
1—高压小流量泵；2—低压大流量泵；3—液控顺序阀；
4—单向阀；5—溢流阀；6—电磁换向阀；7—液压缸

对该系统进行检查，均不属于上述原因。经反复检查，发现是由于双泵输出油液合流位置距离泵的出口太近，测量值为100 mm。

一般液压泵的排油口附近液体流动呈紊流状态，紊流将产生大量旋涡。双泵快速供油系统中，两股涡流汇合，流动方向急剧改变。这样，一方面产生液压冲击和发出强烈振动和噪声，另一方面产生局部真空，油液中析出气泡，气泡运动到高压处，被压缩破裂，出现气蚀现象，从而产生噪声。

此外，由于流体的冲击与振动，导致机械零件的变形与振动，也会引起机械噪声。

若双泵排油管合流处距泵口大于200 mm，噪声就能基本消除。

11.1.5　油箱振动

图11-5所示液压系统中，液压泵为定量泵，调速阀装在回油路上，液压缸正反方向都要求调速。调速阀调速的本质属于节流调速，所以在系统运行过程中，有压力油从溢流阀流回油箱。检测有关部分，溢流阀工作正常，油箱安装合理。但发现油箱各处均有较大振动，并发出噪声。

油箱发生振动和噪声的情况并不多见。由于油箱的作用是存油、散热和除污，其中包括除去系统中的空气，因此油箱发生振动和噪声，可能与吸油排油的流动状态有关。

实践证明，油箱的振动一般都是由于溢流阀溢流时的油流冲击引起的。当大量液压油通过溢流阀溢回油箱时，由于能量的转换和流道阻尼作用，这股油流的动能在管道和油箱中耗散，导致油管和油箱振动。另外，这股油流的热能也在油管和油箱中耗散，导致油箱中油液的温度升高。如果回油管油流的出口方向正对箱壁，那么油流冲击引起的油箱振动就更加严重。

通常解决油箱振动的办法是增大回油管直径，或改换大容量溢流阀，目的是降低回油液流的速度，从而达到减小油流对油箱的冲击。

此外，适当改变回油管出油口方向，避免油流对油箱直接冲击，也可起到减小油箱振动的效果。但溢流阀的回油管出油口也不能完全避开油箱侧壁。当油箱的振动和噪声不是主要矛盾时，油箱侧壁应接受一定的油流冲击，以承担消耗油流部分动能的作用，同时避免了因高速油流对油箱中油液的直接冲击而引起的剧烈搅动。被搅动的油液所包容的空气不易排出，污物不便清除，不利于液压系统的净化，还会大大降低油液的使用寿命。为此，回油的油流出口方向应以一定的斜角对着油箱的箱壁，同时，用加强肋的方法来提高油箱的刚度，避免出现较大振动和噪声。

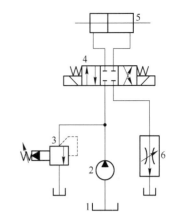

图 11-5　油箱振动
1—油箱；2—液压泵；3—溢流阀；4—电磁换向阀；5—液压缸；6—调速阀

11.2　压力控制回路故障诊断

压力控制回路是利用压力控制阀来控制系统整体或部分压力的回路。压力阀控制的压力回路可以用来实现稳压、减压、增压和多级调压等控制，满足执行元件在力和转矩方面的要求。

压力控制回路的故障可能是回路设计不周、元件选择不当或压力控制元件出现故障等原因引起。回路其他方面出现故障可能是管路安装有缺陷等原因。

11.2.1　系统调压与溢流不正常

11.2.1.1　溢流阀主阀芯卡住

图 11-6 所示的系统中，液压泵 2 为定量泵，三位四通电磁换向阀 5 为 Y 型机能，当该阀处于中位时，液压泵不卸荷，液压泵输出的压力油全部由溢流阀 4 流回油箱。系统中溢流阀为 YF 型先导式溢流阀，其结构为三级同心式。即主阀芯上端的小圆柱面、中部大圆柱面和下端锥面分别与阀盖、阀体和阀座内孔配合，三处同心度要求较高。这种溢流阀用在高压大流量系统中，调压溢流性能较好。

将系统中换向阀置于中位，调整溢流阀的压力时发现，当压力值在 10 MPa 以下，溢流阀正常工作，当压

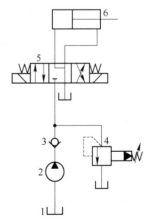

图 11-6　溢流阀主阀芯卡住
1—油箱；2—液压泵；3—单向阀；4—溢流阀；5—电磁换向阀；6—液压缸

力调整到高于 10 MPa 的任一压力值时，系统发出像吹笛一样的尖叫声，此时，可以看到压力表指针剧烈振动。经检测发现，噪声来自溢流阀。

在三级同轴高压溢流阀中，主阀芯与阀体、阀盖有两处滑动配合，如果阀体和阀盖装配后的内孔同轴度超出设计要求，主阀芯就不能灵活地动作，而是贴在内孔的某一侧做不正常运动。当压力调整到一定值时，就必然激起主阀芯振动。这种振动不是主阀芯在工作运动中出现的常规振动，而是主阀芯卡在某一位置（此时因主阀芯同时承受着液压卡紧力）而激起的高频振动。这种高频振动必将引起弹簧特别是调压弹簧的强烈振动，并出现噪声。

另外，由于高压油不通过正常的溢流口溢流，而是通过被卡住的溢流口和内泄油道溢回油箱。这股高压油流在系统特定的运行条件下将发出高频率的流体噪声并产生振动。这就是溢流阀在压力低于 10 MPa 时不发生尖叫声的原因。

有些 YF 型溢流阀产品，阀盖与阀体配合处有较大的自由度，在装配时，应调整同轴度，使主阀能灵活运动，无卡紧现象。在拧紧阀盖上四个紧固螺钉时，应按装配工艺要求，依一定的顺序用定矩扳手拧紧，使拧紧力矩基本相同。

在检测溢流阀发现阀盖孔有偏心时，应进行修磨，消除偏心。主阀芯与阀体配合滑动面若有污物，应清洗干净。若被划伤，应修磨平滑。目的是恢复主阀芯滑动灵活的工作状态，避免产生振动和噪声。另外，主阀芯上的阻尼孔，在主阀芯振动时有阻尼作用。当工作油液黏度较低或温度过高时，阻尼作用将相应减小。因此，选用合适黏度的油液和控制系统温升过高也有利于减振降噪。

11.2.1.2　溢流阀控制容腔压力不稳定

图 11-7 所示系统中，液压泵为定量泵。在三位四通换向阀回到中位时，液压缸不动作。系统卸荷是由先导式溢流阀与二位二通电磁阀组成的卸荷回路。但是，当液压系统安装完毕，进行调试时，系统发生剧烈地振动和噪声。

经检测发现，振动和噪声产生于溢流阀。拆检溢流阀，阀内零件、运动件配合间隙，阀内清洁度，安装等方面都符合设计要求。将溢流阀装在试验台上测试，性能参数均属正常，而装入该系统就发生故障。

经分析，发现卸荷回路中，溢流阀的远程控制口到二位二通电磁阀输入口之间的配管长度较短时，溢流阀不产生振动和噪声；当配管长度大于 1 m 时，溢流阀便产生振动，并出现异常噪声。

故障原因是长管路增大了溢流阀的控制容腔（先导阀前腔）的容积。容腔的容积越大

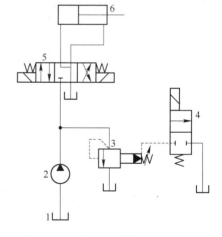

图 11-7　溢流阀控制容腔压力不稳定
1—油箱；2—液压泵；3—溢流阀；4—二位二通电磁阀；5—三位四通电磁阀；6—液压缸

越不稳定，并且长管路中易残存一些空气，这样容腔中的油液在二位二通换向阀通或断时，压力波动较大，引起先导阀（或主阀）自激振荡而产生噪声。此种噪声也称高频啸叫声。

因此，当对溢流阀进行远程调压或卸荷时，一般应使远程控制管路短而细，以减小容积。或者设置一个固定阻尼孔，以减小压力冲击及压力波动。固定阻尼孔就是一个固定节流元件，其安装位置应尽可能靠近溢流阀远控口，这样流体的压力冲击与波动将迅速衰减，能有效地消除溢流阀的振动和啸叫声。溢流阀的远程控制口的油液回油箱时被节流，将会增加控制容腔内油液的压力，这样系统的卸荷压力也相应提高了。为了防止系统卸荷压力过分提高，固定节流元件的阻尼孔不宜太小，只要能消除振动与噪声即可。

11.2.1.3　溢流阀调定压力不稳定

图 11-8 所示的液压系统中，液压泵 1 和 2 分别向液压缸 7 和 8 供压力油，换向阀 5 和 6 都为三位四通电磁换向阀。启动液压泵，系统开始运行时，溢流阀 3 和 4 压力不稳定，并发出振动和噪声。

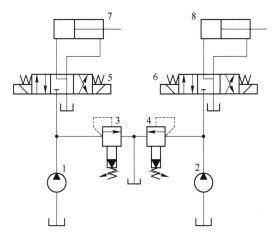

图 11-8　溢流阀调定压力不稳定

1，2—液压泵；3，4—溢流阀；5，6—三位四通电磁换向阀；7，8—液压缸

试验表明，只有一个溢流阀工作时，其调定压力稳定，也没有明显的振动和噪声。当两个溢流阀同时工作时，就出现上述故障。

从图 11-8 所示的液压系统中可以看出，两个溢流阀除有一个共同的回油管路外，并没有其他联系。显然，故障就是由这一个共同的回油管路造成的。

解决方法是，将两个溢流阀的回油管路分别接回油箱，避免相互干扰。若由于某种因素，必须合流回油箱时，应将合流后的回油管加粗，并将两个溢流阀均改为外部泄漏型，即将经过锥阀阀口的油液与主阀回油腔隔开，单独接回油箱，就成为外泄型溢流阀。

11.2.1.4　溢流阀产生共振

图 11-9（a）所示液压系统中，泵 1 和泵 2 是同规格的定量泵，同时向系统供液压油，三位四通换向阀 7 中位机能为 Y 型，溢流阀 3 和 4 也是同规格，分别装于泵 1 和泵 2 的输出口油路上，调定压力均为 14 MPa。启动运行时，系统发出鸣笛般的啸叫声。经调试发现噪声来自溢流阀，并发现当用一台泵工作时，噪声消失，两泵同时工作时，发生啸叫声。可见，噪声原因是两个溢流阀在流体作用下发生共振。

在这系统中，泵输出的压力油本来就是脉动的，双泵输出的压力油经单向阀后合流，发生流体冲击与波动，引起单向阀振荡，从而导致液压泵出口压力油不稳定，因此泵输出

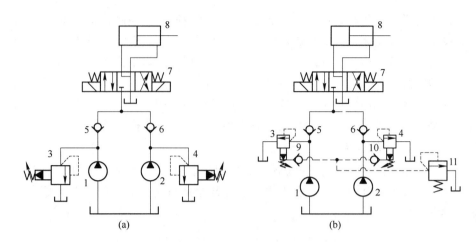

图 11-9　溢流阀共振

1，2—液压泵；3，4，11—溢流阀；5，6，9，10—单向阀；7—三位四通换向阀；8—液压缸

的压力油将强烈波动，并激起溢流阀振动。又因为两个溢流阀的固有频率相同，故引起溢流阀共振，并发出异常噪声。

排除这一故障一般有以下几种方法：

（1）将溢流阀 3 和 4 用一个大容量的溢流阀代替，安置于双泵合流处，这样溢流阀虽然也会振动，但不太强烈，因为排除了共振的产生条件。

（2）将两个溢流阀的调定压力值错开 1 MPa 左右，也能避免共振发生。此时，将任一台泵的溢流阀压力调至液压系统的工作压力，另一台泵的溢流阀压力应高于 1 MPa 压力调定，使两台泵保持 1 MPa 的压力差即可。

（3）将图 11-9（a）所示回路改为图 11-9（b）所示回路的形式。即将两个溢流阀的远程控制口接到一个远程溢流阀 11 上，系统的调整压力由溢流阀 11 确定。溢流阀 3、4 的调定压力值必须高于溢流阀 11 的最高调整压力。因为远程溢流阀的调整压力范围必须低于溢流阀的先导阀的调整压力，才能有效工作，否则远程溢流阀就不起作用了。

11.2.1.5　溢流阀远程控制回路泄漏

图 11-10 所示液压系统中，液压泵 1 为定量泵，换向阀 3 为三位四通电液换向阀，溢流阀 2 的回油口接冷却器 6，溢流阀的远程控制口接小规格的二位二通电磁换向阀 4。当二位二通换向阀电磁铁通电时，换向阀接通，系统卸荷；二位二通换向阀不通电时，系统正常工作。该液压系统运行已达一年以上，逐渐发现系统的压力调不上去。过去系统压力能调到 14 MPa，而现在只调到 12 MPa 就再也调不上去了。

液压系统压力上不去的主要原因有：液压泵 1 出现故障；溢流阀 2 的调压值改变了，即溢流阀先导阀的调整手柄位置变动了；先导阀产生了故障，如锥阀磨损严重、污物置于阀口使锥阀封闭不严；油液选用黏度太低；因冷却器出现故障，使油温升高，油的黏度降低，内泄漏增加；电磁铁产生故障，使阀芯未能完全恢复到原位，或阀芯卡住，弹簧力不能使阀芯复位，但实际上并未到位，阀口仍有微小开度；压力表损坏。

检查结果是因换向阀 4 的 B 口泄漏（3YA 不通电时），致使溢流阀的远程控制口总有部分油液回油箱，于是溢流阀的控制容腔内油液压力达不到推动先导阀所需压力值，使主

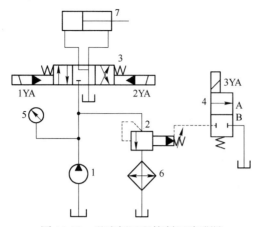

图 11-10 溢流阀远程控制回路泄漏
1—液压泵；2—溢流阀；3—三位四通电液换向阀；4—二位二通电磁换向阀；
5—压力表；6—冷却器；7—液压缸

阀阀口打开溢流，所以压力调不上去。

　　对于这一系统，应首先排掉被污染的液压油，并彻底清洗液压元件和整个液压系统，消除引起液压元件不正常磨损的因素，再更换新的二位二通换向阀，这样，系统的工作压力就能达到调定值。

11.2.2 减压阀阀后压力不稳定

　　图 11-11 所示系统中，液压泵为定量泵，主油路中液压缸 7 和 8 分别由二位四通电液换向阀 5 和 6 控制运动方向。电液换向阀的控制油液来自主油路。减压回路与主油路并联，压力油经减压阀 3 减压后，通过二位四通电磁换向阀 4 控制液压缸 9 的运动方向。电液换向阀控制油路的回油路与减压阀的外泄油路合流后返回油箱。系统的工作压力由溢流阀 2 调节。

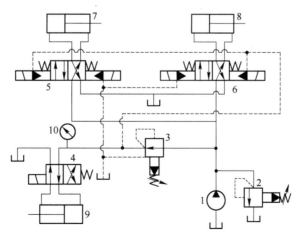

图 11-11 减压阀阀后压力不稳定
1—液压泵；2—溢流阀；3—减压阀；4—二位四通电磁换向阀；
5，6—二位四通电液换向阀；7~9—液压缸；10—压力表系统中主油路工作正常。但在减压回路中，减压阀出口压力波动较大，使液压缸 9 的工作压力不能稳定在调定值 1 MPa 上。

在减压回路中，减压阀的出口压力即减压回路的工作压力，发生较大的波动是经常出现的故障现象。其主要原因有以下几个方面：

（1）减压阀的进口压力低于出口压力，致使减压阀出口压力不能稳定。所以，在主油路执行机构负载变化的工况中，最低工作压力低于减压阀出口压力时，回路的设计就应采取必要措施，如减压阀的阀前增设单向阀，单向阀与减压阀之间还可以增设蓄能器等，以防止减压阀的进口压力变化时低于减压阀的出口压力。

（2）执行机构的负载不稳定。在减压回路中，减压阀的出口压力要降低，直到降为零压。负载增大时，减压阀的出口压力随之增大，当压力随负载增大到减压阀的调节压力时，压力就不随负载增大而增大，而保持在减压阀的调定压力值上。所以，在变负载工况下，减压阀的出口压力值是变化的，这个变化范围，只能低于减压阀的调定值，而不会高于这个调定值。

（3）液压缸的内外泄漏。在减压回路中，泄漏会影响减压阀出口压力的稳定。影响的程度，要看泄漏量的大小。当泄漏量较小时，由于减压阀的自动调节功能，减压阀的出口压力不会降低；当泄漏量较大时，如果液压系统的工作压力和流量不能补偿减压阀的调定作用时，减压阀的出口压力就不能保持在稳定的压力值上，将会发生明显下降，使减压回路失去工作能力。

（4）液压油污染。由于液压油中的污物较多，减压阀的阀芯运动不畅，甚至卡死。如果减压阀的主阀芯卡死在阀口开度较大或较小位置时，减压阀的出口压力就要高于或低于调定值；如果减压阀的先导锥阀与阀座由于污物而封闭不严，则减压阀的出口压力就要低于调定值。因此，要经常检查油液的污染状况。检查清洗减压阀是很必要的。

（5）外泄油路有背压。减压阀内的控制油路为外泄油路，即控制油液推开锥阀后，单独回油箱。如果这个外泄油路上有背压，而且背压在变化，则直接影响推动锥阀的压力油的压力，引起压力变化，从而导致减压阀的出口工作压力变化。

图 11-11 所示系统中的故障现象，经检查分析，是由于减压阀外泄油路有背压变化造成的。

不难看出，系统中电液换向阀 5 和 6 在换向过程中，控制油路的回油流量和压力是变化的。而减压阀的外泄油路的油液也是波动的，两股油液合流后产生不稳定的背压。经调试发现，当电液换向阀 5 和 6 同时动作时，压力表 10 的读数达 1.5 MPa。这是因为电液换向阀在高压控制油液的作用下，瞬时流量较大，在泄油管较长的情况下，产生较高的背压。背压增高，使减压阀的主阀口开度增大，阀口的局部压力损失减少，所以减压阀的工作压力升高。

为了排除这一故障，应将减压阀的外泄油管与电液换向阀 5 和 6 的泄漏油管分别单独接回油箱，这样减压阀的外泄油液能稳定地流回油箱，不会产生干扰与波动，减压阀压力也就会稳定在调定的压力值上。

通过以上分析可以看出，系统的设计、安装过程中在了解各元件的工作性能的同时，应认真考虑元件之间是否会相互干扰。

11.2.3 顺序动作回路工作不正常

11.2.3.1 顺序阀选用不当

图 11-12（a）所示的系统中，液压泵 1 为定量泵，液压缸 8 所属回路为进油节流调速回路。液压缸 8 的负载是液压缸 9 负载的二分之一。液压缸 9 前设置了顺序阀 4，其压力调定值比溢流阀 2 低 1 MPa。要求液压缸动作的顺序是缸 8 动作完了缸 9 再动作。但系统调试时，不能实现缸 8 先动作缸 9 后动作的顺序。

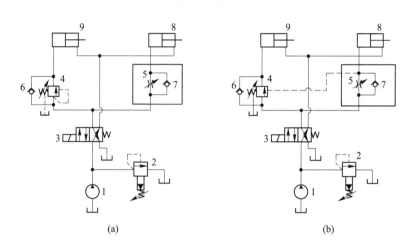

图 11-12　顺序阀选用不当
1—液压泵；2—溢流阀；3—换向阀；4—顺序阀；5—节流阀；6，7—单向阀；8，9—液压缸

系统中，虽然液压缸 8 的负载是缸 9 负载的二分之一，并且缸 9 前安装了顺序阀，原理上应该能实现缸 8 先动作，缸 9 后动作的顺序。但其实不然，因为通向液压缸 8 的油路为节流阀进油节流调速回路，系统中的溢流阀 2 起定压和溢流作用，总有一部分油液从溢流阀流回油箱。液压缸 9 前安装的是直控顺序阀，也称内控式顺序阀。在溢流阀溢流时，系统工作压力已达到打开顺序阀的压力值。所以在液压缸 8 运动时，液压缸 9 也开始动作。

如果将回路改进成如图 11-12（b）所示的回路，将直控顺序阀 4 换成外控顺序阀，并且将顺序阀的远控油路接在液压缸 8 与节流阀之间的油路上，将远控顺序阀的控制压力调得比液压缸 8 的负载压力稍高，就能实现缸 8 先动作，缸 9 后动作的顺序。动作过程是，启动液压泵调节溢流阀的阀前压力，电磁换向阀通电后左位工作，压力油一部分通过节流阀进入液压缸 8，推动缸 8 运动，一部分压力油经溢流阀溢回油箱。当液压缸 8 运动到终点时，其负载压力迅速增高，并达到外控顺序阀的控制压力时，外控顺序阀主油路接通，液压缸 9 开始动作。

这里有两点应该注意：一是外控顺序阀的控制油路不能接在节流阀前；二是液压系统中溢流阀的调定压力应按液压缸 9 的负载压力调定，否则不能排除上述故障。原因是液压缸 9 的负载是液压缸 8 负载的二倍，液压缸 9 的工作压力是液压系统的最高压力，所以整个液压系统的工作压力应按液压缸 9 能正常动作来调定。

11.2.3.2 压力调定值不匹配

图 11-13 所示系统中，液压泵 1 为定量泵，顺序阀 5 控制液压缸 6 在液压缸 7 运动到终点后再动作；顺序阀 4 控制液压缸 6 在液压缸 7 回到初始位置时再开始同程运动。

在系统运动中发现液压缸 6 的运动速度比预定的速度慢。液压缸运动速度比预定速度慢，一般有以下几方面的原因：

（1）液压泵流量未达到要求值。液压系统的压力油是由液压泵供给的，一般选用合理的泵不会出现供油不足现象。油液污染、过滤器堵塞等是造成泵吸油不足，影响泵的输出流量的原因。液压泵使用时间较长，泵内零件严重磨损，内泄漏严重，容积效率下降，也是造成泵流量不足的原因。

（2）换向阀内部泄漏严重。由于各种原因滑阀与阀套间隙增大，泄漏量增大，从而使流入液压缸的流量减少。

（3）液压缸本身内部泄漏严重。泄漏的原因是活塞与缸筒间隙过大，或活塞密封圈破损。

对该系统故障进行检查，均不属于上述所分析的原因。在检查溢流阀的回油管时，发现当液压缸 6 运动时，有大量油液从回油管流出。可见溢流阀开始溢

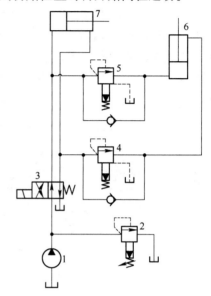

图 11-13　压力调定值不匹配
1—液压泵；2—溢流阀；3—换向阀；
4，5—顺序阀；6，7—液压缸

流，说明溢流阀与顺序阀压力调定值不匹配。当把溢流阀的压力调到比顺序阀的压力高 0.5~0.8 MPa 时，回路故障立即消除。

在压力控制系统中，压力阀压力调定值的匹配是非常重要的。不同的系统应根据实际情况，对各种压力阀进行合理的调节。在该系统中，顺序阀 4 和 5 的调节压力应比液压缸 7 的工作压力高 0.4~0.5 MPa。如果溢流阀 2 的压力也按这一数值调节，那么在顺序阀打开时，溢流阀也开始溢流。或溢流阀的压力调得虽比顺序阀高，但高出的数值不够，这样当液压缸 6 在运动过程中外载荷增大时，即液压缸 6 的工作压力达到溢流阀的调定压力时，溢流阀便开始溢流，液压缸 6 的运动速度便会慢下来。

11.3　速度控制回路故障诊断

液压传动的优点之一是能进行无级调速。液压系统的调速方法，一般有节流调速、容积调速以及容积与节流联合调速。速度调节是液压系统的重要内容。液压系统的执行机构速度不正常，液压机械就无法工作。

下面概括分析液压系统速度控制的主要故障和产生原因，然后再结合典型系统实例，分析故障的原因和排除方法。

（1）执行机构（液压缸、液压马达）不能低速运动的主要原因。

1）节流阀的节流口堵塞，导致无流量或小流量。

2）调速阀中定差式减压阀的弹簧过软，使节流阀前后压差低于 0.2~0.35 MPa，导致

通过调速阀的流量不稳定。

3）调速阀中定差式减压阀卡死，造成节流阀前后压差随外负载而变。常遇到的是由于负载较小，导致速度达不到要求。

（2）负载增加时速度显著下降的主要原因。

1）液压缸活塞或系统中元件的泄漏随负载增大而增大。

2）调整调速阀中的定差减压阀到打开位置，当负载增加时，通过调速阀的流量下降。

3）液压系统中油温升高，油液黏度下降，导致泄漏增加。

（3）执行机构"爬行"的主要原因。

1）系统中进入空气。

2）导轨润滑不良、导轨与缸轴线不平行、活塞杆密封压得过紧、活塞杆弯曲变形等原因，导致液压缸工作时摩擦阻力变化较大而引起"爬行"。

3）在进油节流调速系统中，液压缸无背压或背压不足，外负载变化时导致液压缸速度变化。

4）液压泵流量脉动大，溢流阀振动造成系统压力脉动大，引起压力油波动而产生"爬行"。

5）节流阀的阀口堵塞，系统泄漏，调速阀中的减压阀芯不灵活造成流量不稳定而引起"爬行"。

11.3.1 节流阀前后压差小致使速度不稳定

图 11-14 所示系统中，液压泵 1 为定量泵，节流阀 6 在液压缸的进油路上，所以系统是进油节流调速系统。换向阀 4 采用三位四通 O 型机能电磁换向阀。系统回油路上装单向阀 3 作背压阀用。由于是进油节流调速系统，所以在调速过程中溢流阀 2 是常开的，起定压与溢流作用。

系统的故障现象是液压缸推动负载运动时，运动速度达不到调定值。

经检查，系统中各元件工作正常，油液温度为 40 ℃，属正常温度范围。溢流阀的调节压力比液压缸工作压力高 0.3 MPa，压力差值偏小，即溢流阀的调节压力较低，是产生上述故障的主要原因。

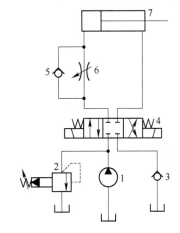

图 11-14 进油节流调速系统
1—液压泵；2—溢流阀；3，5—单向阀；
4—换向阀；6—节流阀；7—液压缸

故障的排除方法是提高溢流阀的调节压力到 0.5~1 MPa，使节流阀的前后压差达到 0.2~0.3 MPa 的压力值，液压缸的运动速度就能达到要求。

从以上分析不难看出，在节流阀调速回路中一定要保证节流阀前后压差达到一定数值，低于这数值，执行机构的运动速度就不稳定，甚至使液压缸产生"爬行"。

11.3.2 调速阀前后压差过小

图 11-15 所示系统中，液压泵 1 为定量泵，换向阀 4 为三位四通 O 型电液换向阀，调速阀装在液压缸的回油路中，所以这个回路是回油节流调速回路。

系统的故障现象是在外负载增加时，液压缸的运动速度明显下降。这个现象与调速阀的调速特性显然是不一致的。

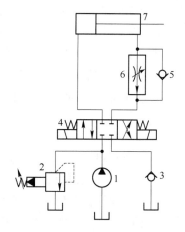

经检测与调试发现，系统中液压元件工作正常。液压缸运动在低负载时，速度基本稳定，增大负载时，速度明显下降。调节溢流阀的压力，当将溢流阀的压力调高时，故障现象基本消除，将溢流阀的压力调低时，故障现象表现非常明显。

在调速阀中，两个液阻是串联的，所以要保持调速阀稳定工作，其前后压差要高于节流阀调速时的前后压差。一般，调速阀前后压差要保持在 0.5~0.8 MPa 范围内。若小于 0.5 MPa，定差式减压阀不能正常工作，也就不能起到压力补偿作用，节流阀前后压差也就不能恒定。于是通过调速阀的流量便随外负载变化而变化，执行机构的速度也就不稳定。

图 11-15　回油节流调速系统

1—液压泵；2—溢流阀；3、5—单向阀；
4—换向阀；6—调速阀；7—液压缸

要保证调速阀前后的压差在外负载增大时仍保持在允许的范围内，必须提高溢流阀的调节压力值。溢流阀的调定压力要保证与负载压力、回路压力损失相平衡，即：

$$(p_1 - \Delta p_2 - \Delta p_3)A_1 = F + (\Delta p_4 + \Delta p_2 + \Delta p_5 + \Delta p_3)A_2$$

$$p_1 = \frac{F + (\Delta p_4 + \Delta p_2 + \Delta p_5 + \Delta p_3)A_2}{A_1} + \Delta p_2 + \Delta p_3 \tag{11-1}$$

式中　p_1——溢流阀调定压力；

A_1——液压缸无杆腔活塞面积；

A_2——液压缸有杆腔油腔面积；

Δp_2——换向阀的压力损失；

Δp_3——管路的压力损失；

F——外负载；

Δp_4——调速阀前后压差；

Δp_5——背压阀前后压差。

从式（11-1）可知，溢流阀的调节压力，必须满足式（11-1）的取值范围才能使执行机构运动速度在变负载下保持恒速。所以该系统故障排除方法是增高溢流阀的调定压力值。

另外，这种系统执行机构的速度刚性，也要受到液压缸和液压阀的泄漏、减压阀中的弹簧力等因素变化的影响，在全负载下的速度波动值最高可达±4%。

11.4　方向控制回路故障诊断

在液压系统的控制阀中，方向阀在数量上占有相当大的比重。方向阀的工作原理比较简单，它是利用阀芯和阀体间相对位置的改变实现油路的接通或断开，以使执行元件启动、停止（包括锁紧）或换向。

方向控制回路的主要故障及其产生原因有以下几个方面：

（1）换向阀不换向的原因。

1）电磁铁吸力不足，不能推动阀芯运动。

2）直流电磁铁剩磁大，使阀芯不复位。

3）对中弹簧轴线歪斜，使阀芯在阀内卡死。

4）滑阀被拉毛，在阀体内卡死。

5）油液污染严重，堵塞滑动间隙，导致滑阀卡死。

6）由于滑阀、阀体加工精度差，产生径向卡紧力，使滑阀卡死。

（2）单向阀泄漏严重，或不起单向作用的原因。

1）锥阀与阀座密封不严，须重新研磨封油面。

2）锥阀或阀座被拉毛，或在环形密封面上有污物。

3）阀芯卡死，油流反向时锥阀不能关闭。

4）弹簧漏装或歪斜，使阀芯不能复位。

11.4.1　液压缸退回未达到要求

图 11-16 所示系统中，液压泵 1 为定量泵，换向阀 3 为二位四通电磁换向阀，节流阀 5 在液压缸的回油路上，因此系统为回油节流调速系统。液压缸 6 回程液压油由单向阀进入液压缸的有杆腔。溢流阀 2 在系统中起定压和溢流作用。

系统故障现象是液压缸回程时速度缓慢，没有达到最大回程速度。

对系统进行检查和调试，液压缸工作运动正常，但快退回程时不正常，检查单向阀，其工作正常。液压缸回程时无工作负载，此时系统压力应较低，液压泵的出口流量全部输入液压缸有杆腔，使液压缸产生较高的速度。但发现液压缸回程速度缓慢，而且此时系统压力还很高。

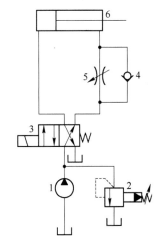

图 11-16　液压缸退回未达要求
1—液压泵；2—溢流阀；3—换向阀；
4—单向阀；5—节流阀；6—液压缸

拆检换向阀，发现换向阀回位弹簧不仅弹力不足，而且存在歪斜现象，导致换向阀的滑阀在电磁断电后未能回到原始位置，于是滑阀的开口量过小，对通过的油液起节流作用。液压泵输出的压力油大部分由溢流阀溢回油箱，此时换向阀阀前压力已达到溢流阀的调定压力，这就是液压缸回程时压力升高的原因。

由于大部分压力油溢回油箱，经过换向阀进入液压缸有杆腔的油液必然较少，所以液压缸回程达不到最大速度。

这种故障的排除方法是：更换合格的弹簧。如果是由于滑阀精度差而产生径向卡紧，应对滑阀进行修磨，或重新配制。一般阀芯的圆度和锥度允差为 0.003～0.005 mm。最好使阀芯有微量锥度（可为最小间隙的四分之一），并使它的大端在低压腔一边，这样可以自动减小偏心量，从而减小摩擦力，减小或避免径向卡紧力。

引起阀芯回位阻力增大的原因还可能有：脏物进入滑阀缝隙中而使阀芯移动困难；阀

芯和阀孔间的间隙过小，以致当油温升高时阀芯膨胀而卡死；电磁铁推杆的密封圈处阻力过大，以及安装紧固电磁阀时使阀孔变形等。找出卡紧的真实原因后，排除也就比较容易。

11.4.2 控制油路无压力

图 11-17 所示系统中，液压泵 1 为定量泵，溢流阀 2 用于溢流和定压，电液换向阀 3 为 M 型机能，控制油路为内控外排式，液压缸 4 为单出杆式。

系统故障现象是当电液阀中电磁阀换向后，液动换向阀不动作。

检测液压系统，在系统不工作时，液压泵输出压力油经电液阀中液动阀的中位直接回油箱，回油路无背压。检查液动阀的滑阀运动正常，无卡紧现象。启动系统运行时，由于泵输出油液是通过 M 型液动阀直接回油箱，所以无压力，电液换向阀的控制油路也无压力。当电液阀中的电磁阀换向后，控制油液不能推动液动阀换向。

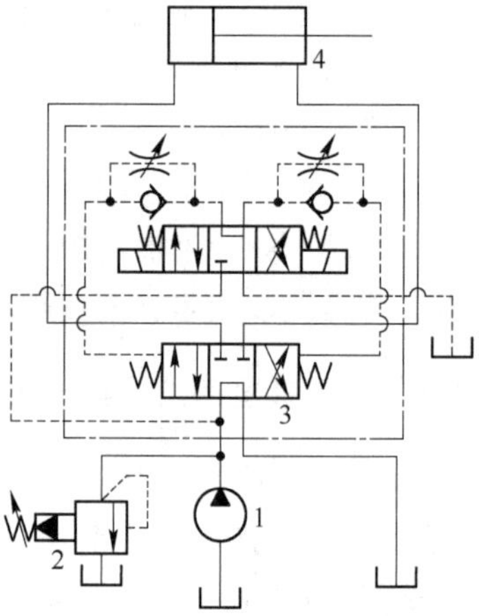

系统出现这样的故障属于设计不周造成的。排除这个故障的方法是：在整个系统的回油路安装一个背压阀（可用直动式溢流阀作背压阀，使背压可调），保证系统卸荷时油路中还有一定压力。

图 11-17 控制油路无压力
1—液压泵；2—溢流阀；3—电液换向阀；4—液压缸

电液阀控制的油路压力，对于高压系统来说，控制压力要相应提高，如对 21 MPa 的液压系统，控制压力需高于 0.35 MPa；对于 32 MPa 的液压系统，控制压力需高于 1 MPa。

这里还应注意的是，在有背压的系统中，电液阀必须采用外排油，不能采用内排油形式。

11.4.3 液压缸紧锁时出现微小移动

图 11-18 （a）所示系统中，三位四通电磁换向阀 3 中位机能为 O 型。当液压缸 10 无杆腔进入压力油，缸的有杆腔油液由节流阀 7（回油节流调速）、二位二通电磁阀 9（快速下降）、液控单向阀 6 和顺序阀 4（作平衡阀用）流回油箱。三位四通电磁换向阀换向后，液压油经单向阀和液控单向阀进入液压缸有杆腔，实现液压缸回程运动。液压缸行程由行程开关 XK_1 和 XK_2 控制。

系统的故障现象是在换向阀处于中位时，液压缸不能立即停止运动，而是偏离指定位置一小段距离，即定位不准确。

系统中由于换向阀采用 O 型，当换向阀处于中位时，液压缸进油管内压力仍然很高，常常打开液控单向阀，使液压缸的活塞下降一小段距离，偏离行程开关，这样当下次发信号时，就不能正确动作。这种故障在液压系统中称为"微动作"故障，虽然不会直接引起大的事故，但同其他机械配合时，可能会引起二次故障，或对液压系统精度要求较高时，此故障是不允许的，因此必须消除。

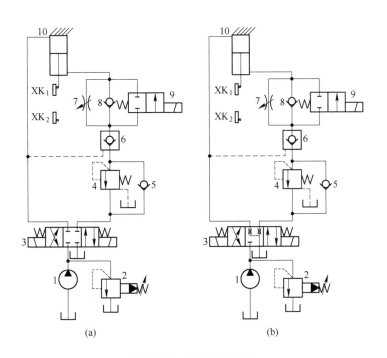

图 11-18　液压缸微动作

1—液压泵；2—溢流阀；3—三位四通电磁换向阀；4—顺序阀；5，8—单向阀；
6—液控单向阀；7—节流阀；9—二位二通电磁阀；10—液压缸

故障排除方法如图 11-18（b）所示，将三位四通换向阀中位机能由 O 型改为 Y 型，这样当换向阀处于中位时，液压缸进油管和油箱接通，液控单向阀迅速关闭，锁紧液压缸，从而避免活塞下滑现象。

11.4.4　换向阀换向滞后引起的故障

图 11-19（a）所示系统中，液压泵 1 为定量泵，三位四通换向阀 3 中位机能为 Y 型。节流阀 5 在液压缸的进油路上，所以此系统为进油节流调速系统。溢流阀 2 起定压溢流作用。液压缸 6 快进、快退时，二位二通阀接通。

液压缸开始快退动作前，先出现向工作方向前冲，然后再完成快退动作。此种现象影响加工精度，严重时还可能损坏工件和刀具。在组合机床和自动生产线液压系统中，一般要求液压缸实现快进→工进→快退的工作循环。工作循环的工作速度转换时，要求平稳无冲击。

对上述故障进行分析，这是因为液压系统在快退工作时，三位四通电磁换向阀和二位二通换向阀必须同时换向，由于三位四通换向阀换向时间的滞后，即在二位二通换向阀接通的一瞬间，有部分压力油进入液压缸工作腔，使液压缸出现前冲。当三位四通换向阀换向终了后，压力油才全部进入液压缸的有杆腔，无杆腔的油液才经二位二通阀回油箱。三位换向阀比二位换向阀换向滞后的现象，设计液压统时应充分考虑。

排除上述故障的方法是：在二位二通换向阀和节流阀上并联一个单向阀，如图 11-19（b）所示。液压缸快退时，无杆腔油液经单向阀回油箱，二位二通阀仍处于关闭状态，这样就避免了液压缸前冲的故障。

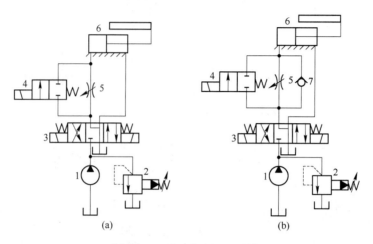

图 11-19　进油节流调速系统

1—液压泵；2—溢流阀；3—三位四通换向阀；4—二位二通换向阀；

5—节流阀；6—液压缸；7—单向阀

11.5　平衡回路故障诊断

（1）回路简介。图 11-20 为一液压平衡回路。为避免液压缸 1 在驱动负载的运动过程中负载越过中立位置后急剧向下摆动，回路中设置了外控顺序阀 2 和 3。当液压缸推动负载向右摆动时，液压缸无杆腔进油路的油液压力达到打开外控顺序阀 3 时，液压缸才能推动负载运动。反之，当液压缸拉动负载向左摆动时，液压缸有杆腔进油路的油液压力达到打开外控顺序阀 2 时，液压缸才能拉动负载运动。

（2）回路存在的问题。在负载运动过程中，液压缸产生强烈的振动和冲击。

（3）问题原因分析。在液压缸推动负载向右摆动工况下，根据负载机构的力矩平衡得：

$$F = W\left(1 + \frac{b}{a}\right)\cot\theta \tag{11-2}$$

式中　W——负载重力；

　　　F——液压缸对负载机构作用力；

a，b，θ——负载机构几何尺寸、角度，见图 11-20。

由式（11-2）作出如图 11-21 所示的负载工况曲线。

根据液压缸的力平衡得：

$$p_1 = p_2 \frac{A_2}{A_1} + \frac{F}{A_1} \tag{11-3}$$

式中　p_1，A_1——无杆腔的压力和作用面积；

　　　p_2，A_2——有杆腔的压力和作用面积。

当负载越过中位向右下摆动时，$F<0$，从式（11-3）可以看出无杆压力 p_1 迅速下降。

当进油路压力降至不能打开外控顺序阀 3 时，外控顺序阀 3 立即关闭，此时正是液压缸在负载拉动下向右下运动，有杆腔的油液迅速向外排出之时。所以当外控顺序阀 3 关闭时，液压缸有杆腔的油液无法回油箱，无杆腔的压力 p_1，迅速增高，当 p_1 增高到能打开外控顺序阀 3 的时候，液压缸有杆腔的油液直通油箱，负载又向下急剧摆动。这样的过程重复发生，于是就形成振动和冲击。

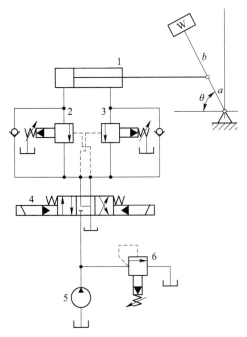

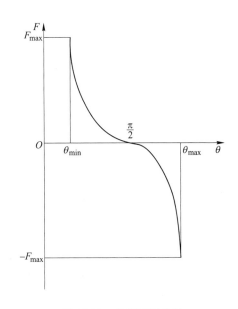

图 11-20　液压平衡回路

1—液压缸；2，3—外控顺序阀；4—电液换向阀；

5—液压泵；6—溢流阀

图 11-21　负载工况曲线

　　在液压缸拉动负载向左摆动工况下，当负载越过中位向左下摆动时，同样会出现振动和冲击现象。这主要是由于负载工况从正负载变为负负载引起的。

　　（4）解决措施。在外控顺序阀 2 和 3 的出油管路上分别设置节流阀 7 和 8，如图11-22所示。当负载越过中位时，液压缸回油腔内的油液需通过节流阀才能流回油箱，通过节流阀的流量为：

$$Q = C_\mathrm{d} A \sqrt{\frac{2}{\rho} \Delta p} \tag{11-4}$$

式中　Q——通过节流阀的流量；

　　　C_d——流量系数；

　　　A——节流阀的开口面积；

　　　ρ——油液密度；

　　　Δp——节流阀前后压差。

从式（11-4）可以看出，当节流阀的开口面积 A 调定后，有流量通过节流阀时就在节

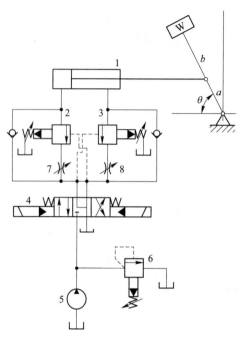

图 11-22　改进后的平衡回路

1—液压缸；2，3—外控顺序阀；4—电液换向阀；5—液压泵；6—溢流阀；7，8—节流阀

流阀前后产生压差，由于节流阀出口压力为零（直通油箱），所以在节流阀进口，即液压缸的回油腔产生背压，并且这个压力随节流阀的开度而变化。因此，液压缸进油腔的压力在出现负负载的工况下，也不会迅速下降，外控顺序阀不会关闭。于是在负载由正到负的变化过程中，液压缸仍能平稳地运动。

　　或者在电液动换向阀进、出油口中装压力补偿阀，当油路上出现负负载时能自动平衡，使液压缸平稳地运动。

　　（5）启示与思考。此例说明，负载工况分析在液压系统设计中是至关重要的。对承受载荷方向交变的系统，要仔细分析受力情况，绘制工况图后，再进行液压系统的设计。如果已制造成液压设备并安装到位后，再进行修改，会给施工带来困难，影响按期投产。

11.6　液压升降回路故障诊断

11.6.1　升降台液压回路

　　（1）回路简介。某升降台液压回路如图 11-23 所示，用双泵双回路控制两个顶升液压缸，实现双缸同时并同步动作或单缸动作。两个回路对应的液压元件规格相同，管路通径及长短相同。

　　（2）回路存在的问题。液压泵 1 和 2 同时启动，溢流阀 3 和 4 压力不稳定，并发出振动和噪声，同时两缸不同步。

　　（3）问题原因分析。试验表明，只有一个泵启动单缸动作时，图 11-23 所示升降台液压回路溢流阀调整的压力稳定，也没有明显的振动和噪声。当双泵同时启动，即两个溢流阀同时工作时就出现上述故障。

分析液压回路可以看出，两个溢流阀除了有一个共同的回油管路外，并没有其他联系。显然，故障原因是共用同一个回油管路。如果总回油管路仍按单独回路的通径设计和选取，则必使双泵同时供油时溢流阀回油口背压增高。

假定总回油管路内径为 d，单泵工作时总回油管路内的流速为 v_1，沿程阻力损失为 Δp_1；双泵工作时总回油管路内流速为 v_2，沿程阻力损失为 Δp_2。

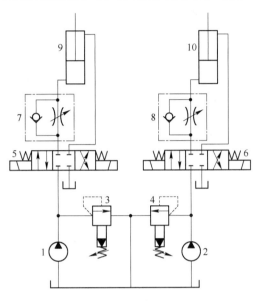

图 11-23　升降台液压回路

1，2—液压泵；3，4—溢流阀；5，6—电磁换向阀；7，8—单向节流阀；9，10—液压缸

双泵工作时的流量是单泵工作时的 2 倍，即

$$\frac{\pi}{4}d^2v_2 = 2\left(\frac{\pi}{4}d^2v_1\right)$$

则
$$v_2 = 2v_1$$

单泵工作时，沿程阻力损失为：

$$\Delta p_1 = \lambda_1 \frac{l}{d} \frac{v_1^2}{2}\rho$$

双泵工作时，沿程阻力损失为：

$$\Delta p_2 = \lambda_2 \frac{l}{d} \frac{v_2^2}{2}\rho = \lambda_2 \frac{l}{d} \frac{4v_1^2}{2}\rho$$

式中　λ_1，λ_2——沿程阻力系数；

$\quad\quad$ l——总回油管路长度；

$\quad\quad$ ρ——油液的密度。

比较两种情况下的雷诺数 Re，有：

$$Re_2 = \frac{v_2 d}{\nu} = \frac{2v_1 d}{\nu} = 2Re_1$$

式中　ν——油液的运动黏度。

层流时，$\lambda_2 = \dfrac{\lambda_1}{2}$（因为层流时 λ 与 Re 成反比），故 $\Delta p_2 = 2\Delta p_1$。紊流时，可以认为 $\lambda_2 = \lambda_1$，则 $\Delta p_2 = 4\Delta p_1$。可见，双泵同时工作时，总回油管路沿程阻力损失增大 2 倍（层流）或 4 倍（紊流），即溢流阀的回油口背压增大 2 倍或 4 倍。

从溢流阀的结构性能可知，溢流阀的控制油道为内泄，即溢流阀的阀前压力油进入阀内，经阻尼孔流进控制容腔（主阀上部弹簧腔），当压力升高克服先导阀的调压弹簧力时，压力油打开先导阀阀口，油流过阀口降压后，经阀体内泄孔道流进溢流阀的回油腔，与主阀口溢出的油流汇合，经回油管路一同流回油箱。因此，溢流阀的回油管路中油流的流动状态直接影响溢流阀的调整压力。倘若有压力冲击、背压等流体波动直接作用在先导阀上，并与先导阀弹簧力方向一致，则控制容腔中的油液压力也随之增高，并随之出现冲击与波动，导致溢流阀调整的压力不稳定，并易激起振动和噪声。

两个溢流阀共用一个回油管，由于双泵同时工作时两股油流的相互作用，极易产生压力波动，同时溢流阀回油口背压明显地增大，在这两个因素的相互作用下，必然造成系统压力不稳定，并产生振动和噪声。

（4）改进措施。

1）将两个溢流阀的回油管路分别接回油箱，避免相互干扰。

2）将合流后的总回油管路通径加大，并将两个溢流阀均改为外部泄漏型，即将经过先导阀阀口的油流与主阀回油腔隔开，单独接回油箱。

3）认真调节单向节流阀 7、8，实现两液压缸同步工作。

（5）启示。此例系统的工作原理没有问题，但在实际使用中却出现了故障。这说明，设计液压系统时，除了应正确地选择元件组成系统外，还应该合理地设计、配置管路。

11.6.2　辊子同步升降液压控制回路

（1）回路简介。某四辊滚板机有三套相同的液压回路控制三个辊子同步升降。为保证辊子与辊子之间的平行度，要求辊子的两端必须同步升降。其中一个控制回路的工作原理如图 11-24 所示（原设计中无点画线框中部分）。这是一个串联同步回路，液压缸 5 的有杆腔与液压缸 7 的无杆腔的有效面积相等，用电磁换向阀 1 来控制液压缸 5 和 7 的同步升降。当辊子与辊子之间的平行度超差时，即辊子两端的升降不同步时，可以通过操作电磁换向阀 2 来调整液压缸 7，以达到两端位置同步的目的。

（2）回路存在的问题。设备运转不长时间就出现不同步。虽说可以通过操作电磁换向阀 2 来解决，但操作者把大部分时间都用在频繁地调整两缸同步问题上，不仅降低了工作效率，而且因为这种情况往往是在出现次品时才发现的，所以保证不了产品的质量。

（3）问题原因分析。由流量连续性方程得：

$$Q_1 \pm Q_c \pm Q_e = Q_2 \tag{11-5}$$

式中　Q_1——液压缸 5 有杆腔油液流量；

　　　Q_2——液压缸 7 无杆腔油液流量；

　　　Q_c——液压缸 5 和 7 之间总泄漏流量；

　　　Q_e——液压缸 5 和 7 之间油液压缩所需流量。

式中的"+"号表示两液压缸同步下降,"-"号表示两液压缸同步上升。

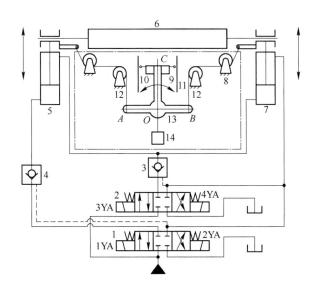

图 11-24 辊子同步升降液压控制回路

1,2—电磁换向阀;3,4—液控单向阀;5—大液压缸;6—辊子;7—小液压缸;8—滑轮;

9,10—行程开关;11—限位板;12—钢丝绳;13—三臂架;14—配重

由于

$$Q_1 = v_1 A_1 \tag{11-6}$$

$$Q_2 = v_2 A_2 \tag{11-7}$$

$$Q_c = p(C_1 + C_2 + C_3) \tag{11-8}$$

$$Q_e = \frac{V_0}{E} \frac{\mathrm{d}p}{\mathrm{d}t} \tag{11-9}$$

式中 v_1,v_2——液压缸 5、7 运动速度;

A_1,A_2——液压缸 5 有杆腔、液压缸 7 无杆腔有效面积,$A_1 = A_2$;

C_1,C_2,C_3——液压缸 5、7 和管路的泄漏系数;

V_0——液压缸 5 和 7 之间的容腔容积;

p——液压缸 5 和 7 之间的容腔压力;

E——油液弹性模量。

将式 (11-6)~式 (11-9) 代入式 (11-5) 得:

$$v_1 A_1 \pm p(C_1 + C_2 + C_3) \pm \frac{V_0}{E} \frac{\mathrm{d}p}{\mathrm{d}t} = v_2 A_2 \tag{11-10}$$

从式 (11-10) 可以看出,由于液压缸内径尺寸的偏差、密封间隙、泄漏量和容腔油液压缩性等因素的影响,两液压缸的运动速度不可能完全一致。因此,运动一段时间后,必然会出现位置偏差。若两液压缸的行程分别为 S_1 和 S_2,则其绝对误差为:

$$\Delta = |S_1 - S_2|$$

当操作者发现 Δ 超过所允许的范围时,虽然可以通过手动操作电磁换向阀 2 来纠正,但为时已晚,次品已经形成。

（4）解决措施。从两缸工作原理来看，不同步是绝对的，同步是相对的。使其同步误差保持在一定范围内，便能保证正常运转。

1）增加一套自动检测调整系统。当出现不同步时，通过机械反馈系统使其自动调整，达到同步的目的。如在图 11-24 中，增设点画线框中的部分。其作用原理如下：

辊子的轴线平行度超差时，右端可能会有两种情况：一种是偏高，另一种是偏低。偏高时，OC 臂向左转动，限位板触动行程开关 10，发出信号，使电磁铁 4YA 通电。这时压力油经阀 2 右位进入液压缸 7 的上腔，液压缸 7 的下腔油液经阀 3，再经阀 2 的右位排回油箱，使辊子右端下降，直到平行度偏差在设定范围内为止。辊子右端偏低时，OC 臂向右转动，限位板触动行程开关 9 发出信号，使电磁铁 3YA 通电。这时压力油经阀 2 左位，再经阀 3 进入液压缸 7 的下腔，液压缸 7 上腔的油液经阀 2 左位排回油箱，使辊子右端上升，直到使偏差处于设定范围内为止。

在三臂架中，由于 $OA=OB$，$OA<OC$，所以 OC 臂起到了位移放大作用，从而提高了自动调节的精度。

2）组成电液比例位置同步控制回路。这可采用一个带双比例电磁铁的比例方向阀代替原回路中的阀 2、阀 3 和阀 4，构成电液比例双缸位置同步控制回路，如图 11-25 所示。双缸位置由与升降机构相连接的位移传感器 8、9 检测，并经运算器 3、放大器 4 处理后得到的位差信号，控制电液比例方向阀 2，实现双缸同步。由于两个液压缸未动，因此在改进后的回路中，右端液压缸 7 的流量比左端液压缸 5 的流量小，电液比例方向阀的通径可比电磁换向阀的通径选得小些。

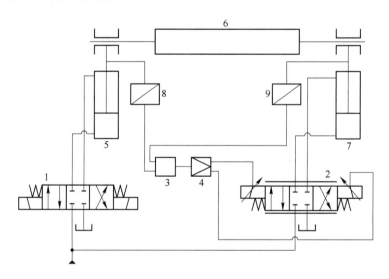

图 11-25　电液比例位置同步控制回路

1—电磁换向阀；2—比例方向阀；3—运算器；4—放大器；5—大液压缸；
6—辊子；7—小液压缸；8，9—位移传感器

（5）启示与思考。此例说明，在实现特定目标控制的液压工程系统中，充分发挥电气或电子技术在信号的检测、放大、处理和传输等方面的特长，不仅能使液压系统的控制精度提高，而且还可以简化液压系统。

──────── **重点内容提示** ────────

了解液压能源装置产生的故障，压力控制回路、方向控制回路常见的故障。

思 考 题

1. 液压能源装置由哪些元件组成？分析油箱振动故障。
2. 对于图 11-7 所示的回路，该回路应在 20 MPa 工作，但在调压时，压力只升到 10 MPa，再调不上去，试分析其故障原因。
3. 换向控制回路不能换向，分析可能产生不能换向的原因，如何排除？

扫码获得
数字资源

12 典型液压系统故障诊断实例

思政之窗：

2016 年 8 月 5 日，世界最大模锻液压机在中国问世。这台 8 万吨级模锻液压机，地上高 27 m，地下 15 m。总高 42 m，设备总重量 2.2 万吨，是中国大型飞机及其他大型构件制造的重要装备。

巨型模锻液压机，是衡量一个国家工业实力的重要标志之一。目前世界上拥有 8 万吨级以下，4 万吨级以上的国家有美国、俄罗斯和法国，而我国是唯一拥有 8 万吨级的国家，这也标志着中国在关键大型锻件制造受制于外国的时代结束。

12.1 液压机液压故障诊断

12.1.1 液压机简介

液压机是最早应用液压传动的机械设备之一，是锻压、冲压、冷挤、校直、弯曲、粉末冶金、塑料压制成型、压装、砂轮成型等工艺中广泛应用的液压压力设备。按其工作介质是油还是水（乳化液），液压机可分为油压机和水压机两大类。本节主要讲述以油为传动介质的四柱万能液压机。

12.1.2 YA32-200 型四柱万能液压机液压功能回路及其液压原理

图 12-1 所示为 YA32-200 型四柱万能液压机液压系统原理。系统中有两个液压泵，主泵 1 为一高压大流量恒功率（压力补偿）轴向柱塞变量泵，最高工作压力为 32 MPa，由远程调压阀 5 调定。辅助泵 2 是一低压小流量的定量泵，主要用于供给电液阀的控制油，其压力由溢流阀 3 调整。四柱万能液压机工作原理如表 12-1 所示。

表 12-1 YA32-200 型四柱万能液压机动作表

液压功能		1YA	2YA	3YA	4YA	5YA	1YJ	液压原理
主缸	快速下行	+	−	−	−	+	−	滑块 22 自重下滑，使主缸上腔形成局部真空，因而从充液箱 15 内吸油充液。变量泵低压时为大流量供油（按钮→1YA，5YA）
	慢速加压	+	−	−	−	−	−	主缸下腔回油有背压，使上腔充液停止，压力升高，使变量泵流量自动减小。压力由远程调压阀 5 调整（主溢流阀 4 的压力比阀 5 调得高）（挡铁 23→XK₂→5YA）

液 压 功 能		1YA	2YA	3YA	4YA	5YA	1YJ	液 压 原 理
主缸	保压	−	−	−	−	−	+	保压的最大压力由远程调压阀 5 调整。压力继电器动作控制主泵卸荷。主缸上腔与充液阀 14、单向阀 13 构成保持压力的高压区，保压时间由压力继电器 12 控制的时间继电器调整
	泄压回程	−	+	−	−	−	−	时间继电器控制 2YA 通电，主缸上腔高压油控制卸荷阀 11 微量卸荷，使系统压力降低，但仍可打开充液阀 14 而泄压。由于主缸上腔压力下降，卸荷阀 11 关闭，系统压力升高，使主缸先卸压后再行回程
	停止	−	−	−	−	−	−	滑块 22 可在任意位置停止，靠阀 9 和 10 平衡自重。挡铁 23→XK$_1$，或 XK$_1$→2YA，1YA，主缸上下腔封闭，活塞停止运动，泵卸荷
顶出缸	顶出	−	−	+	−	−	−	按钮→3YA，顶出缸在主缸停止运动时，才有高压油使顶出液压缸运动，即主缸与顶出液压缸互锁
	退回	−	−	−	+	−	−	4YA 通电
	压边	+	−	−	−	−	−	作薄板拉伸浮动压边时，顶出缸保持一定压力又随主滑块下压面下降。3YA 通电后又断电，顶出缸下腔回油→阀 19，20→回油箱（背压为压边力，19 为节流阀）

注："+"表示电磁铁得电，"−"表示电磁铁失电。

12.1.3 液压机液压故障诊断

液压机液压故障诊断如表 12-2 所示。

表 12-2 液压机液压故障诊断

液 压 故 障	诊 断	维 修 处 理
无动作	电气线路接错，接头不良，触头损伤	检修电气线路
	油箱中油量不足，会有吸油噪声	检查油面高度，按规定加足油
	过滤器堵塞，会有吸油噪声	检查油管有无油，清洗或更换滤芯
	液压泵不排油	检查转速，诊断处理液压泵故障
	控制油压力太低，电液换向阀失控	按规定控制油压力，调整控制油压力的溢流阀及远程调压阀。诊断和处理调压阀及换向阀故障

液 压 故 障	诊　　断	维 修 处 理
活动横梁快速下行时速度不快	泵和阀及液压缸在低压下仍严重内泄（一般很少出现此现象）	检修或更换泵，阀及液压缸组件
	若泵、阀、缸正常，压力又稍高，应诊断为主缸上腔不能充液，是由于活动横梁与立柱别劲或润滑不良，阻力稍大所致	调整活动横梁与立柱的垂直度，在立柱上注油润滑，消除运动阻力
	若泵、阀、缸正常，压力高于平衡压力（主缸下腔的支承压力），应诊断为主缸回油必经顺序阀造成背压而使主缸上腔不能充液所致	检查控制油的电磁阀的动作情况，检修或更换液控单向阀的组件
活动横梁快速下行正常，高压压制时压力提不高	液压泵磨损，内泄严重，出力低	检修或更换液压泵组件
	远程调压阀和溢流阀调定压力低	检查阀的控压区泄漏，按要求调整压力值
	液压缸高压内泄	检修或更换液压缸密封件及组件
	若泵、阀、液压缸正常，应诊断为充液阀内泄	检修或更换阀组件
活动横梁运行中有抖动爬行现象	若压力偏低，液压缸无力，油箱内起泡，则应诊断为液压泵吸进空气	检查液压泵吸油侧及吸油管系是否进气，并检修，拧紧松动部位
	若压力正常，抖动爬行现象较轻，靠近液压缸两端头表现明显者，应诊断为液压缸内混存空气	液压缸上下运行数次，以排除气体
	活动横梁和立柱别劲较大	调整垂直度以达到规定精度
	立柱上附有污物，润滑严重不良，活动横梁不动	擦除锈蚀及污物，加强润滑
活动横梁快速下行及慢速压制均正常，但保压时压力保不住（压力下降过大）	主要是起保压作用的单向阀和换向阀内泄及卸荷阀控制口泄漏	检修单向阀和换向阀及卸荷阀
	若慢速压制的情况不清楚，应进行高压压制筛检、诊断充液阀及液压缸内泄	检查充液阀及液压缸内泄情况
活动横梁每次下行接近终点时，有抖动爬行和噪声	主缸下腔混存气体，每次运行活塞都不能到达最下端，为残存气体每次受压所致	将活动横梁所带模具等物卸下，使主缸每次能达到最下端，以排出气体，一般只需运行 6~7 次即可
活动横梁在任意位置均停不住	主缸下腔的背压（支承压力）过小，平衡不了活动横梁及其重物。应诊断为平衡阀压力调得过低	调整顺序阀使其背压能平衡住活动横梁等重物
停车后活动横梁自动下溜（下沉）	液压缸下端盖泄漏	观察外泄漏，更换密封件
	液控单向阀泄漏	研磨锥阀清除污物
	顺序阀滑阀泄漏	检修或更换阀组件
主缸在保压结束上行回程的开始瞬间有冲击振动和噪声	对于有泄压回路的液压机，卸荷阀压力调得太高，而主缸在上腔尚未泄压就上行回程	调低卸荷阀压力值
	对于未设泄压回路的液压机，回路压力应调低	调低限压阀压力值

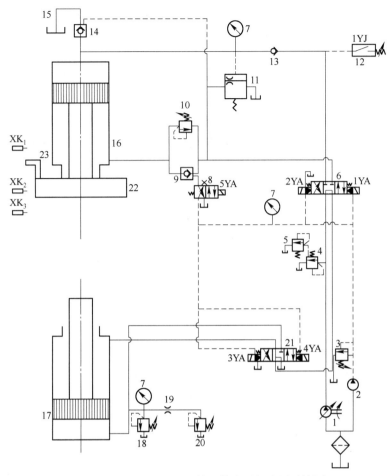

图 12-1　YA32-200 型四柱万能液压机液压系统原理

1—恒功率变量泵；2—定量泵；3，4，18—溢流阀；5—远程调压阀；6，21—电液换向阀；7—压力表；
8—电磁阀；9—液控单向阀；10—顺序阀；11—卸荷阀（带阻尼孔）；12—压力继电器；
13—单向阀；14—充液阀（带卸荷阀芯）；15—充液箱；16—主缸；17—顶出缸；
19—节流器；20—背压阀；22—滑块；23—挡铁

12.2　组合机床液压故障诊断

12.2.1　组合机床简介

　　组合机床是由通用部件和部分专用部件组成的高效、专用、自动化程度较高的机床。它能完成钻、扩、镗、铣、攻丝等工序和工作台转位、定位、夹紧、输送等辅助动作，可用来组成自动线。

　　组合机床的液压设备有动力滑台和回转工作台。现对动力滑台作扼要叙述。

12.2.2　YT4543 型他驱式动力滑台液压故障诊断

　　动力滑台按液压动力装置的安装位置分为自驱式（即液压动力装置安装在滑台自身底

座内）和他驱式（即液压动力装置单独安装在滑台以外的液压站内）两大类。

动力滑台上常安装着各种旋转用的刀具，其液压功能是使这些刀具做轴向进给运动（进刀），并完成一定的动作循环。

YT4543 型动力滑台的工作台面尺寸为 450 mm×800 mm，进给速度范围为 6.6~660 mm/min，最大快进速度为 7.3 m/min，最大进给推力为 45 kN。图 12-2 所示为 YT4543 型动力滑台液压系统原理。这个系统用限压式变量叶片泵供油，用电液阀换向，用行程阀实现快进速度和工进速度的切换，用电磁阀实现两种工进速度的切换，用调速阀使进给速度稳定。组合机床动力滑台液压系统是以速度变换为主的中压系统，最高工作压力低于6.3 MPa，一般为 3~5 MPa。

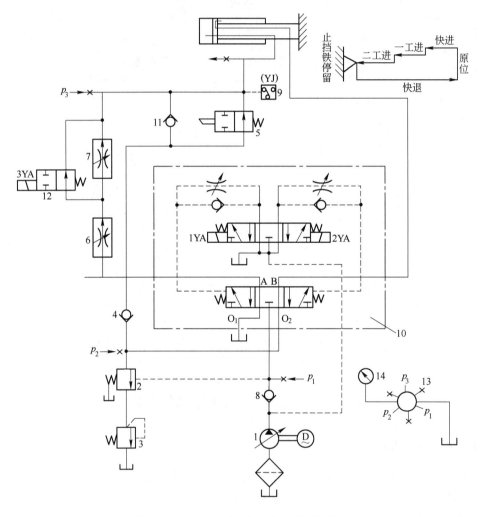

图 12-2　YT4543 型动力滑台液压系统原理

1—限压式变量叶片泵；2—液控顺序阀；3—背压阀；4, 8, 11—单向阀；5—行程阀；6, 7—调速阀；

9—压力继电器；10—电液换向阀；12—电磁阀；13—压力表开关；

14—压力表；p_1, p_2, p_3—压力表接点

（1）YT4543 型动力滑台液压功能动作及其液压原理，如表 12-3 所示。

表 12-3　YT4543 型动力滑台动作表

液压功能	1YA	2YA	3YA	YJ	行程阀	液 压 原 理
快进	+	−	−	−	导通	滑台空载系低压快速运动，液控顺序阀 2 关闭，液压缸右腔回油回到左腔，形成差动快速，变量叶片泵在低压下偏心值最大，故流量也为最大
一工进	+	−	−	−	切断	压力升高，打开液控顺序阀 2，差动油路被切断，限压式变量叶片泵的流量按调速阀 6 的开口大小由压力控制流量匹配而输出
二工进	+	−	+	−	切断	压力升高，打开液控顺序阀 2，差动油路被切断，限压式变量叶片泵的流量与调速阀 7 匹配输出
死挡铁停留	+	−	+	+	切断	液压缸的活塞杆固定（也作油管），缸体运动被死挡铁挡住而停留。限压式变量叶片泵因压力升高而流量自动减小（趋于零）
快退	−	+	(±)	−	断→通	死挡铁停留，则压力升高，压力继电器发出信号给时间继电器延时后，控制 2YA 带电，1YA 失电。液压泵低压流量为最大
原位停止	−	−	−	−	导通	当滑台快退到原位时，撞块松开原位行程开关。电磁铁均断电，滑台停止运动

注：YJ 表示压力继电器。

（2）YT4543 型动力滑台液压故障诊断，如表 12-4 所示。

表 12-4　YT4543 型动力滑台液压故障诊断

液 压 故 障	诊 断	维 修 处 理
快进时实际速度比应调整速度慢 1/2	若压力较高，应诊断为滑台导轨的压条压得过紧而压力升高，打开液控顺序阀，使差动连接断开所致	调高液控顺序阀控制压力，同时调整导轨压条，减少运动阻力
	若压力正常，应诊断为液控顺序阀控制压力调节太低，在快进时使差动连接断开	调整液控顺序阀控制压力，保证快进顺利运行
工进时，实际速度比调整速度快	调速阀失调	检修或更换调速阀组件
	行程阀和单向阀泄漏	检修或更换行程阀和单向阀组件
滑台在运行中产生抖动爬行，进刀无力	若压力偏低，进刀尚有力者，应诊断液压缸内混存空气	排除液压缸内空气
	若压力较低，油箱内起泡，应诊断为液压泵吸进空气（连续进气）	检查液压泵吸油及吸油管系漏气部位，并加以密封
液压缸换向冲击	电液换向阀中的液动换向阀换向过快	调整液动换向阀两端的节流阀（调小开口）
液压缸在工进过程中有进刀不稳定的现象	液压缸回油的背压阀的背压调节太低	调高背压阀背压力
液压缸工进时一遇外负载增大就快退回程	压力继电器控制压力调节得太低	调高压力继电器控制压力

12.3 液压剪板机液压故障诊断

12.3.1 液压剪板机液压功能动作及其液压原理

液压剪板机是剪切金属板材的液压设备，具有剪切平稳、操作轻便、安全可靠等优点。剪板机系液压同步系统（见图 12-3）采用大小缸串联，以实现刀架横梁平行移动，其工作过程如下：

（1）工作行程。1YA 和 2YA 通电，3YA 断电，溢流阀 1 和 3 工作，泵从卸载转入供油。压力油经减压阀 6、单向阀 5 进入压紧缸，并向蓄能器 4 充油，使压紧缸保持一定的压力。同时压力油还经单向阀 7 向蓄能器 9 充油，使蓄能器 9 的压力升高到一定程度为止。

压紧缸压紧后，压力升高，单向顺序阀 2 被打开，压力油进入大缸，并带动小缸作同步剪切运动。小缸回油经液控单向阀 10 向蓄能器 9 充油，如超过背压阀 8 的调定压力，则经背压阀 8 回油箱。

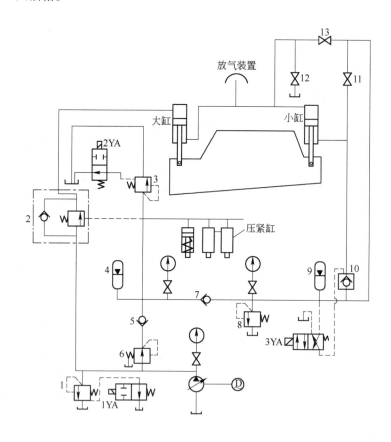

图 12-3 液压剪板机液压同步系统

1，3—溢流阀；2—顺序阀；4，9—蓄能器；5，7，10—单向阀；

6—减压阀；8—背压阀；11~13—截止阀

（2）回程。3YA 通电，1YA 和 2YA 断电，溢流阀 1 使泵卸载；溢流阀 3 卸载，压紧缸靠弹簧回程，顺序阀 2 关闭。蓄能器 9 的压力油打开液控单向阀 10，进入小缸下腔，并带动大缸同步回程。大缸上腔的回油经单向阀 2 和溢流阀 1 回油箱。

（3）剪切角的调整。打开截止阀 11 和 12，压力油同时进入小缸的上、下腔，小缸的活塞下降，剪切角便减小。如打开截止阀 11 和 13，则可使小缸活塞上升，剪切角增大。

12.3.2　液压剪板机液压故障诊断

液压剪板机液压故障诊断如表 12-5 所示。

表 12-5　液压剪板机液压故障诊断

液 压 故 障	诊　　断	维 修 处 理
工件（板料）夹不紧	液压泵出力小	检修或更换液压泵组件
	减压阀出口压力调低了	按要求（7 MPa）调整出口压力
	溢流阀 3 的压力调低了	按要求调整溢流阀压力值
	压紧缸泄漏	检修压紧缸，密封处理
刀架横梁剪切力小	主溢流阀 1 的压力调节过低	按要求（26 MPa）调整溢流阀压力
	液压泵出力小	检修或更换液压泵组件
	系统泄漏	检查泄漏，密封处理
刀架剪切工件滑动	工件未夹紧	详见"工件夹不紧"故障一栏
	单向顺序阀压力调低了	按要求（5 MPa）调整顺序阀压力，保证先夹紧后剪切
刀架剪切不稳	背压阀 8 的背压力调低了	按要求（9 MPa）调整背压力
剪切液压缸爬行（抖动）	液压泵吸进气体，则液压缸无力，油箱会起气泡	检查液压泵吸油管段吸气部位，加以密封
	液压缸内混存空气	排气
	液压缸泄漏	检查泄漏，密封处理
剪刀不回程	背压阀 8 的背压力调低了	按要求调整压力
	蓄能器 9 的充气压力低了	补充氮气至规定充气压力
刀架停后下沉（溜）	背压阀 8 内泄	检修或更换
	电磁阀内泄	检修或更换

12.4　塑料注射成型机液压故障诊断

12.4.1　塑料注射成型机简介

塑料注射成型机简称为注塑机。它是将颗粒状的塑料加热熔化，以快速高压注入模腔，并保压一定时间，经冷却后成型为塑料制品。塑料注射成型机一般由注射装置、合模装置、液压系统、电气系统和机座五大部分组成。

塑料注射成型机的工作循环（每一个工作循环），如图 12-4 所示。

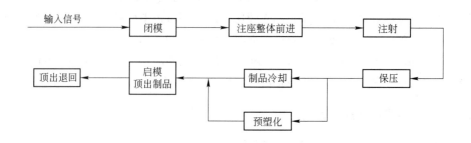

图 12-4　塑料注射成型机的工作循环

塑料注射成型机的类型很多，按其外形特征可分为立式、卧式、角式、多模式等；按机器加工能力可分为超小型（注射量小于 30 cm³）、小型（注射量为 60~500 cm³）、中型（注射量为 500~2000 cm³）、大型（注射量大于 2000 cm³）和超大型（巨型）。塑料注射成型机规格，我国采用机器注射容量（cm³）表示；国际上有的以分数表示，即分母为机器合模力，分子为机器注射容量。塑料注射成型机有点动、手动、半自动、全自动四种操作方式。

12.4.2　XS-ZY-500 型塑料注射成型机液压功能回路及其液压原理

XS-ZY-500 型塑料注射成型机液压功能回路及其液压原理见表 12-6 和图 12-5。

表 12-6　XS-ZY-500 型塑料注射成型机动作表

液压动作		D1	D2	D3	D4	D5	D6	D7	D8	D9	D10	D11	D12	D13	液压原理
闭模	慢速闭模		+			+									大泵卸荷，小泵供油、回油进冷却器
	快速闭模	+	+			+									大小泵供油
注座整体前进			+			+				+					
注射	一级注射	+	+	+		+				+			+		注射压力由阀 9 调节
	二级注射（快→慢）	+	+	(+) −	(−) +	+				+			+	(−) +	注射压力快速由阀 9 调节，慢速由阀 8 调节
	二级注射（慢→快）	+	+	(−) +	(+) −	+				+			+	(+) −	转动主令开关 ILS。注射压力向上
保压			+		+	+				+					保压压力由阀 8 调节
注座整体退回			+								+				
			+								+				
预测			+						+						预塑背压由阀 21 调节，离合器油压由阀 16 调节

液压动作		D1	D2	D3	D4	D5	D6	D7	D8	D9	D10	D11	D12	D13	液压原理
启模	快速启模	+	+				+								压力由阀1、2共同调节,速度由阀13调节
	慢速启模		+				+								压力由阀1调节
顶出制品		+	+				+	+							
顶出退回		+	+												
螺杆退回			+									+			只能用点动,退回压力由阀20调节

12.4.3 塑料注射成型机液压故障诊断

塑料注射成型机液压故障诊断如表 12-7 所示。

表 12-7 塑料注射成型机液压故障诊断

液压故障	诊断	维修处理
噪声过大	液压泵的叶片、转子、定子、配油盘磨损,轴承损伤,产生噪声	检修或更换液压泵组件
	过滤器堵塞及液压泵吸气,产生噪声	清洗过滤器,检查液压泵吸油管系漏气部位,并严加密封
	溢流阀加工精度低及工作不良,产生尖叫等噪声	检修或更换溢流阀组件,更换适宜的弹簧,并加以密封,以防阀内进气
	电磁阀吸合噪声	改用低噪声电磁铁或直流电磁铁
	压板(撞块)压触限位开关的撞击声	降低压板运动速度,改善压板形状及尺寸
油温过高	液压泵磨损内泄发热及轴承损伤发热	检修或更换液压泵组件
	系统压力调节太高	按要求调整溢流阀压力
	液压泵卸荷不及时	检查卸荷阀工作情况
	油箱散热效果差	采用风冷,将塑化热散掉,防止油箱吸热
	油冷却器冷却效果不佳	检修油冷却器,清洗除水垢,采用低温冷水冷却
无快速合模	液压泵磨损内泄或转子装反,输出流量不足	检修或更换液压泵组件,正确安装
	卸荷阀阀芯卡住或电磁铁不吸合,造成大泵仍然卸荷	检修卸荷阀、电磁铁和电气线路
	液压缸及其通道泄漏	检查系统泄漏并加以修理或更换

液压故障	诊断	维修处理
合模液压缸换向冲击	电液换向阀的液动阀移动太快	调整液动阀的移动速度
	液压缸内混有空气	排气
合模油压力不足	控制合模油压力的溢流阀（或调压阀）的压力调节太低或控压区泄漏	按要求调整合模压力及检修阀
	液压泵磨损内泄压力达不到	检修或更换液压泵组件
	系统有泄漏点	检查泄漏点，并处理密封
锁模力达不到要求	对液压式合模装置，系合模压力不足	按要求调整合模压力及检修阀
	对液压机械式合模装置，系模具、动模板、合模机构的总长度不足前后固定模板总距离	调整模距
注射压力不足	液压泵磨损内泄或转子装反	检修或更换液压泵组件，正确安装
	控制注射压力的溢流阀（或调压阀）压力调低了或控压区泄漏	按要求调整注射压力及检修阀
	系统有泄漏点	检查泄漏点，并处理密封
注射速度不够	液压泵磨损内泄或转子装反	检修或更换液压泵组件，正确安装
	系统泄漏	检查泄漏，加以密封处理
注射速度不稳定	系统泄漏	检查，密封处理
	液压缸内混有气体	排气
无预塑动作	换向阀卡住或电磁铁故障	检修电磁阀及电气线路
	液压离合器摩擦片损坏	检修液压离合器，更换摩擦片
预塑时注射液压缸后退太快	背压力调低了	调高背压力（大型机 1~2 MPa，中小型机 5~10 MPa）
	液压缸回路系统泄漏	检查泄漏，加以密封处理
无预出动作	电磁阀阀芯卡住或电磁铁故障	检修电磁阀及电气线路
	油管破裂	检查泄漏，更换油管
工作循环程序动作出不来	压板（撞块）位置不对	按要求安装
	限位开关松脱或失灵	检查固定，检修或更换限位开关
	电气线路故障及电磁铁故障	检修电气线路及电磁阀

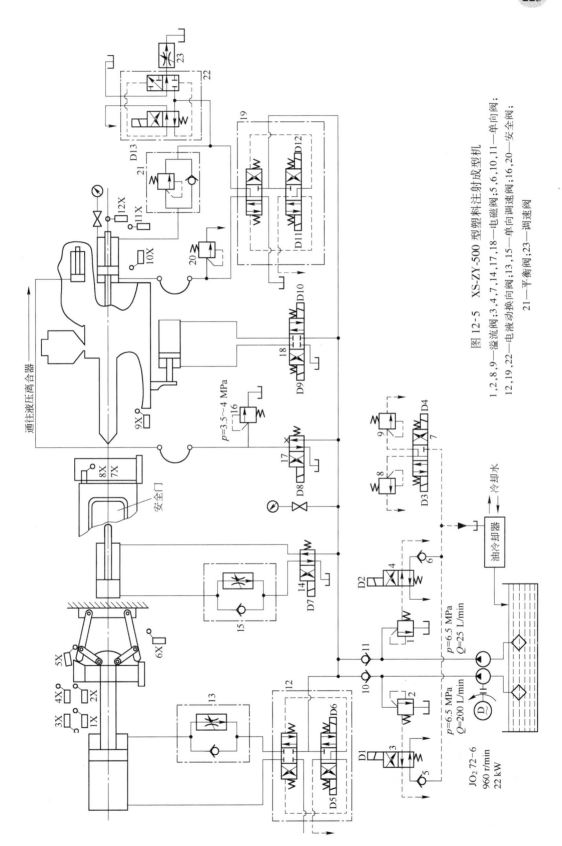

图 12-5　XS-ZY-500 型塑料注射成型机

1,2,8,9—溢流阀；3,4,7,14,17,18—电磁阀；5,6,10,11—单向阀；
12,19,22—电液动换向阀；13,15—单向调速阀；16,20—安全阀；
21—平衡阀；23—调速阀

12.5　RH 装置真空主阀液压故障诊断

12.5.1　概述

为了提高钢水质量，对钢水进行真空处理。钢水的真空处理也是一种炉外精炼，其方法综合起来有三类：一是滴流处理法，二是钢包处理法，三是 RH 法。RH 法是 1957 年西德 Ruhrstahl 公司与 Heraeus 公司首先使用真空循环除气法，即通过上升管侧壁吹入氩气，由于氩气气泡的作用，钢水被带动上升到真空室进行除气。除气后的钢水由下降管返回到钢包里。真空室上部设有排气管和装有真空主阀，该阀开闭由液压缸来控制，其液压系统如图 12-6 所示。

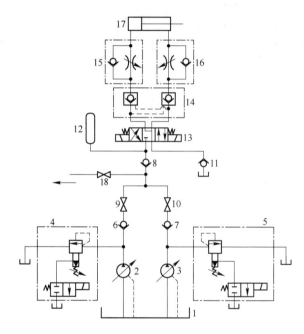

图 12-6　RH 装置真空主阀液压系统

1—油箱；2，3—液压泵；4，5—电磁溢流阀；6~8—单向阀；9，10，18—截止阀；

11—背压阀；12—蓄能器；13—电磁换向阀；14—双向液压锁；

15，16—单向节流阀；17—真空主阀液压缸

12.5.2　液压系统故障诊断

液压系统在运行过程中常出现的故障有以下几种。

（1）油温过高。液压油在较长时间工作，由于环境温度高，造成油温达 60 ℃以上，这使液压泵泄漏严重，供油量不足，影响液压缸正常工作。处理对策是加大冷却器供水量。经过这样处理，油温很快降到 50 ℃左右，符合工作要求。

（2）系统供油压力不足。系统正常工作压力为 20 MPa，但压力到 15 MPa 时不能再升高。检查液压泵时工作正常，液压缸工作正常，检查电磁溢流阀时发现电磁阀的阀芯磨

损，当压力升到 15 MPa 时，从遥控口流到电磁阀的油液泄漏，使系统压力无法再升高。处理方法是更换电磁溢流阀，使系统正常工作。

（3）液压缸运动速度下降。在开闭主阀过程中速度下降，未达到工艺要求。检查液压缸没有损坏，内泄漏符合要求，液压泵供油正常。检查蓄能器充气压力未达到要求，辅助供油不足，未能满足液压缸工作速度。经处理后，工作正常。

（4）液压缸不能换向。当需要开闭主阀时，液压缸不工作。检查液压缸及相关机构工作正常，双向液压锁无故障。检查三位四通电磁换向阀时，发现该阀有一电磁铁通电后无信号。拆开该阀检查，发现电源线断开。经过处理后，系统恢复正常工作。

（5）液压缸到终点时出现微小位移。当液压缸到终点时不能准确定位，有微小移动。检查三位四通电磁换向阀时已处于中位，液压缸 A、B 腔油液应被双向液压锁切断而停止移动。但在回油路上装有背压阀 11，使双向液压锁的控制油和回油路上仍有一定压力，主阀芯不能马上到达阀座上而关闭。经过一段较短时间后，回油路上油液泄漏，降低压力，阀芯这才到达阀座上而关闭，锁紧液压缸。据此情况，将双向液压锁内泄漏改为外泄漏，此故障便消除。

（6）其他。此液压站除供给真空主阀液压缸所需油外，还向真空室内的升降液压缸、旋转液压缸供油，如果这些液压回路出现故障，也可能影响真空主阀液压系统正常工作。所以在某部位出现故障时，应多考虑其他部位带来的影响，这有利于迅速处理故障。

12.6　连铸机液压故障诊断

12.6.1　连铸机简介

连续铸钢改革了钢锭模浇铸工艺，钢包中的高温钢水不是浇铸在钢锭模中，而是不断地浇铸在水冷结晶器内，凝固成一定坯壳厚度的钢坯连续地从结晶器内拉出，形成钢水连铸和钢坯连拉的过程。这种将钢水连续铸成钢坯的工艺就称为连续铸钢。连续铸钢是靠连铸机来完成的，连铸机主要结构有钢包、旋转立柱、中间包、中间包小车、结晶器、振动机构、夹持辊（或称零段）、二次冷却（扇形段）、拉矫机、切割机、辊道、引锭杆、冷床等。这些设备中应用的液压技术较多。

12.6.2　拉矫机上辊液压系统故障诊断

12.6.2.1　上辊液压系统

上辊液压系统如图 12-7 所示。液压泵供油，进入二位四通电液动换向阀 1，控制液压缸 7、8 上升或下降，从而驱动上辊上下移动。通过调节单向节流阀 3、4、5、6 的开口度来调节上辊升降速度。

12.6.2.2　液压系统故障分析及维修处理

（1）上辊升降不平行。上辊升降不平行的主要原因是 7、8 两液压缸不同步，可能两液压缸泄漏不一，也可能单向节流阀开口度发生变化，使供给两液压缸流量不同而影响两缸同步。

检查两液压缸磨损情况及密封件有没有损坏，视情况更换液压缸或密封件。重新调节节流阀的节流口，达到同步要求为止。液压元件检查更换调节后，上辊若仍存在不平行，检查上辊单边轴承是否磨损，如果是磨损，应及时处理。

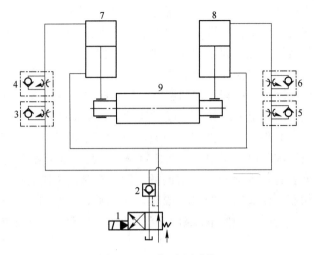

图 12-7　上辊液压系统

1—电液动换向阀；2—液控单向阀；3~6—单向节流阀；7，8—液压缸；9—上辊

（2）夹坯力不足。夹坯力不足可能影响正常拉坯速度，给生产带来不利影响，应认真进行检查处理。

1）系统供油压力不足，首先应检查油源供油压力，如液压泵是否泄漏过大或磨损，溢流阀调压弹簧太软或弯曲折断，遥控口有泄漏等，应及时进行处理。

2）电液动换向阀 1 泄漏严重，主要原因是阀芯磨损，此时应更换该阀。

3）液压缸内泄漏严重，可能是密封损坏或缸筒内壁磨损，此时应更换密封或液压缸。

4）液控单向阀 2 泄漏严重，有部分油液泄漏到低压腔，压力未达到夹坯力要求，应更换此阀，或更换某零件。

5）检查上辊上下移动是否灵活，可能上辊在某位置时被卡住，无法提高夹坯力，这时应检查机械滑道等，并加上润滑剂。

（3）上辊不移动。

1）检查电液动换向阀是否已换向，可能电磁铁无电信号，由于污物或阀芯变形使电液动换向阀的阀芯卡死，不能换向。处理意见是给电磁铁通电，拆下电液动换向阀进行清洗等。

2）检查液控单向阀是否打开，即控制油路是否堵塞，阀芯是否卡死在关闭位置上等。处理意见是将该阀拆开进行清洗。

3）检查每个单向节流阀是否失灵，使调节手柄后阀芯仍处于关闭状态，造成油路不通。此时应清洗单向节流阀或更换有问题的单向节流阀。

12.7　轧机液压 AGC 系统液压故障诊断

12.7.1　概述

轧机液压压下（AGC）装置是针对轧制力变化实施厚度调节的一种快速精确定位系

统。液压压下装置由动力源、电液伺服阀、伺服液压缸、液压阀、传感器及液压附件等组成。通过控制电液伺服阀的输出流量，从而控制伺服液压缸缸体（或活塞杆）上下移动，达到调整辊缝目的，如图 12-8 所示。根据轧材品质要求、系统固有部分的结构特点及所用元件的性能和条件，合理选用控制方式，如采用多环系统，通过内环的最佳化改善固有部分的频率特性，实现最优控制，如图 12-9 所示。

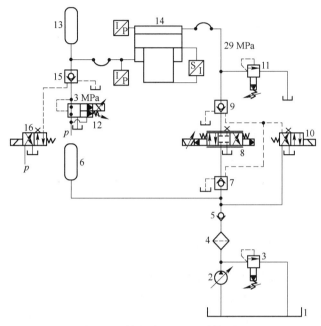

图 12-8　轧机液压 AGC 系统原理

1—油箱；2—液压泵；3—溢流阀；4—过滤器；5—单向阀；6，13—蓄能器；
7，9，15—液控单向阀；8—电液伺服阀；10，16—电磁换向阀；11—安全阀；
12—三通比例减压阀；14—伺服液压缸

轧机液压 AGC 系统在运行过程中可能出现如下故障。

（1）位置控制故障。轧机液压 AGC 系统位置控制主要故障为传感器故障，如位置、液压缸油压、轧制力等传感器故障。当液压压下实际值到极限位置时，轧机停止工作。

当两液压缸位置传感器偏差超过规定值时，可能是位移传感器故障、伺服阀 8 或液压缸泄漏、偏差或调零不准等。

轧机液压 AGC 控制系统由两套独立且完全相同液压位置伺服系统组成。设定同一值时，两套控制系统按照完全相同的指令控制压下液压缸上下移动。当两液压缸位置传感器位置超差时，必有一套液压位置伺服系统存在故障。应分别对伺服系统进行分析，逐步确定故障位置，对故障进行排除。

当两侧压力传感器测量值超差，可能是压力传感器故障，对其进行处理。

（2）电磁阀故障。当给出控制逻辑信号后，电磁阀 10 不动作，可能故障是电气断线或电磁阀卡死等，使伺服系统无法工作。

电磁阀（逻辑功能阀）开关状态与测压点压力关系不符合，也可能故障是电气断线或电磁阀卡死。

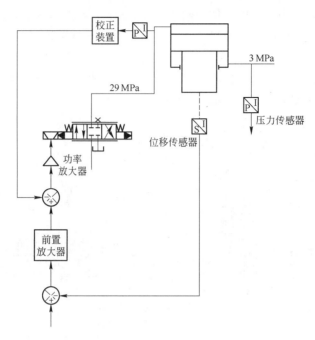

图 12-9　轧机液压压下双闭环控制系统原理

（3）机架振动。轧制咬钢时，振动严重，并伴随有啸叫声。检查系统供油是否稳定，溢流阀 3 是否正常，排除这些因素后，发现是由于蓄能器容量小，吸振功能不够。经计算，在原 1 只蓄能器基础上增到 4 只，结果振动现象大大减弱，满足生产要求。

（4）溢流阀故障。溢流阀故障，主要有溢流阀 3 在工作时没有处于溢流状态，检查溢流阀实际状态，溢流压力设定值是否符合实际工况。轧制时，检查液压缸工作腔压力是否满足 $p_1 \cdot S_1 \approx p_2 \cdot S_2 + F$（对应侧轧制力）要求并及时处理。

（5）伺服液压缸故障。液压缸拉伤，泄漏严重，动特性变差，应拆检液压缸，更换密封件，重新测定动态特性，符合要求后方能装入系统中或更换液压缸。液压缸被卡死，无法工作，应拆检液压缸进行清洗，更换液压油。

（6）零偏电流与相关故障。当零偏电流在小于满量程±2％范围内变化时，伺服阀正常；当零偏电流在大于满量程±2％时，可进行在线补偿、离线调整或更换伺服阀。

零偏电流逐步增大，故障可能是伺服阀或压下液压缸寿命性故障，如磨损、泄漏、老化等，这可能对控制位置略有漂移等现象。

零偏电流突然增大，故障可能是伺服阀突发性故障或液压缸卡死。如伺服阀反馈杆断裂、力矩马达卡滞、小球脱落、节流孔堵塞等，都将使伺服系统失控。

12.7.2　轧机液压 AGC 控制系统故障树分析

根据故障分析与诊断，得出液压 AGC 控制系统故障树如图 12-10 所示。AGC 系统主要有压力和位置两方面的故障。压力故障分为供油系统压力不正常和液压缸工作压力不正常，导致这些现象的原因有机械方面的原因（如液压缸卡死、泄漏以及伺服阀或溢流阀有故障）和电气方面的原因（如压力传感器故障、线路传输故障、PLC 等控制故障）。位置故障有液压缸位置超差和两个液压缸位置不同步，导致这些故障的原因与前面分析的压力故障的原因相类似。

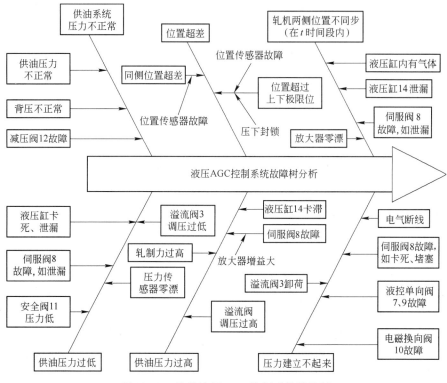

图 12-10　轧机液压 AGC 控制系统故障树

（轧机液压 AGC 系统参见图 12-8）

12.7.3　轧机液压 AGC 控制系统故障归类

液压 AGC 控制系统是轧机液压控制系统的核心，其故障引起最终特征量表现在以下几个方面：

（1）位置控制精度达不到要求，如某一位置传感器测量值大于极限值，或压下液压缸位置值超差，或两压下液压缸位置在 ΔT 时间内超差。

（2）压下液压缸压力过高或过低，或压力建立不起来。

（3）伺服阀驱动零偏电流大于正常范围。

（4）压下液压缸偏向一端，或不受控。

轧机液压 AGC 控制系统的故障归类如表 12-8 所示。

表 12-8　轧机液压 AGC 控制系统故障分析

故　障	症　状
位移传感器损坏	某侧液压缸位置超差，或损坏
位移传感器零点漂移	两侧位置不同步，可能在 ΔT 时间内位置仍然超差
液压缸泄漏	伺服阀驱动电流过大，某腔压力值下降，位置无法控制，轧制力下降等
液压缸内有气体	液压缸位移曲线出现"锯齿"形状，动态性能变差

故　障	症　状
伺服放大器零点或放大系数漂移	位置偏差过大，零偏电流可能出现偏差，还可能引起两侧位置不同步，可能在 ΔT 时间内位置仍然超差
伺服阀寿命性故障	伺服阀零偏电流趋势增大，伺服阀性能下降，未能达到轧制要求
伺服阀突发性故障	液压缸位置无法控制或偏向某一端，零偏电流突然增大
溢流阀调节压力过高	在伺服系统发生故障时，可能引起液压缸压力过高
溢流阀调节压力过低	在伺服系统发生故障时，可能引起液压缸压力过低，轧制力下降
溢流阀损坏	压力建立不起来，或不起溢流作用
蓄能器有效容积小，充气压力过低	系统振动严重，并有噪声
机械与电气零点不一致	伺服系统驱动零偏电流增大
液控单向阀故障	压下液压缸位置无法控制，偏向某一端
电磁换向阀故障	无法控制液控单向阀，系统不能正常工作
电气线路断线	位置无法控制，其对应的控制点没有驱动电流

12.7.4　轧机液压 AGC 典型故障案例

现将轧机液压 AGC 控制系统经常发生的故障及处理意见归纳如下：

（1）位置超差。定期维修期间更换轧机某上下支撑辊后，开机调零时，操作侧和传动侧之间出现位置偏差过大而报警，导致调零不成功。检查机械方面与液压缸各腔压力均正常，活塞能运行到上下极限位置无渗漏。检查位置传感器和控制模块都没发现问题。检查工作辊和支撑辊的直径及辊型的偏差都在合格范围之内，不应该造成位置超差。最后决定重新更换支撑辊，拉出上支撑辊时发现在上支撑辊轴承座与 AGC 液压缸的接触面之间夹有一块碎布，将其取出后，故障消除。

引起这个故障的原因是在支撑辊轴承座与 AGC 液压缸有一定厚度的杂质，引起位置测量出现偏差，而操作人员未按标准化作业，未仔细检查支撑辊便安装。

（2）无法调零。在生产中正常更换某一工作辊，进行调零时，在工作辊靠近时，无法达到零位，以致无法完成调零程序，机械及电气方面都无事故报警。查看现场，发现液压缸已在最大行程位置，于是再次更换直径较大的工作辊，结果故障消除。

引起这个故障的原因是工作辊的辊径较小，辊缝超过 AGC 液压缸的行程。解决的办法一是更换合适的轧辊；二是调整合适的垫板。

（3）AGC 液压缸不动作。故障出现后，应检查工作压力。经测压点检查的压力过低，但有液压油流动的声音。对此种症状进行分析，有两个可能：一是伺服阀工作异常或控制信号异常，二是安全溢流阀有故障。考虑到有两个伺服阀并联工作，因此设置一个为主工作状态，另一个为辅助工作状态。因为两个伺服阀同时出现故障的可能性很小，所以先检查溢流阀，发现主阀芯卡在开口位置，更换了一个新的溢流阀之后，系统恢复正常。这是液压系统被污染造成的故障。

12.8　带钢跑偏控制系统液压故障诊断

12.8.1　概述

随着轧钢机向自动化、连续化、高速化方向的发展，液压伺服控制已成为现代化带钢连轧机的重要控制方式。它广泛用在轧机液压压下和轧钢车间辅助设备的液压控制系统中，实现张力、位置、厚度和速度等的控制。本节着重介绍带材跑偏控制。在带材连续生产中，引起跑偏的主要原因有：张力不适当或张力波动较大；辊系的不平行和不水平度；辊子偏心或锥度；钢带厚度不均、浪形及横向弯曲等。跑偏控制的作用在于使机组带钢定位，避免带钢跑偏过大而撞坏设备或造成断带停产，保证机组稳定高产。同时由于实现了自动卷齐，钢带可以立放，便于中间多道工序的生产，并可大量减少带边的剪切量而提高成品率，使成品钢卷整齐，包装、运输及使用方便。

12.8.2　光电液伺服跑偏控制系统的组成及工作原理

常见的跑偏控制系统有气液和光电液伺服控制系统。二者工作原理相同，其区别仅在于检测器和伺服阀不同，前者为气动检测器和气液伺服阀；后者为光电检测器和电液伺服阀。下面对光电液伺服跑偏控制系统进行介绍。

图 12-11 所示的跑偏控制系统是由能源装置 10、电液伺服阀 9、伺服液压缸 1、辅助液压缸 8、光电检测器 5、电放大器 7 和卷取机构等组成。其中光电检测器由光源与光电二极管组成。当带材正常运行时，光电管接收一半光照，其电阻值为 R。当带材边缘偏离检测器中央时，光电管接收的光照发生变化，电阻值随之变化，因而破坏了以光电管电阻

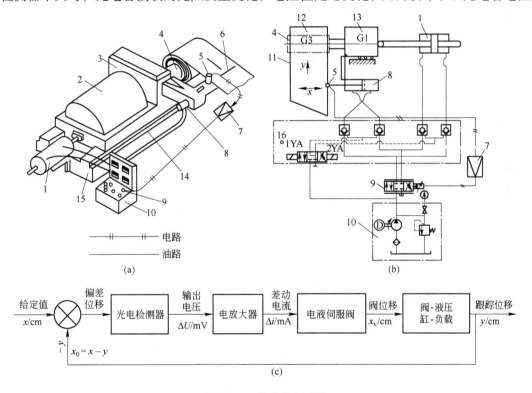

图 12-11　跑偏控制系统

（a）跑偏控制系统原理图；（b）液压系统图；（c）系统方框图

1—伺服液压缸；2—电动机；3—传动装置；4—卷筒；5—光电检测器；6—跑偏；
7—电放大器；8—辅助液压缸；9—伺服阀；10—能源装置；11—带钢；12—钢卷；
13—卷取机；14—导轨；15—机座；16—电磁换向阀

为一臂的电桥平衡，输出一偏差电压信号。此信号经电放大器 7 放大后输入电液伺服阀 9 一差动电流信号，使伺服阀输出一正比于输入信号的流量，推动伺服液压缸 1 拖动卷筒 4 向跑偏的方向跟踪，从而实现带钢 11 自动卷齐。由于检测器 5 与卷筒 4、卷取机 13 一起移动，形成了直接位置反馈。当跟踪位移量与跑偏位移量相等时，偏差信号为零，此时带材与卷筒恢复互相对齐的位置进行卷取，完成一次自动纠偏过程。通常卷齐精度为 ±(1~2) mm。图中电磁换向阀的作用是选择锁紧伺服液压缸 1 或辅助液压缸 8。正常工作时，2YA 通电，辅助液压缸 8 锁紧。需要光电检测器调整位置时，1YA 通电，这时伺服液压缸 1 锁紧。

12.8.3　跑偏控制系统液压故障诊断及维护

光电液伺服跑偏控制系统的常见故障有油源引起的故障、伺服系统引起的故障以及油源和伺服系统相互作用引起的故障。

（1）油源引起的故障。油源引起的故障如图 12-11 所示。其分析与处理见表 12-9。

表 12-9　油源引起故障的分析与处理

故障	原因分析	处理方法	故障	原因分析	处理方法
液压泵打不出油	拖动电动机转向不对	停止驱动，改变电动机转向	噪声和振动很大	进油主管路中阻力大	检查泵进油管和过滤器有无阻塞、漏气
	泵进出口接错	改换出、进口		空气进入主管路	排除空气
	油箱液面太浅	油液加到要求的液位		油箱通气孔堵塞	清洁气孔
	液压油黏度太高	更换油液		液压泵失灵	修复或更换液压泵
	液压泵损坏	更换液压泵		溢流阀振动	拆开溢流阀、检查原因并调整
	进油混入空气	检查管路连接的密封性		管路固定刚度不足	加设中间支架或在油源和伺服阀间安装一段软管
无压力或压力调不上去	液压泵供油故障	按液压泵打不出油诸项检查		原动机与泵不同心	检查和调整同心度
	电磁阀未能闭锁溢流阀的遥控口	检查电磁阀		原动机与泵基础刚度不够	加强基础
	截止阀未关	检查和关闭截止阀	液压油温升过快	冷却系统不良	检查和消除冷却系统不良原因
	大量外泄	检查密封件是否良好，更换不良密封件，拧紧管接头		油箱太小	加大油箱
				环境温度过高	改善周围环境

（2）伺服系统引起的故障。伺服系统的故障主要表现在以下几个方面：

1）系统不稳定。系统不稳定表现为一种发散性振荡（输入信号为 0 时），即由于受到系统饱和以及限位装置的影响，系统在两个极限位置之间振荡。为了消除系统的不稳定，可以降低系统的开环增益；检查系统的校正装置与参数是否符合设计要求；检查管路中是否混入空气而使液压固有频率降低，如果混入了空气，需将空气排除，并且检查液压泵的进口是否有漏气的地方（这就是前面提及的油源和伺服系统相互作用引起的故障）；检查执行机构（液压缸、液压马达）和负载之间、基座之间的连接刚度是否有问题，因为刚度降低会使结构谐振频率降低。

2）失控。失控表现为改变系统输入信号的大小和方向，都不能控制负载运动。遇到这种故障时，检查电液伺服阀是否卡住，如果是，那么需要更换伺服阀，将油箱的油液进行净化处理；检查伺服放大器到伺服阀间的接线是否有断路；检查反馈通道有无断路。

3）自振荡。自振荡表现为输入信号等于零（输入端接地）时，系统产生低频等幅自振荡。这是伺服系统中最常见的一种现象，是由系统中的非线性因素引起的，该系统将持续振荡，而不取决于初始条件和外力作用，这种振荡又称为极限环振荡或自振荡。它与上述因线性系统不稳定引起的振荡是不同的。线性系统不稳定引起的振荡是一种发散振荡，并且很快达到极限位置，然后在两个极限位置之间振荡，一般振荡频率比较高（高于或者接近于回路的穿越频率）。极限环振荡是一种低频（低于回路的穿越频率）的等幅振荡。

极限环振荡的另一个鲜明特征是振荡波形，例如由齿轮间隙引起的极限环振荡是一种截顶的正弦波，如图 12-12 所示。所以根据振荡的频率和波形是不难辨别自振荡的。

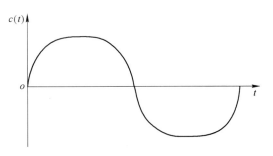

图 12-12　齿隙引起的极限环振荡波形

由于极限环振荡是系统中所有组成元件综合作用的结果，所以除了根据振荡频率和波形来判别所产生的自振荡是否为极限环振荡和产生极限环振荡的非线性元件外，还可按如下步骤进一步找出产生极限环振荡的回路和非线性元件。

① 画出伺服系统的方框图，并用线性理论判别系统的稳定性（即频率特性曲线中稳定裕量是否足够）。当通过分析，证明系统是稳定的，而实际结果又恰恰产生了振荡，这时可以得出实际结果与分析结果不符合的结论，需进一步查找振荡原因。

② 搞清产生振荡的回路。由于回路断开时振荡就停止，因此对于多回路系统，可以从最外面的回路开始，逐步推向里层，依次断开它们，就可以找出不稳定回路。

假设不稳定回路的方框图如图 12-13 所示，则所有变量 $x_0 \sim x_6$ 都以极限环频率呈周期振荡状态。测量其波形，呈非正弦波形，表明有非线性存在。

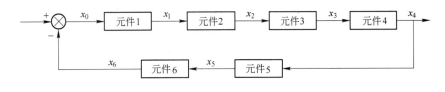

图 12-13　不稳定控制回路

③ 测量每点的波形。根据波形，确定每个元件的相位移，同时通过理论计算，计算每个元件在此极限环频率下应有的相位移，将其同实测值相比较看是否相符合，若相差甚大，则可能就是这个元件的非线性引起的。

4）在一定输出速度下的振荡。这是在系统的输入信号不为零，负载以一定的速度运转时所产生的振荡。产生这种现象的原因可能有：

① 伺服阀堵塞，使输出产生跳动。因为伺服阀堵塞时，伺服系统失控，误差增大，从而使阀的开度增加。阀的开度增加到一定程度时，脏物被冲出去，淤塞形成的障碍被消除，输出又回到受控位置。此后伺服阀又受到堵塞。如此循环，但周期不定。为消除这种现象，可通过净化油液，或者加颤振信号解决。

② 由于伺服阀输入增大时，阻尼比增大，并有可能变成过阻尼。这时二阶振荡环节分解成两个惯性环节，其中一个时间常数很小，这个环节产生的相位滞后是系统的相位裕量降低所致。可以采用降低系统的开环增益或更换电液伺服阀的办法来解决。

③ 伺服阀的增益特性上翘，伺服阀在具有一定的开口的情况下，增益变大，致使系统不稳定。可采用降低系统的开环增益或更换增益特性一致的伺服阀的办法来解决。

④ 油源脉动引起振荡。应解决油源脉动问题。

5）低速爬行。一般伺服系统在极低速度下运转时，都会产生爬行现象，其振荡波形呈锯齿形。如果出现爬行时，系统精度没有超过允许误差，那么这种爬行现象可不予理会。如果误差超过允许范围，则需设法解决。低速爬行是执行元件和负载中静摩擦和库仑摩擦之间的差值引起的。这个差值越大，出现爬行时的临界速度越大。要解决低速爬行的问题，必须从降低这个摩擦力的差值入手。

6）性能指标达不到要求。一个新研制的系统，要使系统的性能指标达到要求，需按电液伺服系统调试中的有关规定，由里向外，一个回路一个回路地调试。最外环，按照波德图与闭环系统性能指标之间的关系来调试各参数，使系统全面而均衡地满足各指标要求。

一个系统经过一段时间使用后，发现某些性能指标下降，这时仍要根据开环波德图与系统性能指标之间的关系去查找原因。例如，稳定性变差，相应的超调量变大，振荡次数增加，那么就应该想到是否是由于开环增益变大或校正网络的参数发生变化等。

（3）光电液伺服系统的维护。为了减少光电液伺服系统的故障，日常维护十分重要。维护要点如下：

1）随时注意油箱的液面、油温、油源的压力波动是否在正常的范围内，并随时监听系统运转的声音是否正常。一旦发生异常现象，必须立即采取措施。

2）当液面下降到正常范围以下时，应补充已泄漏的油量。充油时，液压油须经严格过滤，即使是油桶中的新油，也需通过粒度为 124 μm 的滤网过滤后才能注入油箱。

3）每隔 500 h 左右需检查和更换过滤器，清除能源泵入口过滤器脏物。

4）累计工作 1000 h 后，或间断使用 1 a 左右后，需更换油箱内的全部油液 1 次。

5）无重要原因，不要轻易拆卸系统中液压元件。如果经过一段时间后，系统产生各种异常现象，用外部调整的方法不能排除时，需对原理进行充分了解，明确掌握了故障的原因后，才进行分解修理和更换损坏的配件。这时，配件必须严格清洗，并且在拆卸和重新装配的过程中需特别注意防止其他杂质进入管路系统。

6）定期检查油箱的空气过滤器有无污染堵塞，定期检查油液的酸性和其他污染。

7）一般情况下，8 个月到 1 a 应将伺服阀卸下进行性能测试或更换。

8）伺服系统的油箱、管道及其附件均应用不锈钢材料制造。

12.9 液压叉车液压故障诊断

在装卸机械中，叉车是一种典型的用于装卸货物的起重运输机械。为了实现结构紧凑、操纵简单和转向灵活的目的，在货叉升降、门架倾斜、叉车转向及变速箱换挡等机构中均采用液压传动，有些全液压叉车还采用液力变矩器的液力传动方式作为传动机构，驱动工作装置对外做功。

本节以 CPC05 型液压叉车为例讲解液压叉车的故障分析与排除。该叉车采用液压传动，如液压换挡，全液压转向，工作装置（货叉升降、门架倾斜）均为液压传动。

12.9.1 工作装置（货叉升降、门架倾斜）的故障诊断

工作装置的液压系统原理如图 12-14 所示。

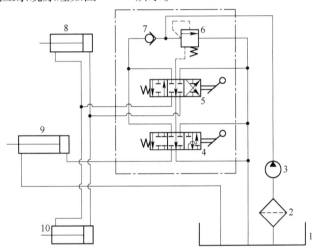

图 12-14 工作装置液压系统

1—油箱；2—过滤器；3—液压泵；4，5—多路阀；6—溢流阀；
7—单向阀；8，10—门架倾斜液压缸；9—升降液压缸

（1）升降无力或不能起升。

1）液压泵 3 因使用较久，内部磨损，供油压力流量不足。可更换齿轮泵磨损零件或修复泵，必要时更换泵。

2）升降液压缸 9 故障。

① 升降液压缸活塞上密封圈破损，内泄漏过大，应更换。

② 液压缸活塞杆拉毛，与缸盖衬套别劲，或者缸盖未装正，别住活塞杆，可分别进行处理。

3）多路换向阀故障。

① 多路换向阀中的安全（溢流）阀 6 阀芯卡死在打开位置，液压泵来油经此阀部分流入油箱，系统压力上不去。当全部油液流回油箱时，无提升动作。应排除安全阀故障。

② 多路阀中单向阀 7 阀芯卡死在小开度或关闭位置，液压泵来油受阻不能进入或只有少量油液进入后续系统。可拆开清洗并排除毛刺。

③ 多路阀中换向阀 4 和 5 的阀芯与阀体孔磨损严重，内泄漏大，使进入升降液压缸 9 的压力油流量不够。可修复阀芯（如电镀）或更换阀芯，重新研配孔，并保证装配间隙。

④ 多路阀阀体（此阀有 4 块阀体）之间密封破损或漏装，造成漏油，使进入升降液压缸的压力油不够，更换密封后，此故障便可排除。

4）液压油管及管接头处漏油，更换密封件，将管接头拧紧，此故障可排除。

5）油温过高，油液黏度下降，泵和系统各处内泄漏增加。可停车降温，并检查油温过高的原因予以消除。

6）超载。不能超过规定的起升质量。

（2）升降液压缸在提升重物时，不能停住，有下滑现象。

1）同（1）中2）的①，或阀4未处于中位。

2）同（1）中4）、5）、6）。

（3）门架倾斜液压缸 8、10 自倾及前后倾斜，两液压缸不同步，倾斜不一致。

1）多路阀中的阀 5 内泄漏量太大，或阀芯不能复中位。可检查内泄漏量大的原因并排除之。复位弹簧折断或疲劳者予以更换。

2）两倾斜液压缸 8、10 内泄漏不一致，例如，一缸密封破损而另一缸密封完好，造成两缸行程不同步，从而产生倾斜不一致。

3）两倾斜液压缸进出油口的通路阻塞程度不一致，例如一液压缸进出油口被污物堵住，而另一缸未堵，此时应拆开清洗。

（4）多路换向阀阀芯不能复位，或操纵力大。

1）复位弹簧疲劳变形或折断。可更换复位弹簧。

2）阀芯被污物卡住。可清洗多路阀、配研阀芯等。

12.9.2　转向部分的故障诊断

转向部分的液压系统图如图 12-15 所示。液压泵 5（CBF-E25 型齿轮泵）输来的压力油经流量控制阀 3 向全液压转向器 2 供油，转向器将压力油配送至转向液压缸 1 的前腔或后腔，推动液压缸活塞并带动转向机构，实现车轮转向。

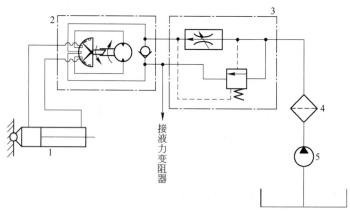

图 12-15　转向部分的液压系统

1—转向液压缸；2—全液压转向器；3—流量控制阀；4—过滤器；5—转向液压泵

转向器 2 为 BYZ-200 型全液压转向器，它由行星针齿摆线液压马达和转阀式转向阀组成。转向阀的转动由方向盘操纵，控制左、右转向。当发动机熄火或液压泵出现故障不能动力转向时，转向器仍能进行人力转向。此时，行星针齿摆线液压马达起泵的作用，为转向液压缸提供压力油。

转向部分的故障分析与排除如下：

（1）转向沉重。

1）液压泵 5 供油量不足。例如，发动机的转速过低可提高发动机转速，检查泵本身故障并排除或更换液压泵。

2）转向器内单向阀（钢球）因污物卡住而失灵。可拆开清洗。

3）转向液压缸两端连接处的球头销与球座卡死，或转向液压缸别劲。可分别予以排除。

4）转向液压缸内泄漏量过大。可更换液压缸活塞密封。

5）油箱油面过低。可给油箱加油。

6）根据污物堵塞管路等情况分别进行清洗。

（2）转向不平稳。这主要是空气进入系统所致，可找出进气原因，进行排除。

（3）转向失灵。

1）转向器拔销折断或变形，需更换。

2）联轴器开口损坏，需更换联轴器。

（4）转向器转子复位失灵。

1）转向轴与阀芯不同心，或转向轴顶死阀芯，或其他原因造成转向轴转向阻力过大，可针对故障产生部位及时检查修复。

2）定位弹簧片折断，应予以更换。

（5）无人力转向。这主要是摆线液压马达的转子和定子间隙过大，不能向转向液压缸输送足够压力的压力油所致，此时应拆修液压马达。

12.10　Q_2-8 型汽车起重机液压故障诊断

12.10.1　Q_2-8 型汽车起重机液压系统简介

Q_2-8 型汽车起重机液压系统由能源、前后支腿、吊臂伸缩、变幅、起升等回路组成，如图 12-16 所示。图中主分配阀组 10 是一个串联油路的多路换向阀组，由 1 个安全溢流阀、3 个分别用于吊臂伸缩、变幅和回转机构的三位四通 M 型手动换向阀及 1 个用于起升机构的三位四通 K 型手动换向阀组成。由于采用了串联油路，在空载或轻载吊重作业时，各机构可以任意组合同时动作。

现将各回路的工作原理分述如下：

（1）稳定支腿回路。稳定支腿在起重机吊重作业时，下放到地面（平时抬起）支承整车的自重及其产生的力矩，要求绝对可靠，以防止整车倾覆。稳定器液压缸 8 的作用是在下放后支腿前，先将原来被车重压缩的后桥板簧锁住，支腿升起时车轮与地面不再接触，起重作业时支腿升起的高度较小，使整车的重心较低，保持良好的稳定性。因此也就要求

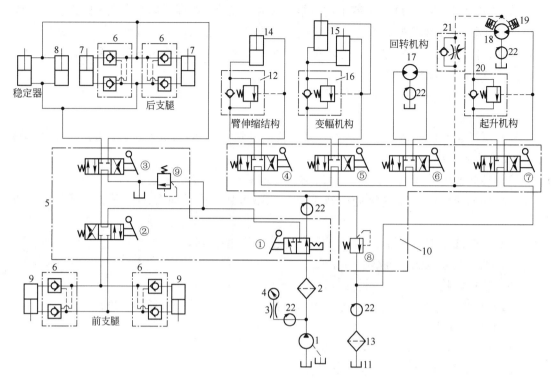

图 12-16　Q₂-8 型汽车起重机液压系统图

1—液压泵；2—过滤器；3—阻尼塞；4—压力表；5—支腿操纵阀组（含①、②、③—手动换向阀；⑨—安全溢流阀）；
6—双向液压锁；7—后支腿液压缸；8—稳定器液压缸；9—前支腿液压缸；10—主分配阀组
（含④、⑤、⑥、⑦—手动换向阀；⑧—安全溢流阀）；11—油箱；12—伸缩臂平衡阀；13—回油过滤器；
14—伸缩臂液压缸；15—变幅液压缸；16—变幅平衡阀；17—回转液压马达；18—起升液压马达；
19—起升制动液压缸；20—起升平衡阀；21—单向节流阀；22—中心回转接头

起重作业之前先放后支腿，后放前支腿；作业结束前先收前支腿，再收后支腿。

（2）吊臂伸缩回路。吊臂臂梁采用单级长液压缸（5 m）14，为使伸缩机构工作平稳可靠，回路中设置了平衡阀 12。

（3）变幅回路。Q₂-8 型汽车起重机变幅机构的调节是利用两个并联液压缸 15 的伸缩来改变臂梁的起落角度而达到的。为了保证变幅作业的平稳可靠，回路中也装有平衡阀 16。

（4）回转回路。本回路采用 ZMD40 型轴向柱塞马达作为执行元件，实现回转运动。由于转速低，惯性力小，因此油路中压力冲击也较小，所以未设置缓冲装置。通过控制三位四通换向阀⑥的左、中、右三个工作位置，可获得左转、停转、右转三个不同的工况。

（5）起升回路。起升时，要求平稳，负载下降时平稳性要求更高，以防负载下降到位时发生撞击，为此回路中也设置了平衡阀 20，使重物下降时能起到限速作用，防止油管破裂和制动失灵时重物自由下落造成严重事故。因此，平衡阀应尽量靠近液压马达。起升的调速是通过调节发动机的油门（转速）和控制换向阀⑦来实现的。起升机构的液压马达通过二级齿轮减速机带动卷筒转动，减速机高速轴上装有两个瓦块式制动器，其液压缸通过单向节流阀 21 与主油路相连，连在图示位置，能保证在吊臂伸缩、变幅和回转时，制动器的液压缸（单作用）19与回油接通，缸弹簧力使起重机制动。只有当阀⑦工作，马达正反转的情况下，制动器液压缸才将制动瓦块松开。

单向节流阀21的作用是，避免升至半空的重物再次起升之前，由于重物使马达反转而产生滑降现象。

12.10.2 Q₂-8型汽车起重机的故障分析与排除

（1）稳定支腿回路故障。

1）车轮总落地，车体支不起来。

① 因液压泵1故障，不上油，排除液压泵故障。

② 溢流阀⑨故障，压力上不去。排除溢流阀⑨故障，调整至规定压力。

③ 二位三通换向阀①未处于左位，无油液进入液压缸8、液压缸7及液压缸9等。在放下支腿时，换向阀①一定要处于左位。

④ 稳定器液压缸8未将后桥板簧锁住，主要是缸8内泄漏大，必须更换缸8活塞密封。

2）车体前后方向倾斜。

① 前支腿液压缸9或后支腿液压缸7的活塞破损，内泄漏量大，在起吊作业受载时，引起车体前后倾斜。可拆开缸7和缸9，检查活塞密封破损情况，破了的予以更换。

② 前支腿或后支腿液压缸中混有空气，可往复支腿液压缸数次或拆松管接头（不可全卸）排气。

3）车体在未起吊时能支起，但在起吊作业中车体下落，特别是在起吊重物（满载）时尤为严重，其原因除了上述支腿液压缸的内泄漏稍大外，主要是液压锁6有故障，不能锁住液压缸保压所致。

（2）吊臂伸缩回路故障。

1）臂梁不能伸出（上升）。

① 换向阀①要处于右位。

② 溢流阀⑧故障，造成压力上不去，可排除溢流阀⑧故障。

③ 换向阀④未手动推到位，正确的位置是阀④应处于左位。

2）臂梁不能缩回（下降）。

① 同臂梁不能伸出第①、②条。

② 换向阀④要处于右位。

3）臂梁缩回时不平稳，出现停位点不准确以及缸14停止（阀④中位）时臂梁缓慢下滑或断续下滑的现象。

① 当阀④急剧地向臂梁收缩方向（由左位换成右位）时，平衡阀12由于控制油的延时作用，此时，平衡阀12的主阀芯未打开，使液压缸14上腔及这一段管路内的油液压力瞬时升高至25～26 MPa，平衡阀12的主阀芯突然开启，主阀芯的开度很大，产生臂梁瞬时快速较大行程的下降。这种现象称为"缩臂点头"。

为了控制液压缸14下腔至阀12之间的瞬时压力峰值，可在阀12与缸14之间增设一安全阀，其压力调节得比主溢流阀⑧稍高，或装压力补偿器"缩臂点头"现象即可得到缓和。

② 臂梁缩回过程中，有时需要中途停住，这可操纵阀④使其处于中位实现。但往往换向阀④移到中位时，伸缩臂液压缸 14 却不能立即停住，而是要下滑一段距离后方能停住，即停位点不准确。如果起吊重物时出现这种现象是很危险的。

产生这一故障的原因是臂梁缩回时的惯性会对液压缸下腔产生一冲击压力，换向阀④关闭时太快也产生一冲击压力，二者之和产生的压力造成平衡阀的内泄漏（此时阀④关闭）很大，通过平衡阀内的泄油道流回油箱，所以液压缸 14 要下滑一小段距离。排除办法是减小泄漏。

（3）变幅回路的故障。变幅回路的组成及工作原理与臂伸缩回路完全相同，因而变幅回路可能产生的不能增幅、不能减幅以及减幅时不平稳等故障的原因和排除方法可参照吊臂伸缩回路办法处理。

（4）回转回路的故障。

1）回转时车体倾斜。

① 个别支腿液压缸内混有空气，须进行排气。

② 个别液压锁有故障，如单向阀不密合，单向阀芯卡死以及控制活塞卡死和控制活塞密封失效等，可逐一进行排除。

2）回转时速度变慢。

① 液压泵 1 内泄漏大，输出流量不够。如果是由于泵使用时间较长，内部零件（如配油盘柱塞等）磨损的，可更换或修复液压泵；如果是由于发动机的转速不够造成液压泵转速低而使输出流量小，可加大发动机的油门。

② 液压马达 17（ZMD40 型轴向柱塞马达）的内泄漏大，可修复或更换液压马达。

③ 溢流阀⑧故障，溢流量太多，可排除溢流阀⑧的有关故障。

④ 其他部位泄漏大，可找出泄漏部位，采取加强密封等措施。

（5）起升回路的故障。

1）吊钩升不上去，吊不起重物。

① 溢流阀⑧的调节压力过低，可调高压力。

② 溢流阀⑧有故障，导致系统压力上不去，可排除溢流阀⑧故障。

③ 液压马达 18 有故障。例如，内泄漏量大，造成有效输出转矩下降，可采取修复液压马达有关零件，减少液压马达内泄漏予以解决。

④ 因某些原因，刹车制动器（液压缸 19）不能松开轴瓦，应查明原因，予以排除。

2）吊钩下不来，吊起的重物悬在空中。

① 平衡阀 20 有故障，可参照吊臂伸缩回路故障有关内容予以排除。

② 液压马达 18 有故障，如内泄漏大、内部零件损坏等，可拆修液压马达，更换或修复有关零件以恢复液压马达性能。

12.11　ZL50 型装载机液压故障诊断

ZL50 型装载机采用的是转向与工作两系统能量相互转换的液压系统，如图 12-17 所示。若液压元件工作不良，该机的工作装置常出现以下故障。

（1）动臂举升无力。动臂举升无力的直接原因是动臂液压缸活塞端的液压油压力不

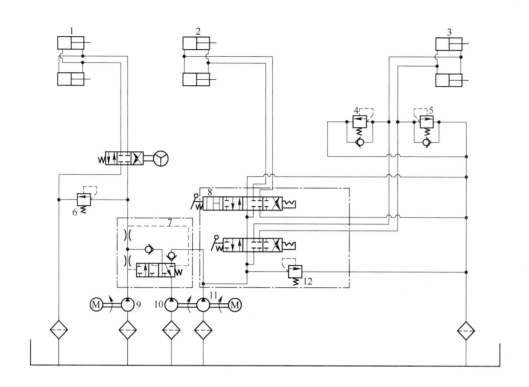

图 12-17 ZL50 型装载机液压系统图

1—转向液压缸；2—动臂液压缸；3—铲斗液压缸；4—后双作用安全阀；
5—前双作用安全阀；6—转向溢流阀；7—流量转换阀；8—多路换向阀；
9—转向液压泵；10—辅助液压泵；11—主液压泵；12—总安全阀

足，其主要原因有：

1）过滤器堵塞或液压泵内泄漏严重，液压泵输油不足。

2）液压系统发生严重内泄漏和外泄漏。液压系统发生内泄漏的原因可能有：多路换向阀的总安全阀压力调整过低，或主阀芯被脏物卡住在开启位置（先导式溢流阀主阀芯的弹簧很软，容易被脏物卡住）；多路阀中动臂换向阀的阀杆与阀体孔的间隙过大；动臂液压缸活塞上的密封圈损坏或严重磨损；流量转换阀阀芯与阀体的间隙过大，或阀内的单向阀密封不严。

动臂举升无力的排除方法有：

1）检查过滤器，若堵塞则清洗或更换；观察油液，若变质则更换。

2）检查总安全阀是否卡住，若卡住，只需拆下总安全阀，清洗主阀芯，使之能自由推动即可。若故障还不能排除，则操纵多路换向阀，旋转总安全阀的调压螺母，观察系统的压力反应，若压力能调到规定的数值，说明故障基本被排除。

3）判断液压缸活塞密封圈是否已失去密封作用。将动臂液压缸收到底，再将液压缸大腔出口接头的高压胶管拆下，继续操纵多路阀的动臂换向手柄，使动臂液压缸进一步收回活塞杆（由于此时活塞杆已经收到底，不能再动，所以油压不断升高）。然后，仔细观察液压缸大腔出口处是否有油液流出，若液压缸大腔出口处只有少量油流，说明活塞小密封圈没有失效；若形成较大的油流（大于 30 mL/min），则说明液压缸活塞密封圈密封失效，应予以更换。

4）根据多路阀使用的时间，可分析出阀杆与阀体孔的间隙是否过大。正常间隙为 0.01 mm，修理时的极限值为 0.04 mm。

5）检查流量转换阀阀芯与阀体的间隙。正常值为 0.015~0.025 mm，最大间隙不得超过 0.04 mm。若间隙过大或阀磨损严重，应更换流量转换阀。检查阀杆内单向阀与阀座接触面的密封性，若密封不良，可研磨阀座，更换阀芯。检查弹簧，若变形、变软或断裂，均应更换。

6）若上述可能原因都被排除，故障仍然存在，则必须拆检液压泵。对于 ZL50 型装载机常用的 CBG 型齿轮泵，主要检查泵的端面间隙，其次是检查两啮合齿轮之间的啮合间隙，以及齿轮与壳体之间的径向间隙。如果间隙过大，说明内泄过大，因而无法产生足够的压力油，这时应更换主泵。CBG 型齿轮泵齿轮的两端面，是靠两个镀有一层铜合金的钢制侧板来密封的，如果侧板上铜合金局部脱落或严重磨损，也会使液压泵输不出有足够压力的油液。此时，也应更换液压泵。

(2) 铲斗收斗无力或不动作。铲斗收斗无力或不动作的故障原因有：

1）主液压泵失效，泵输不出有足够压力的油液。

2）总安全阀的主阀芯被卡住，或主阀芯密封不严或调压过低。

3）流量转换阀间隙过大或阀内单向阀密封不严。

4）多路阀的铲斗换向阀阀杆与阀体孔的配合间隙过大。

5）前、后双作用安全阀的主阀芯被卡住或密封不严。

6）铲斗液压缸活塞的密封圈损坏。

铲斗收斗无力或不动作的故障排除方法有：

1）检查动臂举升是否有力，若动臂举升正常，则说明液压泵和总安全阀无故障，否则先按上述方法排除故障。

2）拆卸前、后双作用安全阀，检查滑阀式换向阀阀芯与阀座、单向阀阀芯与阀体之间的密封性、灵活性，并清洗阀体与阀芯。

3）检查铲斗换向阀阀杆与阀体孔之间的间隙，看是否在修理极限值（0.04 mm）以内，若大于该值，则应进行修理或更换。

4）拆检铲斗液压缸（也可先检查动臂液压缸活塞的密封是否失效）。

(3) 动臂液压缸沉降量过大。将满载的铲斗举起，多路阀处于中位，动臂液压缸活塞杆的下沉距离，即为沉降量。

ZL50 型装载机在满载的铲斗升至最高位置达 30 mm 后，要求活塞杆对缸体的相对位移量不得大于 10 mm。若沉降量过大，不仅直接影响装载机的生产率，而且还会影响工作装置作业的准确性，有时甚至会发生事故。

动臂液压缸沉降量过大的故障原因可能是，多路阀动臂换向阀阀杆与阀体孔的间隙过大，造成内泄漏或动臂液压缸活塞的密封失效。

故障排除方法为：更换动臂液压缸活塞的密封圈；检查多路阀动臂换向阀阀杆与阀孔体的间隙，确保其间隙在修理极限值（0.04 mm）以内，若大于该值，应进行修理或更换；检查管路及管接头是否有外泄漏，如果有泄漏，及时进行处理。

────────── **重点内容提示** ──────────

重点分析组合机床液压故障和轧机液压 AGC 系统液压故障。

思 考 题

1. 液压剪板机在工作中出现两液压缸不同步，分析其产生不同步原因，并提出排除方法。

2. 轧机液压 AGC 液压系统常出现哪些故障，如何排除？

3. 轧机液压 AGC 液压系统，如何进行控制、位移传感器性能及安装位，对提高控制精度和稳定性有何影响？

4. 液压叉车液压系统常出现哪些故障？分析升降液压缸提升力不足的原因。

5. 汽车起重机液压系统中稳定支腿液压缸常出现哪些故障，如何快速排除？

基于人工智能液压系统故障诊断方法

扫码获得
数字资源

思政之窗：

推动战略性新兴产业融合集群发展，构建新一代信息技术、人工智能、生物技术、新能源、新材料、高端装备、绿色环保等一批新的增长引擎。

（摘自《中国共产党第二十次全国代表大会关于十九届中央委员会报告的决议》）

13.1 人工智能概述

我国 2017 年政府工作报告中指出，全面实施战略性新兴产业发展规划，加快人工智能技术的研发和转化应用，做大做强产业群。强调把发展智能制造作为主攻方向，大力推进国家智能制造示范区，示范企业，建设一批制造业创新中心，为我国高质量发展和经济建设服务。

目前，世界范围内人工智能高速发展，智能液压技术作为高端先进制造业的关键性基础技术，在国防、工程机械、能源、矿山、海洋、船舶、冶金、电力、石化、机械装备、煤炭、汽车等领域应用广泛，是促进我国高端制造业发展的核心技术之一，高端智能液压技术是液压技术今后发展的重要趋势。

13.1.1 人工智能内容

（1）人工智能（artificial intelligence），英文缩写为 AI。它是研究、开发用于模拟、延伸和扩展人的智能的理论、方法、技术及应用系统的一门新的技术科学。

（2）它企图了解智能的实质，并生产出一种新的、能以人类智能相似的方式做出反应的智能机器，该领域的研究包括机器人、语言识别、图像识别、自然语言处理和专家系统，以及对设备工作状态监测与故障诊断。

（3）人工智能是对人的意识、思维的信息过程的模拟。人工智能不是人的智能，但能像人那样思考，在某些方面也可能超过人的智能。

13.1.2 人工智能类型

（1）弱人工智能，包含基础的、特定场景下角色型的任务，如 Siri 等聊天机器人和 AlphaGo 等下棋机器人。

（2）通用人工智能，包含人类水平的任务，替代人的工作，涉及机器的持续学习。

（3）强人工智能，指比人类更聪明的机器。

13.1.3 人工智能发展史

图 13-1 所示为人工智能发展史。

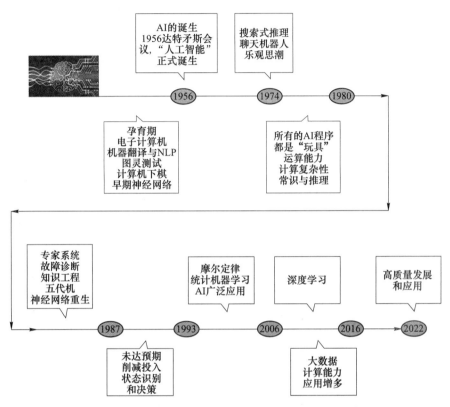

图 13-1 人工智能发展史

13.1.4 人工智能主要结构

图 13-2 所示为人工智能的主要结构。

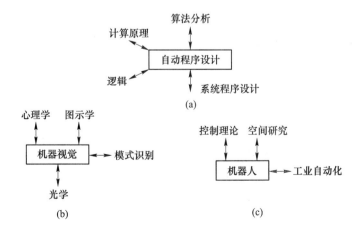

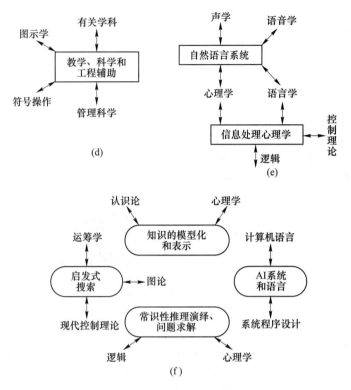

图 13-2　人工智能主要结构

（a）程序设计；（b）机器视觉；（c）机器人；（d）科学与工程；（e）语言与心理学；（f）基本知识和技术

13.1.5　人工智能在液压系统故障诊断中应用

人工智能随着科学技术的发展逐步延伸到液压技术领域。早在 20 世纪 80 年代初，它就应用于液压系统状态检测与故障诊断中。例如，塑料注射成型机液压系统运行状态检测与故障诊断，通过诊断发现工作状态发展趋势和液压系统故障部位，采取有效措施进行修理；对液压泵、液压阀及一些关键元件进行人工智能诊断，可以准确、迅速地判断故障部位。基于人工智能的诊断方法的不断发展和完善，将进一步提高液压系统故障诊断技术水平。

13.2　基于专家系统液压系统故障诊断方法

13.2.1　简介

专家系统是一种"基于知识"的人工智能诊断系统。它根据某领域专家们提供的知识和经验进行推理和判断，模拟专家的决策过程，解决那些需要专家才能处理的复杂问题。专家系统是人工智能中的一个重要分支，是一种具有推理能力的计算机智能程序，它根据某一特定领域内专家们的知识和经验进行推理，具有与专家同等水平来解决十分复杂问题的能力。建立专家系统的主要目的是利用某一特定问题领域的专家知识和经验，支持和帮助该领域的非专家去解决复杂问题。

13.2.1.1 专家系统的基本概念

专家拥有某一特定领域的大量知识以及丰富的经验。在解决问题时，专家们通常拥有一套独特的思维方式，能较圆满地解决一类困难问题，或向用户提出一些建设性的建议等。专家能利用启发性知识和专门领域的理论来对付问题的各种情况。

对于专家系统，目前尚无一个精确的、全面的、公认的定义。但一般认为，专家系统是一个具有大量的专门知识与经验的程序系统，它应用人工智能技术和计算机技术，根据某领域一个或多个专家提供的知识和经验，进行推理和判断，模拟专家的决策过程，解决那些需要专家才能处理的复杂问题。

专家系统是人工智能的一个研究领域，有 3 个重要的概念：

（1）表达知识的新方法。知识不同于信息，它比信息更复杂，更有价值。如果说一个人在某一方面知识丰富，意思是说此人不仅知道这个领域的许多事实，还可以对相关的问题进行分析并做出判断。

（2）启发式搜索。传统的计算机计算过程依赖于对一个问题的每一个元素和每一个步骤的详细分析，这就局限了计算机解决问题的范围。人类在解决许多问题时是依靠启发式思维（经验）进行的。启发式知识是可能性知识，仅仅在可能碰到的各种情况中的一些情况下起作用。启发式搜索的关键是依赖于特定环境知识，来源于实践经验。此外，启发式思维具有不确定性。

（3）将知识与知识的应用过程分离。这种功效使非程序员编程成为可能，一旦创造出能产生处理一个给定知识体的自身算法的程序环境，任何能提供此知识体的人即可创造出一个程序。

一般专家系统执行的求解任务是知识密集型的，专家系统必须具备 3 个要素：

（1）领域专家级知识。专家系统必须包含领域专家的大量知识，从而能处理现实世界中提出的需要由专家来分析和判断的复杂问题。

（2）模拟专家思维。专家系统必须拥有类似人类专家思维的推理能力，在特定的领域内模仿人类专家思维来求解复杂问题。

（3）达到专家级的水平。专家系统能利用专家推理方法让计算机数学模型来解决问题。如果专家系统所要解决的问题和专家要解决的问题相同的话，专家系统应该得到和专家一致的结论。

目前，专家系统在各个领域中已经得到广泛应用，并取得了可喜的成果。

13.2.1.2 专家系统的分类

按分类方法的不同，专家系统有多种分类。

（1）按领域分，可以分为化学、医疗、气象等专家系统。

（2）按输出结果分，可分为分析型和设计型专家系统。

（3）按技术分，可分为符号推理型和（神经）网络型专家系统。

（4）按规模分，可分为大型和微型专家系统。

（5）按知识分，可分为精确推理型（用于确定性知识）和不精确推理型（用于不确定性知识）专家系统。

（6）按系统分，可分为集中式专家系统、分类式专家系统、神经网络式专家系统、符号系统加网络式专家系统。

（7）按知识表示技术分，可以分为基于逻辑的专家系统、基于规则的专家系统、基于框架的专家系统和基于语义网络的专家系统。

（8）按任务分，可以分为解释型、预测型、诊断型、调试型、维修型、规划型、设计型、监督型、控制型和教育型专家系统。

解释专家系统任务是通过对已知信息和数据的分析与解释，确定它们的含义。解释专家系统的特点有：处理的数据量很大，而且往往处理数据时出现不准确、有错误或不完全；能够从不完全的信息中得出解释，并能对数据做出某些假设；推理过程可能很复杂和很长，要求系统具有对自身的推理过程做出解释的能力。

预测专家系统的任务是通过对过去和现在已知状况的分析，推断未来可能发生的情况。预测专家系统的特点有，处理的数据随时间变化，而且可能不准确和不完全；有适应时间变化的动态模型，能从不完全和不准确信息中得出预报，快速响应。

诊断专家系统的任务是根据观察到的情况（数据）推断出某个对象机能失常（即故障）的原因。诊断专家系统的特点有：能够了解被诊断对象或客体各组成部分的特性以及它们之间的联系；能够区分一种现象及所掩盖的另一种现象；能够向用户提出测量的数据，并从不确切信息中得出尽可能正确的诊断。

设计专家系统的任务是根据设计要求，求出满足设计问题约束的目标配置。设计专家系统的特点有：善于从多方面的约束中得到符合要求的设计结果；系统需要检索较大的可能解空间；善于分析各种问题，并处理子问题间的相互关系；能够试验性地构造出可能设计，并易于对所得设计方案进行修改；能够使用已被证明正确的设计来解释当前的新的设计。

规划专家系统的任务是寻找出某个能够达到给定目标的动作序列或步骤。规划专家系统的特点有：规划的目标可能是动态的或静态的，因而需要对未来动作做出预测；问题可能很复杂，要抓重点，处理好各子目标之间的关系和不确定的数据信息，并通过实验性动作得出可行规划。

监视专家系统的任务是对系统、对象或过程的行为进行不断观察，并把观察到的行为与其应当具有的行为进行比较，以发现异常情况，发出警报。监视专家系统的特点有：具有快速反应能力，在造成事故之前及时发出警报；系统发出的警报有很高的准确性；系统能够随时间和条件的变化而动态地处理其输入信息。

控制专家系统的任务是自适应地管理一个受控对象或客体的全面行为，使之满足预期要求。控制专家系统的特点是具有解释、预报、诊断、规划和执行等多种功能。

调试专家系统的任务是对失灵的对象给出处理意见和方法。调试专家系统的特点是同时具有规划、设计、预报和诊断等专家系统的功能。

教学专家系统的任务是根据学生的特点、弱点和基础知识，以最适当的教案和教学方法对学生进行教学和辅导。教学专家系统的特点是同时具有诊断和调试等功能，具有良好的人机界面。

修理专家系统的任务是对发生故障的对象（系统或设备）进行处理，使其恢复正常工作。修理专家系统的特点是具有诊断、调试、计划和执行等功能。

此外，还有决策专家系统和咨询专家系统等。

13.2.1.3 专家系统的优点

专家系统一个突出的优点是按非预定模式处理不知道输入的特征，即无论输入什么，专家系统都能根据不同的输入做出不同的反应。专家系统的主要优点在于：

（1）专家知识可以存放在任意计算机的软硬件上，一个专家系统是一个实实在在的知识产品，不像人脑。

（2）专家系统降低了向每一个用户提供专家知识的成本。

（3）专家系统可以代替人类在有危险的环境里工作。

（4）人类专家有可能退休、离去或逝去，而专家系统可以永久保留。

（5）综合多个专家的领域知识建立起来的专家系统的知识水平高于单个的专家所拥有的知识，知识的可靠性提高了。

（6）在需要快速响应的场合，专家系统能够比人类专家反应更快更有效。

（7）在一些客观条件的影响下，人类专家可能给出激动而不完全的答复，而专家系统能始终如一地给出稳定且完全的答复。

13.2.2 专家系统的组成和功能

专家系统是一类包含知识和推理的智能计算机程序，这种智能程序与传统的计算机应用程序有着本质的不同。在专家系统中，求解问题的知识不再隐含在程序和数据结构中，而是单独构成一个知识库。这种分离为问题的求解带来极大的便利和灵活性。专家的知识用分离的知识进行描述，每一个知识单元描述一个比较具体的情况，以及在该情况下应采取的措施，专家系统总体上提供一种机制——推理机制。这种推理机制可以根据不同的处理对象，从知识库选取不同的知识元构成不同的求解序列，或者说生成不同的应用程序，以完成某一任务。一旦建成专家系统，该系统就可处理本专业领域中各种不同的情况，系统具有很强的适应性和灵活性。

如图 13-3 所示，专家系统一般有 6 个组成部分：知识库、数据库、推理机、解释程序、知识获取程序、人机接口。

（1）知识库。知识库（规则基）是专家系统的核心之一，其主要功能是存储和管理专家系统中的知识，它是专家知识、经验与书本知识、常识的存储器。专家的知识包括理论知识、实际知识、实验知识和规则等，它主要可分为两类：

1）相关领域中所谓公开性知识，包括领域中的定义、事实和理论等，这些知识通常收录在相关学术著作和教科书中。

2）领域专家的所谓个人知识，它们是领域专家在长期实践中所获得的一类实践经验，其中很多知识被称为启发性知识。正是这些启发性知识使领域专家在关键时刻能做出训练有素的猜测，辨别出有希望的解题途径，以及有效地处理错误或不完全的信息数据。领域中事实性数据及启发性知识等一起构成专家系统中的知识库。

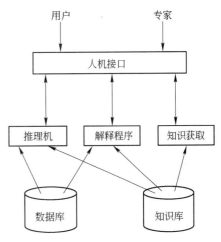

图 13-3 专家系统的组成

知识库的结构形式取决于所采用的知识表示方式，常用的有逻辑表示、语言表示、规则表示、框架表示和子程序表示等。用产生式规则表达知识方法是目前专家系统中应用最普遍的一种方法。它不仅可以表达事实，而且可以附上置信度因子来表示对这种事实的可信程度，因此，专家系统是一种非精确推理系统。

（2）数据库。数据库也称综合数据库、全局数据库、工作存储器、黑板等。数据库是专家系统中用于存放反映当前状态事实数据的场所。这些数据包括工作过程中所需领域或问题的初始数据、系统推理过程中得到的中间结果、最终结果和控制运行的一些描述信息。数据库是在系统运行期间产生和变化的，所以是一个不断变化的"动态"数据库。

数据库的表示和组织，通常与知识库中知识的表示和组织相容或一致，以使推理机能方便地使用知识库中的知识、数据库中描述的问题和表达当前状态的特征数据以求解问题。专家系统的数据库必须满足：

1）可被所有的规则访问。

2）没有局部的数据库是特别属于某些规则的。

3）规则之间的联系只有通过数据库才能发生。

（3）推理机。专家系统中的推理机实际上也是一组计算机程序，是专家系统的"思维"机构，是构成专家系统的核心部分之一。其主要功能是协调控制整个系统，模拟领域专家的思维过程，控制并执行对问题的求解。它能根据当前已知的事实，利用知识库中的知识，按一定的推理方法和控制策略进行推理，求得问题的答案或证明某个假设的正确性。

知识库和推理机构成了一个专家系统的基本框架。这两部分相辅相成、密切相关。因为不同的知识表示有不同的推理方式，所以，推理机的推理方式和工作效率不仅与推理机本身的算法有关，还与知识库中的知识以及知识库的组织有关。

（4）解释程序。解释程序可以随时回答用户提出的各种问题，包括"为什么"之类的与系统推理有关的问题和"结论是如何得出的"之类的与系统推理无关的关于系统自身的问题。它可对推理路线和提问含义给出必要的清晰的解释，为用户了解推理过程以及维护提供便利手段，便于使用和软件调试，并增加用户的信任感。因此，解释程序是实现系统透明性的主要模块，是专家系统区别于一般程序的重要特征之一。

（5）知识获取。知识获取是专家系统中能将某专业领域内的事实性知识和领域专家所特有的经验性知识转化为计算机可利用的形式，并送入知识库的功能模块。同时知识获取模块也负责知识库中知识的修改、删除和更新，并对知识库的完整性和一致性进行维护。知识获取模块是实现系统灵活性的主要部分。它使领域专家可以修改知识库而不必了解知识库中知识的表示方法、知识库的组织结构等方面的细节问题，从而大大提高了系统的可扩充性。

早期的专家系统完全依靠领域专家和知识工程师共同合作把领域内的知识总结归纳出来，然后将它们规范化后输入知识库。此外对知识库的修改和扩充也是在系统的调试和验证过程中人工进行的，这往往需要领域专家和知识工程师的长期合作，并要付出艰巨的劳动。

目前，一些专家系统已经或多或少地具有自动获取知识的功能。自动获取知识包括两个方面：1）外部知识的获取，即通过向专家提问，以接受教导的方式接受专家的知识，然后把它转换成内部表示形式存入知识库。2）内部知识获取，即系统在运行中不断地从错误和失败中归纳总结经验教训，并修改和扩充自己的知识库。因此，知识获取实质上是一个机器学习的问题，也是专家系统开发研究中的瓶颈问题。

（6）人机接口。人机接口负责把领域专家、知识工程师或一般用户输入的信息转换成系统内规范化的表示形式，然后把这些内部表示交给相应的模块处理。系统输出的内部信息也由人机接口转换成用户易于理解的外部表示形式显示给用户。

13.2.3　推理机制

推理是根据一个或若干个判断得出另一个判断的思维过程。推理所根据的判断称为前提，由前提得出的判断称为结论。在专家系统中，推理机利用知识库的知识，按一定的推理策略去解决当前的问题。通常的推理方法有三段论、基于规则的演绎及归纳推理等。

13.2.3.1　三段论推理

三段论推理是一种经常应用的推理形式。它是由两个包含着共同项的性质命题为前提而推出一个新的性质命题为结论的推理。

例 13-1　　所有的推理系统都是智能系统；　　　　A

专家系统是推理系统；　　　　　　　　　B

所以，专家系统是智能系统。　　　　　C

这就是一个三段论。它由三个简单性质的判断 A、B 和 C 组成。A 和 B 是前提，C 是结论。任何一个三段论都有而且仅有三个词项，每个词项在三个命题中重复出现一次。在结论中是主项的词项（专家系统）称为小项，通常以字母 S 表示；在结论中是谓项的词项（智能系统）称为大项，通常以字母 P 表示；在两个前提中出现的共同项（推理系统）称为中项，通常用字母 M 表示。如果用字母代替概念，那么三段论推理可用例 13-2 来表示。

例 13-2　　所有的 M 都是 P；

所有的 S 都是 M；

所以，所有的 S 都是 P。

在例 13-1 的三段论中，前提和结论中所含的三个词项分别是"推理系统""智能系统"和"专家系统"。这三个词都具有特定的语义内容，因此又称为具有具体语义内容的三段论。

在例 13-2 的三段论中，前提和结论中所含的三个词项则与例 13-1 不一样，它们分别是 M、P 和 S，虽然这些字母可以代表任何具体语义内容，但它们本身是没有具体语义的内容。这类三段论由纯字母符号所构成，称为纯符号（或纯形式）三段论。

在三段论中，包含中项和大项的命题称为大前提或第一前提；包含小项和中项的命题称为小前提或第二前提；包含小项和大项的命题称为结论。

大项、中项与小项在前提中位置不同，形成各种不同的三段论形式，称为三段论的格。三段论共有 4 个格。用三段论的大前提、小前提与结论的性质而形成的各种不同的三段论形式，称为三段论的式。

13.2.3.2　基于规则的演绎

前提与结论之间有必然性联系的推理是演绎推理，这种联系可由一般的蕴涵表达式直接表示，称为知识的规则。利用规则进行演绎的系统，通常称为基于规则的演绎系统。常用的基于规则的演绎方法有正向、反向、正反向联合三种。

（1）正向演绎系统。正向演绎系统是从一组事实出发，一遍又一遍地尝试所有可利用的规则，并在此过程中不断加入新事实，直到获得包含目标公式的结束条件为止。这种推理方式是由数据到结论的过程，因此也称为数据驱动策略。

（2）反向演绎系统。反向演绎系统是先提出假设（结论），然后寻找支持这个假设的证据。这种由结论到数据，通过人机交互方式逐步寻找证据的方法称为目标驱动策略。

（3）正反向联合演绎系统。正向演绎系统和反向演绎系统都有一定的局限性。正向系统可以处理任何形式的事实表达式，但被限制在目标表达式由文字组成的一些表达式。反向系统可以处理任意形式的目标表达式，但被限制在事实表达式为由文字组成的一些表达式。将二者联合起来可发挥它们各自的优点，克服它们的局限性。

13.2.3.3　归纳推理

人们对客观事物的认识总是由认识个别的事物开始，进而认识事物的本质。在此过程中，归纳推理起了重要的作用。归纳推理一般是由个别的事物或现象推出同类事物的本质或现象的普遍性规律。常见的归纳推理方法有简单枚举法、类比法、统计推理、因果关系等几种。

13.2.4　知识表示

知识表示是计算机科学研究中的重要领域。因为智能活动过程主要是一个获得并应用知识的过程，所以智能活动的研究范围包括知识的获取、知识的表示和知识的应用。知识必须有适当的表示形式才能方便地在计算机中储存、检索、使用和修改。因此，在专家系统中，知识的表示就是研究如何用最合适的形式来组织知识，使对所要解决的问题最为有利。

知识表示是对知识的一种描述，是知识的符号化过程，在专家系统中主要是指适用于计算机的一种数据结构。知识表示不仅是专家系统的一个核心课题，而且已经形成了一个独立的子领域，是人工智能研究的基本问题。

知识表示的主要问题是设计各种数据结构即知识的形式表示方法，研究表示与控制的关系、表示与推理的关系、知识的表示与其他研究领域的关系，其目的在于通过知识的有效表示使程序能利用这些知识进行推理和作出决策。

13.2.4.1　对知识表示的要求与方法

对知识表示的要求有：

（1）表示能力：能正确、有效地将问题求解所需的各类知识表示出来。

（2）可理解性：应易读、易懂，便于知识更新获取、知识库的检查修改及维护。

（3）可访问性：能有效地利用知识库中的知识。

（4）可扩充性：能方便地扩充知识库。

此外，对知识表示的要求还有相容性、正确性、简明性等。

在专家系统中对知识的表示的基本要素是可扩充性、简明性和明确性等。知识表示方法有符号逻辑法、产生式规则、框架理论、语义网络、特征向量法和过程表示法等。

知识获取的理论是机器学习，它主要研究学习的计算理论、学习的主要方法及其在专家系统中的应用。

13.2.4.2　知识的符号逻辑表示法

知识的符号逻辑表示主要是运用命题演算、谓词逻辑法等知识来描述一些事实。它在人工智能中普遍使用，这是因为逻辑表示的演绎结果在一定范围内可以保证正确性，其他方法达不到这一点，并且逻辑表示从现在事实推导出新事实的方法可以机械化，便于计算机进行。

知识的符号逻辑表示推理过程主要是根据事实、依据知识推出新的事实。在专家系统中它一般是根据数据库中的事实，在知识库中寻找合适的知识，进行模式匹配，进而推出新的事实，加入数据库。

13.2.4.3　产生式表示法

产生式表示法也称为规则表示法，这是专家系统中用得最多的一种知识表示方法。用产生式表示知识，由于诸产生式规则之间是独立的模块，特别有利于系统的修改和扩充。

在产生式系统中，知识被分为两部分。凡是静态的知识，以事实来表示，如孤立的事实、事物的事实以及它们之间的关系等就以事实表示。推理和行为的过程以产生式规则来表示，这类系统的知识库中主要存储的是规则，因而又称基于规则的系统。

13.2.5　知识的获取

知识的获取又称机器学习。专家系统中主要依靠运用知识来解决问题和作出决策，因此知识的获取往往是专家系统中必不可少的一个组成部分。

要使系统能适应不断变化的客观世界，机器必须具备学习能力，能总结和提取专业领域知识，把它形式化并编入专家系统知识库程序中。由于专业领域的知识是启发式的，较难捕捉和描述，专业领域专家通常善于提供事例而不习惯提供知识，因此，知识获取一直被公认为是专家系统开发研究中的瓶颈问题。

13.2.5.1　知识获取的基本步骤

知识获取是一个过程，通常可按图13-4所示的6个步骤来完成。

（1）认识阶段。这个阶段的工作包括确定问题、确定目标、确定资源、确定人员及任务。要求领域专家和知识工程师一起交换意见，以便进行知识库的开发工作。在这一阶段，主要希望找出下列问题的答案。

1）要解决什么问题？

2）问题中包括的对象、术语及其关系是什么？

3）问题的定义及说明方式是什么？

4）问题是否可分成子问题，如何划分？

5）要求的问题的解形式是什么？

6）数据结构类型是什么？

7）解决问题的关键、本质和困难是什么？

8）相关的问题或问题外围环境、背景是什么？

9）解决问题所需要的各种资源有哪些？

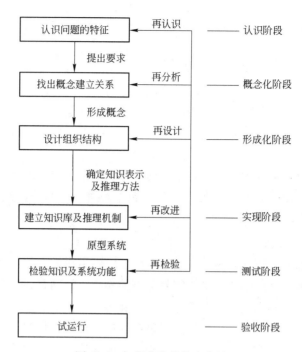

图 13-4　知识获取的基本步骤

（2）概念化阶段。这一阶段主要把第一阶段确定的对象、概念、术语及其关系等加以明确的定义，主要解答下列问题。

1）哪一类数据有效？

2）已知条件是什么？

3）推出的结论是什么？

4）能否画出信息流向图？

5）有什么约束条件？

6）能否区分求解问题的知识和用于解释问题的知识？

（3）形式化阶段。本阶段的任务主要是把概念化阶段抽取出的知识进行适当的组织，形成合适的结构和规则。

（4）实现阶段。在这一阶段中，把形式化阶段对数据结构、推理规则以及控制策略等的规定，选用任一可用的知识工具进行开发。即将所获得的知识、研究的推理方法、系统的求解部分和知识的获取部分等用选定的计算机语言进行程序设计来实现。

（5）测试阶段。在这一阶段中，采用测试手段来评价原型系统及实现系统时所使用的表示形式。选择几个具体典型实例输入专家系统，检验推理的正确性，再进一步发现知识库和控制结构的问题。一旦发现问题或错误就进行必要的修改和完善，然后再进行下一轮测试。如此循环往复，直至达到满意的结果为止。

（6）验收阶段。测试阶段完成后，建成的专家系统必须试运行一个阶段，以进一步检验其正确性，必要时还可以再修改各个部分。待验收运行正常后，便可进行商品化和实用化加工，将此专家系统正式投入使用。

13.2.5.2 知识获取的方法

知识获取方法一般有两种：会谈知识获取和案例分析式知识获取。

知识获取方法中常用的是知识工程师通过与领域专家直接对话发现事实。但存在的问题是，知识工程师难以找出详细的问题清单。即使知识工程师能提出问题，领域专家也难以随时回答相应的信息。知识工程师与领域专家由于知识面的不同难以互相适应，知识工程师难以正确表达领域专家的经验。

对于专家来说，谈论特定的事例比谈论抽象的术语来得容易，这就是案例分析式知识获取。例如，回答"怎样判断这种故障"这样的问题比回答"哪些因素导致发生故障"容易得多。专家按实际的案例为线索，如实验报告、案例的情况记录等，评论和解释问题的处理知识和手段。根据专家对具体例子的讲解，知识工程师可以得出一般模式，这样就比较容易把知识进行结构化组织，归并出概念和知识块来。

13.2.6 新型专家系统

13.2.6.1 模糊专家系统

对于专家系统中由模糊性引起的不确定性问题、随机性引起的不确定性和由于证据不全或不确切而引起的不确定性等，都可采用模糊技术来处理。这种不确定性的模糊处理专家系统称为模糊专家系统。它是对人类认识和思维过程中所固有的模糊性的一种模拟和反映。

模糊专家系统能在初始信息不完全或不十分准确的情况下，较好地模拟人类专家解决问题的思路和方法，运用不太完善的知识体系，给出尽可能准确的解答或提示。

模糊专家系统以模糊数学为理论基础，理论较为严谨，运算灵活性强，富有针对性，信息和时间复杂度也较低。这种系统不仅能较好地表达和处理人类知识中固有的不确定性，适于进行自然语言处理，而且通过采用模糊规则和模糊推理方法来表达和处理领域中的知识，还可有效减少知识库中规则的数量，增加知识运用的灵活性和适应性。因而，这类基于模糊逻辑及可能性理论的模型较适于专家系统选用，发展前景广阔。

模糊专家系统是在知识获取、表示和运用（即推理）过程中全部或部分采用了模糊技术，其体系结构与通常的专家系统类似，一般也是由 6 个部分（输入/输出、模糊知识库、模糊数据库、模糊推理机、知识获取和解释模块）组成，只是对数据库、知识库和推理机采用模糊技术来表示和处理。图 13-5 所示为基于规则的模糊专家系统的一般体系结构。

（1）输入/输出用以输入系统初始信息和输出系统最终结论，这些初始信息允许是模糊的、随机的或不完备的，输出结论也允许是不确定的。

（2）模糊数据库与一般专家系统中的综合数

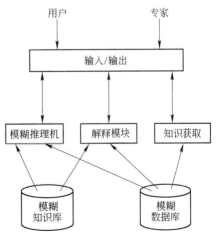

图 13-5 模糊专家系统的一般体系结构

据库相类似，库中主要存放系统的初始输入信息、系统推理过程中产生的中间信息和系统最终结论信息等，只不过所有这些信息都可能是不确定的。

（3）模糊知识库存放由领域专家总结出来的与特定问题求解领域相关的事实与规则。与一般知识库不同的是，这些事实与规则可以是模糊的或不完全可靠的。

（4）模糊推理机可根据系统输入的初始不确定性信息，利用模糊知识库中的不确定性知识，按一定的模糊推理策略，较理想地处理待解决的问题，给出恰当的结论。

（5）解释模块与非模糊专家系统中的相类似，但规则和结论中均附带有不确定性标度。

（6）知识获取模块的功能主要是接受领域专家以自然语言形式描述的领域知识，并将其转换成标准的规则或事实表达形式，存入模糊知识库。知识获取模块是一个具有模糊学习功能的模块。

13.2.6.2　神经网络专家系统

通过采用神经网络技术建造的一类专家系统称为神经网络专家系统。

虽然专家系统自 1968 年问世以来，经过几十年科研人员的努力已取得了许多进展和成果，但是传统专家系统开发中还存在一些"瓶颈"问题。而神经网络能较好地解决一般专家系统存在的这些"瓶颈"问题。人们利用神经网络的自学习、自组织、自适应、分布存储、联想记忆、非线性大规模连续时间模拟并行分布处理以及良好的鲁棒性和容错性等一系列的优点来与专家系统相结合，提高专家系统的性能。

将神经网络技术与专家系统相结合来建立的神经网络专家系统要比它们各自单独使用的效率更高，而且它解决问题的方式与人类智能更为接近。专家系统可代表智能的认知性，神经网络可代表智能的感知性。这就形成了神经网络专家系统的特色。

当前，将神经网络与专家系统集成的模型大致有下面几种：

（1）独立模型。独立模型由相互独立的神经网络与专家系统模块组成，它们互不影响。该模型将神经网络与专家系统求解问题的能力加以直接比较，或者并行使用以相互证实。

（2）转换模型。转换模型类似于独立模型，即开发的最终结果是一个不与另一模块相互影响的独立模块。这两种模型的区别在于转换模型是以一种系统（如神经网络）开始，而以另一种系统（例如专家系统）结束。

（3）松耦合模型。松耦合模型是一种真正集成神经网络和专家系统的形式。系统分解成分立的神经网络和专家系统模块，各模块通过数据文件通信。松耦合模型的神经网络可作为前处理器，在数据传给专家系统之前整理数据，作为后处理器的专家系统产生一个输出，然后通过数据文件传给神经网络。这种形式的模型可以较容易地利用专家系统和神经网络的软件工具来开发，大大地减少编程工作量。

（4）紧耦合模型。紧耦合模型通过内存数据结构传递信息，而不是通过外部数据文件。这样，除了增强神经网络专家系统的运行特性外，还改善了其交互能力，可减少频繁的通信，改进运行时间性能。

（5）全集成模型。全集成模型采用共享的数据结构和知识表示，不同模块之间的通信通过结构的双重特征（即符号特征和神经特征）实现，推理是以合作的方式或由一个指定的控制模块完成。

根据实际应用情况的不同，可以采用不同的神经网络专家系统结构。神经网络专家系统的一般功能结构如图 13-6 所示。神经网络模块是系统的核心，它接受经规范化处理后的原始数据输入，给出处理后的结果（推理结果或联想结果）。系统的知识预处理模块和后处理模块则主要承担知识表达的规范化及表达方式的转换，是神经网络模块与外界连接的"接口"。系统的控制模块控制着系统的输入输出以及系统的运行。

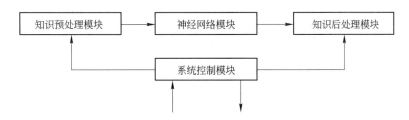

图 13-6 采用神经网络技术的专家系统的一般功能结构

这种神经网络型专家系统的运行通常分为两个阶段。前一阶段称为学习阶段，系统依据专家的经验与实例，调整神经网络中的连接权，使之适应系统期望的输入输出要求。后一阶段称为运用阶段，它是系统在外界的激发下实现记忆信息的转换操作或联想，对系统输入做出响应的过程。在这种神经网络型专家系统中，通常将一种经验或一种"知识"称作一个实例或一个模式。学习阶段有时也称之为模式的记忆阶段，系统的运用过程有时也相应地被称为模式的回想过程。

13.2.6.3 网上专家系统

利用计算机网络建造的专家系统称为网上专家系统。这种专家系统具有分布处理的特征，把一个专家系统的功能经分解以后分布到多个处理器上去并行地工作。这种系统具有快速响应能力、良好的资源共享性、高可靠性、可扩展性、经济性、适用面广、易处理不确定知识、便于知识获取、符合大型复杂智能系统的模式等特点，从而在总体上提高了专家系统的处理效率和能力。

网上专家系统可用于处理协同式专家系统（由若干相近领域专家组成的，以完成一个更广领域问题的专家系统）的任务。

网上专家系统可以工作在紧耦合下的多处理器系统环境中，也可以工作在松耦合的计算机网络环境里。一般网上专家系统主要指建立在某种局部网络环境下和 Internet 环境下的情况。根据具体的环境和要求不同网上专家系统可以采用不同的模式。

（1）Client/Server(C/S) 模式，即客户机/服务器模式。在这种模型中，客户机和数据库服务器通过网络相连。它有 3 个主体：客户机、服务器和网络。其中，客户机负责与用户的交互以及收集知识、数据等信息，并通过网络向服务器发出信息。客户机处理功能通常较强，可以安置推理机制及知识库等一类模块。在这种情况下，客户机任务较重，即客户机比较肥，称为肥客户机。服务器负责对数据库的访问，包括对数据库进行检索、排序等操作，并负责数据库的安全机制。相对来讲服务器的任务不太重，称为瘦服务器。网络是客户机和服务器之间的桥梁。C/S 模式与数据库的连接紧密而快捷，能够实现分布式数据处理，减轻服务器的工作，提高数据处理的速度，并能合理利用网络资源，系统的安全性好。

（2）Browser/Server（B/S）模式，即浏览器/服务器模式。B/S 模式是一种基于 Internet 或 Intranet 网络下的模型。其中，Intranet 是以 Internet 技术为基础的网络体系，称为企业内部网。它的基本思想是在内部网络中采用 TCP/IP 作为通信协议，利用 Internet 的 Web 模型作为标准平台，同时用防火墙将内部网络与 Internet 隔开，但又能与 Internet 连在一起。

在 B/S 模式中，客户机很瘦，它用作专家系统的人机接口，只需装上操作系统、网络协议软件、浏览器等即可，而将推理机制、知识库、数据库和维护等复杂工作都安排在服务器上。实际上，服务器可以分成推理型应用服务器、知识库服务器和数据库服务器等。

由于 Internet 具有标准化、开放性、分布式等众多优点，因此，网上专家系统的应用开发有着广泛的应用前景。

13.2.7　液压系统故障诊断专家系统案例

机械、液压设备故障诊断的专家系统的研制是一个非常庞大的课题。为说明专家系统建立的方法及过程，既达到设计目的又简化和缩小建造知识库和专家系统编程的范围，现作如下限定：

（1）机械、液压设备中某台设备的液压系统出现故障。

（2）液压系统的故障是由于液压缸不能实现正常运行而造成。

（3）液压缸不动作造成运动失效，故障出现在换向阀元件上。

（4）换向阀出问题仅考虑阀芯、弹簧和电磁铁等出现故障。

13.2.7.1　知识库设计

通过总结分析和向领域专家学习，在上述限定范围内可提出 16 条规则。本例中处理换向阀故障诊断的知识由规则表示法来表示，后台用 Microsoft Access 2021，前台用 Microsoft Studio 2022 进行编程设计实现。实现该知识库的经验或规则，总结如下：

液压缸	完全不移动
阀芯	不移动
液压缸	仅不能换向
阀芯	不能返回中心位置
换向阀	第一次使用
弹簧	应该不会是坏的
阀芯	不能返回中心位置
换向阀	失效原因在于弹簧
换向阀	一直正常工作
弹簧	可能折断了

请查看换向阀的弹簧是否坏了。

换向阀	失效原因在于弹簧
弹簧	处于正常工作位置
弹簧	应该不会是坏的
弹簧	其刚度可能不够

请校对弹簧的刚度，如不合适请更换弹簧。

换向阀	失效原因在于弹簧
弹簧	应该不会是坏的
弹簧	可能漏装了

情况如属实，请重新装上一个。

⋮　　　　　　⋮

阀芯	失效原因在于电磁铁
行程开关	正常工作
电磁铁	线圈没电
电磁铁	通电线路可能短路了

请检查电磁铁通电线路。

阀芯	失效原因在于电磁铁
电磁铁	通电线路正常
电磁铁	线圈没电
换向阀	失效在于行程开关失灵

对于上述规则，可用图13-7所示的推理网络来表示。

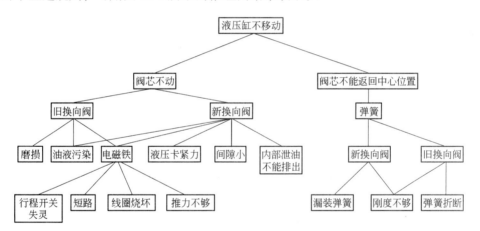

图 13-7　换向阀故障诊断的推理网络

规则表是一个表，表中每个元素是一条规则。用 Microsoft Access 2021 将规则表存入计算机就形成了知识库。本例的知识库可用如下函数过程段表示：

（SETQ 规则库）

（规则 1

　　　　　（如果（液压缸　　　完全不移动））

　　　　　（则有（阀芯　　　　不移动）））

（规则 2

　　　　　（如果（液压缸　　　仅不能换向））

　　　　　（则有（阀芯　　　　不能返回中心位置）））

（规则 3

　　　　　（如果（换向阀　　　第一次使用））

    (则有(弹簧   应该不会是坏的)

      (电磁铁   应该不会是坏的)))

(规则 4

  (如果（阀芯   不能返回中心位置))

  (则有（换向阀   失效原因在于弹簧)))

(规则 5

  (如果(换向阀   失效原因在于弹簧)

    (换向阀   一直正常工作))

  (则有（弹簧   可能折断了)))

(规则 6

  (如果(换向阀   失效原因在于弹簧)

    (弹簧   处于正常工作位置)

    (弹簧   应该不会是坏的))

  (则有(弹簧   其刚度可能不够)

    (请校对弹簧刚度，如果不合适请更换弹簧)))

(规则 7

  (如果(换向阀   失效原因在于弹簧)

    (弹簧   其刚度足够)

    (弹簧   应该不会是坏的))

  (则有(弹簧   可能漏装了)

    (如情况属实，请重新装上一个)))

(规则 8

  (如果(阀芯   不移动)

    (在油中发现有磨损的颗粒))

  (则有(阀芯   可能被卡住了)

    (拆开换向阀清洗杂质并换油，避免碰伤表面，阀芯损坏可更换掉)))

(规则 9

  (如果(阀芯   不移动)

    (在油中发现有其他杂质的颗粒))

  (则有(油液   可能被污染了)

    (拆开换向阀清洗杂质并换油)))

(规则 10

  (如果(阀芯   不移动)

    (弹簧   应该不会是坏的)

    (阀芯   不能被卡住)

    (该阀   是电磁换向阀))

  (则有（阀芯   失效原因在于电磁铁损坏)))

这样就完成了液压缸动作失效的故障诊断专家系统的知识库的设计工作。

13.2.7.2　数据库设计

数据库是存放专家系统当前情况的，即存放用户告知的一些事实及由此推得的一些事实。它也是以表的形式存放的。

例如，若已知以下事实：

液压缸不移动

现将这些事实用 Microsoft Access 2021 语言编码形成一个表，存入计算机的当前数据库中。其数据库函数可定义如下：

（SETQ 数据库

        （（液压缸　　　　完全不移动）

        （换向阀　　　　第一次使用）

        （阀芯　　　　　不能被卡住）

        （该阀　　　　　是电磁换向阀）

        （弹簧　　　　　处于正常工作位置）

        （电磁铁　　　　线圈有电）））

实际上对一般专家系统而言，在计算机中划分出一部分存储单元，存放以一定形式组织的该专家系统的当前数据，就构成了数据库。

13.2.7.3　推理机设计

（1）正向推理机：可以用换向阀故障诊断进行正向推理机的设计。

（2）程序设计实现：可以用 Microsoft Access 2021 和 Microsoft Studio 2022 语言实现上述功能。

在此设计过程中，有推理主过程函数设计和正向推理子过程函数设计等。

专家系统已有三部分：知识库中的知识表——规则库函数；数据库中的已知事实表——数据库函数；按数据库函数不断用知识"规则库函数"来扩充数据库的推理函数。这样，正向推理方法就可以工作了。推理示意如图 13-8 所示。

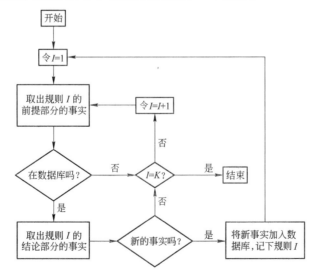

图 13-8　正向推理机工作示意图

13.2.7.4　专家系统的运行

有了规则库函数、数据库函数和正向推理函数，专家系统即可运行。

在微型计算机上，用数据库软件 Microsoft Access 2021 和 Microsoft Studio 2022 输入上述函数过程段，进行故障查询与判断。

13.3　基于人工神经网络液压系统故障诊断方法

13.3.1　简介

人工神经网络模型是在现代神经生理学和心理学的研究基础上，模仿人的大脑神经元结构特性而建立的一种非线性动力学网络系统。它由大量的、简单的、非线性处理单元（类似人脑的神经元）高度互联而成，具有对人脑某些基本特性的简单的数学模拟能力。目前，已经提出的神经网络模型大约有几十种，其中较为著名的有贺浦费特（Hopfield）模型、陆美赫特（Rumelhart）等提出的多层感知器（MultipLayer Perceptron，MLP）模型、格络斯贝（Grossberg）和柯荷恩（Kohonen）的自组织特征映射（Self-Organizing Map，SOM）模型以及柯斯科（Kosko）提出的双向联想存储器模型等。这些神经网络模型已经在语音识别、文字识别、目标识别、计算机视觉、图像处理与识别、智能控制、系统辨识等方面显示出其极大的应用价值。作为一种新的模式识别技术或一种知识处理方法，人工神经网络在故障诊断领域中显示了其极大的应用潜力。

人工神经网络在故障诊断领域的应用主要集中在三个方面：一是从模式识别角度应用神经网络作为分类器进行故障诊断；二是从预测角度应用神经网络作为动态预测模型进行故障预测；三是从知识处理角度建立基于神经网络的诊断专家系统。

本节首先简要介绍神经网络诊断的基本结构，然后着重从第一个方面介绍在故障诊断领域应用较为广泛的几类神经网络模型。

13.3.2　基于人工神经网络的结构

由于神经元网络具有自组织、自学习的能力，因此，采用神经元网络进行液压系统的故障诊断，能克服传统专家系统在未考虑启发式规则时就无法工作的缺陷。

一个神经元网络一般可划分为三层，如图 13-9 所示。

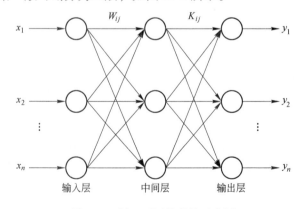

图 13-9　神经元网络结构示意图

（1）输入层：从控制系统接收各种故障信息及现象。

（2）中间层：把从输入得到的信息经内部学习和处理转化为有针对性的解决办法。中间层可以不止一层，根据不同问题的需要，可以采用多层，有时也可以不用中间层。中间层含有隐节点，它通过权系数 W_{ij} 和 K_{ij} 联结输入层和输出层。

（3）输出层：针对输入的故障模式经调整权系数得到处理故障的办法。

13.3.3 神经网络液压系统的离线故障诊断

一个简单的单回路控制系统，如图 13-10 所示。这样的系统可能出现的故障类有：设定值失误；调节器故障；控制阀故障；生产过程本身的故障；测量仪器仪表的故障，等等。每类故障又可分成许多小的故障。这些故障构成一个由基本部件故障组成的故障解树。

用神经网络控制液压系统的离线故障诊断，其学习过程和使用过程是分开的。当控制系统出现故障时，把故障信息或现象输入给神经元网络，神经元网络经过自学习、自组织，输出合理的解决办法，然后去维修控制系统。

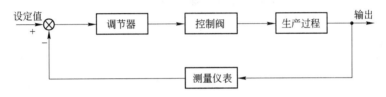

图 13-10　单回路控制系统

传统的故障诊断专家系统，因为是以启发式规则为基础，所以当遇到未见过的新故障信息或现象时，就不能正确处理。而神经元网络是利用它的相似性、联想能力进行诊断的。给神经元网络存入大量样本，神经元网络即对这些样本进行学习。当 n 个类似的样本被学习后，根据样本的相似性，神经元网络把它们归为同一类的权值分布。当第 $n+1$ 个相似的样本输入时，神经元网络会通过学习，识别它的相似性，并经权值调整把这 $n+1$ 个样本归为一类。神经元网络的归类标准表现在权值的分布上。当部分信息丢失时，如 n 个样本中丢失了 n_1 个（$n_1 < n$），那么神经元网络还可通过剩余的 $n-n_1$ 个样本去学习，并不影响全局。这种学习过程为"有导师的学习"。

对用于控制系统的故障诊断的神经元网络，采用 Hopfield 模型。神经元网络可以"联想记忆"，利用这一点，先输入具有对应关系的两组样本 $X^{(p)} \rightarrow Y^{(p)}$（$p=1$，2，…，$L$）。$X^{(p)}$ 代表输入的故障信息，$Y^{(p)}$ 代表输出的解决策略。当然输入的样本越多，它的功能就越强。当有另一故障输入时，如 $X' = X^{(r)} + V$，其中 $X^{(r)}$ 是样本之一，V 是偏差项，神经元网络经过自学习，就可以输出 $Y = Y^{(r)}$。学习的过程就是不断调整权系数的过程。因此，当输入一个新的故障现象时，神经元网络经过学习总可以找到一个稳态的解决办法。

离线诊断的优点是学习简单，可直接写出权系数公式，有利于调整。但这种诊断必须事先总结专家的经验，存入大量的样本。

13.3.4 神经网络的液压控制系统在线故障诊断

在线诊断是指神经元网络与控制系统直接相连，让其自动获得故障信息及现象，然后由神经元网络内部去自组织、自学习，这就使学习过程和使用过程结合起来。这种学习过程称为"无导师的学习"。

在线诊断时，把控制系统的信息直接输入神经元网络中，规定 T 的演变方程为：

$$\mathrm{d}T/\mathrm{d}t = W(T, X)$$

$$T(t=0) = T_0$$

若 X，Y，T 均为连续函数，且 $Y = T \cdot X$，则：

$$\mathrm{d}T/\mathrm{d}t = -\alpha Y \cdot X = -\alpha T \cdot X \cdot X$$

式中，α 为正数。适当选择 α 值，这种网络就可组成"新奇滤波器"，即对经常输入的信号不灵敏，没有反应，而对新奇的输入则很灵敏。这样，当控制系统突然出现故障时，神经网络立刻对这一新奇的信息进行学习，并进行组织，于是不同类型的故障就被学习归类。当同种或相似的故障再次出现时，神经元网络就可以进行诊断了。

应当指出，神经元网络用于故障诊断是为了解决传统的专家系统在诊断中的不足，它们各有所长，应当互为补充，而不是简单的取代。

13.3.5　利用 B-P 神经网络对柱塞泵进行故障诊断案例

13.3.5.1　应用神经网络于液压泵故障诊断的优点

由建模、设计表明，神经网络系统的主要优点是能够适应性地学习难以推出解析表达式并难以求解的较复杂的非线性函数。即能对这种非线性信号进行有效的处理，并输出能表征此信号特点的特征量。

轴向柱塞泵的振动频谱与各个故障原因之间的关系是一个复杂的非线性函数关系。虽然利用传统的频谱分析法进行处理，也能够得出较好的结果（如比较明显的故障特征频率值），但是不如使用神经网络系统分析所得结果简单、直观。神经网络分析所得结果就是一个向量，如向量（1，0，0）代表气蚀状态等。因此应用神经网络于液压泵故障诊断不仅是可行的，而且是有效的。其主要优点在于：

（1）神经网络适合于分析像液压泵故障信号这样的较复杂的非线性信号，可以用来分析许多用其他方法不易分析的复杂故障信号。

（2）分析所得故障特征量简单、直观。

因此，选择系统输入量为柱塞泵故障信号，这样，通过系统对各种故障信号的处理，将输出与故障状态对应的特征向量。

13.3.5.2　应用 B-P 神经网络进行故障诊断的实施过程

B-P 神经网络的核心是把寻找一组最佳权系数使网络实际输出与期望输出差值最小的问题作为一个非线性优化问题，它使用优化设计中的迭代梯度最快下降法进行求解。

使用 C 语言编制而成的 B-P 神经网络程序进行信号分析，分析过程如图 13-11 所示（此网络有 10 个输入节点，5 个中间层节点和 3 个输出节点）。

首先要确定系统的输入。

通过 FFT 对故障信号进行处理，得到故障信号的频谱。将频谱图的整个频率范围平均划分为 10 个区间，并计算出每个频率区间的平均振幅。这 10 个平均振幅值作为 B-P 神经网络程序的输入值。区间的划分及平均振幅的计算，可以通过设计一简单子程序编入频谱分析程序（fft.c）中，输出显示即可，然后将这 10 个值输入神经网络程序。

经过系统的反复学习、修正、处理，输出层的 3 个节点每次输出与期望输出更接近的值。这些值在输出端通过叠加阈值函数 $O_j \begin{cases} 1, & V_j > \varepsilon \\ 0, & 其他 \end{cases}$（$V_j$ 为中间层单元 j 的输入，ε 为阈值）获得输出向量，其分析过程如图 13-11 所示。

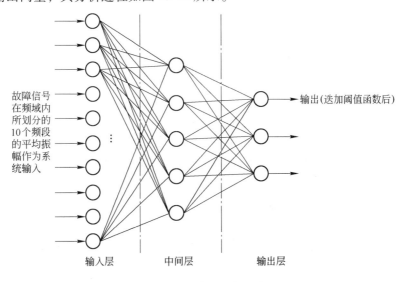

故障信号在频域内所划分的 10 个频段的平均振幅作为系统输入

输出（迭加阈值函数后）

输入层　　　　　中间层　　　　　输出层

图 13-11　B-P 神经网络分析过程

在输出值只能取 0 或 1。这三个 0 或 1 可组合成四个特征向量，用来表征柱塞泵的四种工作状态。输出为 0 表示当前的输入信号不属于某一故障状态，输出为 1 则表示属于某一故障状态。

此神经网络的实际输出向量为：

（1）滑靴损伤故障状态时为（0，0，1）。

（2）配油盘磨损故障状态时为（0，1，0）。

（3）气蚀故障状态时为（1，0，0）。

（4）液压泵正常工况时为（0，0，0）。

这四个特征向量就是利用 B-P 神经网络对轴向柱塞泵故障信号初步分析的结果。为了验证结果的有效性，现对已存盘的"验证样本对"作神经网络分析，所输出结果与以前一样。因此证明，以上分析所得特征向量就是所要的结论，它是利用 B-P 神经网络对轴向柱塞泵进行故障诊断的依据。

13.4　液压系统故障的模糊诊断方法

模糊数学理论处于不断发展和完善中，它的应用日益广泛，在图像识别、自动控制、故障诊断、系统评价、机器人的实现、人工智能等方面都得到应用。

在应用中，正确地确定隶属函数很重要，因为隶属函数是对模糊概念的定量描述。因此，借助专家和操作人员的丰富经验，通过设备正常运行和故障状态的相互比较，采用一定的技巧，将会使所确定的隶属函数具有一定的客观规律性。模糊综合评判时，要对相关因素作综合考虑后才能作出判断结果。模糊模式识别是应用模糊数学方法进行模式识别，一般分直接法和间接法两种。直接法是按最大隶属原则归类，而间接法是按择近原则归类。下面简述液压系统故障的模糊诊断技术。

13.4.1   液压系统故障诊断中的模糊性

所谓模糊性，就是自然界、人类社会及一切工程技术中普遍存在的一切不确定性，其主要表现是亦此亦彼，模棱两可。对于液压设备故障而言，难判断故障的模糊现象到处可见。

从故障的症状来看，如压力波动严重、系统油温过高、容积效率太低、液压泵温升过高、液压缸爬行、液压马达转速太慢等都是模糊的。

从故障原因的角度来看，如液压元件质量差、液压系统设计不合理、油液不干净、维护保养不良，元件使用时间过长、操作人员素质低等也是模糊的。

液压元件损坏的程度和产生故障所涉及的范围也是模糊的。

液压系统的渐变性故障，其边界是不清晰的，故障发展要经历一个漫长而且具有模糊性的中间过渡过程。

在液压元件与液压系统的故障诊断中，振动信号分析是一种非常重要的手段。诊断的对象主要是各类液压泵、液压阀、液压缸、液压马达等。检测的参量主要有元件壳体的振动信号、压力脉动信号等。对振动信号进行分析的方法主要有功率谱法等。在进行谱法分析时，可根据振动幅值、峰值、频率、位置变化来判断故障。而振动幅值的相对高度变化和振动峰值、频率、位置变化都是模糊的，即它们不仅反映是否存在故障，同时也反映故障程度，故振动信号分析和模糊判别是相容的。

模糊数学为人工智能提供了很有效的数学工具。将模糊理论引入到液压故障诊断领域有利于更加深入细致地刻画与描述故障的特征，有利于克服故障判断中的非此即彼的绝对性，使推理过程与客观实际更加相符；同时有利于综合考虑各种因素的影响，从而方便地在繁杂的情形中理出清晰的条理并分清主次轻重；有利于运用人工智能来辅助诊断液压设备的故障。总之，它给液压故障诊断注入了新的活力。

模糊数学的出现为专家系统的深入发展提供了有力的数学基础。一个模糊诊断的系统包括图 13-12 所示几个部分，其特点是模糊识别。

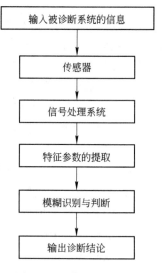

图 13-12   模糊诊断系统

13.4.2   液压系统模糊诊断的基本原则

液压系统故障模糊诊断方法注重事物现象与本质之间的联系，综合考虑各相关因素。在故障诊断过程中，通过各种渠道尽可能地获取信息，并利用模糊数学去调用与处理信息。模糊诊断方法较适合于复杂液压系统的故障诊断，在这些系统中，既有确定性因素，又有随机性因素，各种影响因素相互交错。一般情况下，故障具有渐变与隐蔽的特点。

通过工作实践可以总结，液压系统故障模糊诊断应遵循的基本原则有：

（1）分层分段诊断，逐步深入原则。液压系统是由若干个元件和基本回路组成的，需将这些基本单元划成相应的子系统，所以故障诊断分层分段进行是必然的。一种较好的思路是以寻找深层原因为线索，分层分段深入搜索。在寻找故障原因过程中利用模糊方法逐步完成定性、定位与定量。

（2）采用假设与验证相结合原则。利用模糊方法对液压系统出现的各种故障症状进行排序和归类。以此为基础，从最可能的故障方向入手，进行深入的分析和分层分段测试，以确定故障的存在，这样能实现较高的工作效率。此外，还可以参考引起故障原因的概率值的大小来假设发生故障原因。

（3）综合评判原则。综合评判（也称综合决策）是一个模糊变换。在作出任何决策之前，人们总要比较不同事物，然后择优录取。任何事物都有多种属性，因此，评价事物也要兼顾各个方面。特别是在生产规划，故障诊断等复杂系统中，要作出任何一个决策都必须对多个相关因素作出综合考虑，这就是综合评判。综合评判的数学模型可分为一级模型和多级模型。

影响液压系统正常工作的因素具有交错性、随机性等特点。其交错性表现在不同的原因可能引起相同或类似的症状，一个原因会引起不同的症状，由此形成症状之间和原因之间的重叠。其随机性主要表现在问题的出现是不确定的，难以事先准确预测，因此问题是复杂的。利用模糊数学方法可以较方便地将各种因素纳入评价体系，并使它们得到适当的处理。

（4）获取信息原则。知识的获取是研究如何把"知识"从人类专家脑子中提取和总结出来，并且保证所获取的知识的一致性，它是模糊诊断和专家系统开发中的一道关键工序。液压系统的各个部分是有机的整体，故障产生之后以不同的方式表现出来。在进行故障诊断时，应尽量获取现场信息和已总结记载此类故障的信息，尽可能找出特征信息并充分利用这些信息，使问题更加明朗化。液压系统故障具有重叠性，单个参量有时不能说明问题，只有综合考虑各个参量才可能定论。对实际系统来讲往往受到各种随机性因素的影响，单个参量的准确性十分有限，而多个参量可弥补这一不足。从多方面提取信息可使诊断的浓度加大，从而减小诊断的层次，节省时间。此外，这样做还能降低对诊断技术手段的要求。但是，故障参量也并不是越多越好，而应根据其与故障的因果关系选取。获取信息的主要内容包括：

1）发生故障时出现的症状。

2）引起故障的主要因素。

3）发生故障时必定不可能存在的特征参量。

4）处理过同类故障的成功经验。

（5）通过对外在性能的考证来判断系统内部结构的劣化原则。液压系统性能变化的信息较容易获取，而结构的磨损、锈蚀和破坏等信息却不太容易准确获得。由于性能的变化是由结构变化等因素引起的。因此，在进行故障诊断时应注意找到性能变化与结构变化等因素的对应关系，并利用这些关系由表及里地查找问题。在此，还要指出的是，环境因素与考察对象之间的相互影响与相互制约的关系也是十分重要的。因此，应通过对环境因素的考察来推断对象状态的变化。

（6）对比判别确定故障原则。通过对诊断对象与正常工作对象和严重损坏而无法工作的对象进行对比，从中发现差异，使问题的分析变得简单。由于用模糊数学方法对故障做了定量描述，当系统发生变化时，细小的差别也能反映出来。

（7）找出最严重的故障点的原则。液压系统在工作中，渐变型故障较为普遍，因为各液压元件均在磨损劣化，液压油也在逐步变质。因此，在分析故障原因时，应全面考虑，认真进行考察与比较，并将故障原因进行排序，找出最严重的故障点，以便排除。

13.4.3　模糊诊断方法

现代控制理论已获得很大成功，但其成功条件是要有精确的数学模型。对许多生产过程来说，要想获得有效、精确的数学模型是很困难甚至是不可能的。从 20 世纪 70 年代开始，研究用模糊逻辑方法处理过程控制，形成了模糊控制理论。液压系统中误差、误差变化、控制量三者的变化实际上都是确切值而不是模糊集。为了使用模糊算法，必须把误差和误差变化的确切量转化为模糊集，并把控制量变化的模糊集转化为确定量。这个过程中前一步骤称为模糊化，后一步骤称为判决。若误差、误差变化分别取模糊集 A 和模糊 B，模糊关系 R，根据模糊推理合成规则，输出控制量变化是模糊集 U，其表达式为：

$$U = (A \times B) \cdot R$$

在液压系统故障诊断中，应用模糊控制理论，取得了较好效果。特别是在模糊综合评判故障排序、液压系统劣化状态与趋势的模糊测评、故障原因模糊聚类等方面开展了研究，取得了一些进展，现按前文所述的基本原则提出一种模糊诊断方法。

（1）确定考察对象并作故障分析。确定考察对象后，根据现场发生的故障，分别不同类型予以评定，特别是结合已取得的资料，认真进行综合分析，为确定评价标准提供一定的依据。

（2）建立评价标准。

1）确定考察对象的工作内容及范围。

2）找出每种故障产生的可能原因。

3）对各种故障严重程度进行评价并提出模糊评价标准。

4）找出各故障原因的相关信息并给出量化评价标准，同时确定模糊关系密切系数。

5）对上述步骤作多次循环，不断深入与细化。

（3）提出判断结论。应用模糊数学进行计算，将计算得出的评价结果与故障原因的标准模型作比较，比值最大者为可能产生故障的部位，从此入手，再进行深入的分解或测试，综合评价结果与测试结果，提出判断结论。

13.4.4　液压系统故障模糊诊断案例

现以塑化液压传动系统为例，对上述方法予以说明。

（1）确定考察对象并建立故障评价标准。

1）确定考察对象，对故障进行分析。以某厂 4000 g 注塑机的塑化液压传动系统为考察对象。其液压传动系统原理如图 13-13 所示。

首先了解该液压传动系统工作原理并较深入地了解各液压元件的型号、结构、工作原

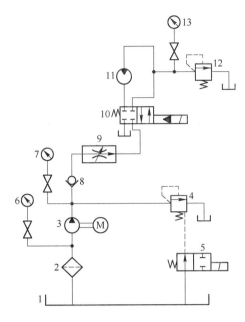

图 13-13 塑化液压传动系统

1—油箱；2—过滤器；3—液压泵；4，12—溢流阀；5—二位二通电液动阀；

6，7，13—压力表；8—单向阀；9—调速阀；10—电液动换向阀；11—液压马达

理和作用，然后分析液压系统出现的故障并查找其原因。

2）列出有关故障并给出故障严重程度的评价标准。塑化液压马达转速低，回转无力，评价标准如表 13-1 所示。

表 13-1 塑化液压马达评价标准

最高转速/$r \cdot min^{-1}$	40	35	30	25	20
评 价	正 常	较 低	低	很 低	极 低

其故障表现为：

① 液压马达磨损。

② 调压回路故障。

③ 液压泵磨损。

④ 电液阀泄漏严重。

其他元件的故障可用简单的方式辨别。

3）给出故障原因成立的相关信息、量化评价标准，以及综合评价模式。

如果液压马达损坏，将会出现的相关信息（评价标准略）为：

① 塑化换向阀打开前后压力指示变化大。

② 液压马达的外泄漏量明显增大。

③ 液压马达的使用期长。

④ 液压油不清洁。

⑤ 液压马达壳体严重发热。

如果主调压回路产生故障，将会出现的相关信息（评价标准略）为：

① 系统压力调不高。

② 系统压力调节不灵。

③ 各执行器的速度刚度明显下降。

④ 调压阀或其他阀使用期长。

⑤ 调到最高压力时液压泵振动无变化且外泄漏量也无变化。

如果液压泵磨损，将会出现的相关信息与评价标准为：

① 各动作尚未开始时系统压力调不高，评价标准（设最高压力 p_{max}）如表 13-2 所示。

表 13-2 系统压力调节评价标准

p_{max}/MPa	20	17.5	15	12.5	10
评价值 F_a	0	0.25	0.5	0.75	1

② 系统由卸荷状态转为负载状态时，吸油压力上升明显（由液压泵内泄漏所致）。评价标准（设泵由卸荷状态转为 10 MPa 的负载时，吸油压力上升为 p_0）如表 13-3 所示。

表 13-3 吸油压力上升评价标准

p_0/MPa	0	0.05	0.1	0.15	0.20
评价值 F_b	0	0.25	0.5	0.75	1

③ 液压泵壳体发热评价标准（用手触摸泵的端面）如表 13-4 所示。

表 13-4 液压泵壳体发热评价标准

感 觉	不烫手	烫 手	很烫手
评价值 F_c	0	0.5	1

④ 液压泵使用期评价标准如表 13-5 所示。

表 13-5 液压泵使用期评价标准

使用期（a）	1	2	3	4
评价值 F_d	0.25	0.5	0.75	1

⑤ 油液清洁状况评价标准如表 13-6 所示。

表 13-6 油液清洁状况评价标准

油状况	清 洁	不清洁	看得见颗粒
评价值 F_e	0	0.5	1

⑥ 液压泵外泄漏状况评价标准如表 13-7 所示。

表 13-7 液压泵外泄漏状况评价标准

泄漏状况	微 量	明 显	急速外漏
评价值 F_f	0	0.5	1

液压泵磨损最严重时的标准评价综合评价模式为：

$$F_{max} = \sum (各重要性系数 \times 各症状的最高得分)$$

式中，重要性系数反映各相关信息与液压泵磨损的关系密切程度，在此，取系统压力调节

重要性系数 $G_a = 1$，吸油压力上升重要性系数 $G_b = 1$，液压泵壳体发热重要性系数 $G_c = 0.5$，液压泵使用期重要性系数 $G_d = 0.5$，油液清洁状况重要性系数 $G_e = 0.5$，液压泵外泄重要性系数 $G_f = 1$，由此得：

$$F_{max} = G_a \cdot F_{amax} + G_b \cdot F_{bmax} + G_c \cdot F_{cmax} + G_d \cdot F_{dmax} + G_e \cdot F_{emax} + G_f \cdot F_{fmax}$$
$$= 1 + 1 + 0.5 + 0.5 + 0.5 + 1$$
$$= 4.5$$

（2）现场诊断。

症状：塑化马达回转无力，转速缓慢，最高转速 21 r/min。

评价：转速很低，问题很严重。

根据可能原因确定真实原因：利用上述评价标准进行评价，液压泵磨损得分最高，是最可能存在的原因，有关数据及评价过程如下：

1）系统最高可调压力 10 MPa→$F_a = 1$。

2）有负载时吸油压力上升 0.2 MPa→$F_b = 1$。

3）泵表面有烫手现象→$F_a = 0.5$。

4）泵使用期为 3a→$F_d = 0.75$。

5）油液不清洁→$F_a = 0.5$。

6）泵泄漏严重→$F_f = 1$。

$$F = G_a \cdot F_a + G_b \cdot F_b + G_c \cdot F_c + G_d \cdot F_d + G_e \cdot F_e + G_f \cdot F_f$$
$$= 1 \times 1 + 1 \times 1 + 0.5 \times 0.5 + 0.5 \times 0.75 + 0.5 \times 0.5 + 1 \times 1$$
$$= 3.875$$

将这一总评价得分值 F 与最严重故障得分值 F_{max} 进行比较得：

$$H = F/F_{max} = 3.875 \div 4.5 = 0.861$$

根据该评价结果，液压泵可能产生故障。拆开柱塞泵，发现转子上柱塞孔与柱塞之间的间隙较大，转子与配流盘表面有拉槽。更换液压泵以后，系统故障被消除。

13.5 基于故障树的液压系统故障诊断

13.5.1 故障树分析法基本概念

13.5.1.1 引言

故障树分析法（fault tree analysis）简称 FTA 法，其特点是逻辑性强，表达直观，可进行定量分析，是一种将系统故障形成的原因由总体至部分按树枝状逐级细化的分析方法，因而是对复杂动态系统的设计、工厂试验或现场发现失效进行可靠性分析的工具，其目的是判明基本故障，确定故障原因、影响程度和发生概率，也可用于可靠性评价。

故障树分析法就是把所研究系统的最不希望发生的故障状态作为故障分析目标，然后寻找直接导致这一故障发生的全部因素，再找出造成下一级事件发生的全部直接因素，一直查到原始的、其故障机理或概率分布都是已知的，因而不需要再深究的因素为止。通常，把最不希望发生的事件称为顶事件，不需要再深究的事件称为底事件，介于顶事件与底事件之间的一切事件为中间事件，用相应的符号代表这些事件，再用适当的逻辑门把顶事件、中间事件和底事件联结成树形图，这样的树形图称为故障树，用以表示系统或设备的特定事件（不希望发生的事件）与它的各个子系统或各个部件故障事件之间的逻辑结构关系。以故障树为工具，分析系统发生故障的各种途径，计算各个可靠性特征量，对系统的安全性或可靠性进行评价的方法称为故障树分析法。

如图 13-14 所示为一个故障树的例子。它首先选定系统的某一故障事件画在故障树的顶端，作为顶事件，即故障树的第一阶，再将导致该系统故障发生的直接原因（各部件故障）并列作为第二阶，用适当的事件符号表示，并用适当的逻辑门把它们与系统故障事件联结起来，图上用或门表示系统的故障是由部件 A 故障或者部件 B 故障所引起的。其次，将导致第二阶各故障事件发生的原因分别并列在第二阶故障事件的下面作为第三阶，用适当的事件符号表示，并用适当的逻辑门与第二阶相应的事件联结起来，连接部件 A 故障与元件 1 故障、元件 2 故障的是一与门，表明部件 A 故障是在元件 1、元件 2 同时失效时发生的。如此逐阶展开，直到把形成系统故障的最基本事件都分析出来为止。

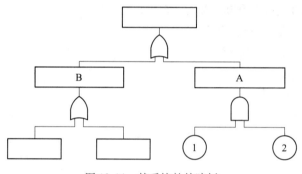

图 13-14　某系统的故障树

13.5.1.2　故障树分析法的顺序

故障树分析法的顺序如图 13-15 所示，具体步骤：

（1）对所选定的系统（或设备）进行分析，确切了解系统的组成及各项操作的内容，熟悉其正常运行时的工况。

（2）对系统的故障进行定义，对可能发生的故障、过去发生的故障进行调查。

（3）详细分析各种故障的产生原因，如设计、制造、装配、运行、环境条件、人为因素等。对环境条件的外部因素、操作失误的人为因素应作充分的考虑。

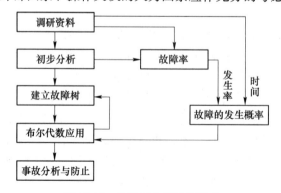

图 13-15　故障树分析法的顺序

（4）收集故障发生概率数据。

（5）选定系统可能发生的、最不希望发生的故障状态为顶事件，作出故障树逻辑图。

（6）对故障树结构作定性分析。

1）应用布尔代数的有关定律和运算法则对故障树作等价化简。

2）寻找故障树的最小割集和最小路集，以判断系统的故障模式和成功模式。

3）分析各事件的结构重要度，以判断各事件所代表的部件（或零件）在系统可靠性中的重要程度。

（7）对故障树结构作定量分析，如故障树各底事件（即各元件、部件）的故障概率数据为已知，便可以根据故障树逻辑，对系统的故障作定量分析；若底事件的故障概率值为未知数，可假设某个合理值，以便对系统进行可靠性方案的比较。

（8）考虑价格及技术等条件，对如何有效地防止事故的发生提出并采取有效的措施。

13.5.1.3　故障树分析法的应用符号

（1）定义。

事件：描述系统状态、部件状态的改变过程叫事件。如果系统或元件按规定要求（规定的条件和时间）完成其规定功能称为正常事件；如果系统或元件不能按规定要求完成其规定功能，则称作故障事件。引起故障事件的原因有硬件失效、软件差错、环境条件因素和人为因素等。

部件：凡是能产生故障事件的元件、子系统、设备、人和环境条件，在故障树中都定义为部件。部件的故障按其产生的原因分为三类：

1）一次故障，由于系统元件的内在原因而产生的故障。

2）二次故障，由于外部原因、环境恶化等造成的系统或元件的故障。

3）其他原因故障，或称受控失效，对于这类部件不能工作的原因尚需作进一步分析。

（2）故障事件的符号。故障树分析法中所应用的代表故障事件的符号，如图 13-16 所示。

1）圆形符号。表示底事件，如图 13-16（a）～（c）所示。指由系统内部件失效，或人为失误引起的事件，通常应有足够的原始数据。又称基本事件，即它应该是不可能再行分解，是在设计、运行条件下发生的固有随机事件。其中，实线圆如图 13-16（a）所示，表示硬件失效引起的故障。虚线圆如图 13-16（b）所示，表示人的差错引起的底事件。同心圆如图 13-16（c）所示，表示由于操作者的疏忽，未发现故障，而引起的底事件。

2）矩形符号。表示故障树的顶事件或中间事件，如图 13-16（d）所示。在矩形内可注明故障定义，其下与逻辑门连接。所谓中间事件，是指还可划分成底事件的事件。

3）房形符号。表示条件事件，如图 13-16（e）所示。系可能出现也可能不出现的失效事件，当所给定条件满足时，这一事件就成立，否则除去。房形符号内的事件可以是正常事件，也可以是故障事件，通常用于满足特殊条件下建树的需要。

4）菱形符号。表示省略事件，如图 13-16（f）～（i）所示。又可称作不完整事件，指那些可能发生的故障，但其概率极小，或由于缺乏资料、时间或数值，不需要或无法再做进一步分析的事件。其中，实线菱形如图 13-16（f）所示，表示硬件故障事件。虚线菱形如图 13-16（g）所示，表示人为失误引起的故障事件。阴影双菱形如图 13-16（h）所示，表示由于操作者疏忽，未发现故障而引起的故障事件。

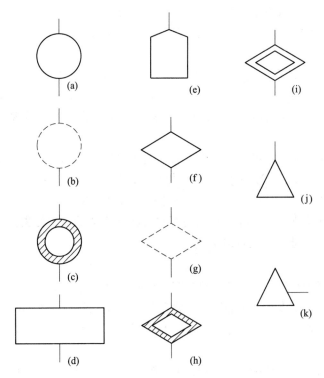

图 13-16　故障树分析法中代表故障事件的符号

无阴影双菱形如图 13-16（i）所示，则表示对整个故障树有影响，有待进一步研究的、原因尚不清楚的失效事件。

5）三角形符号。联接及转移符号，如图 13-16（j）、（k）所示。当一棵故障树包容的事件较多，为了减轻建树工作量，使故障树简化，可使用转移符号。上方有直线的三角形符号表示转入，如图 13-16（j）所示，侧面有横线的三角形符号则表示转出，如图 13-16（k）所示。一个转出符号和一个转入符号为一对，在一对三角形中需标出同一编码。

（3）逻辑门符号。故障树分析法中所常用的联系事件之间的逻辑门符号，如图 13-17所示。

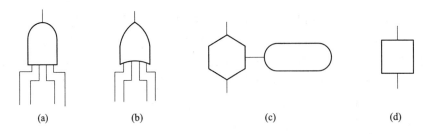

图 13-17　故障树分析法中所常用的联系事件之间的逻辑门符号

1）逻辑与门，简称与门，如图 13-17（a）所示。它表示当输入件全都发生时，才能使输出事件发生。

2）逻辑或门，简称或门，如图 13-17（b）所示。它表示在输入事件中至少有一个输入事件发生，就有输出事件发生。

3）逻辑禁门，简称禁门，如图 13-17（c）所示。它表示若满足给定条件，则输入事件发生时，直接引起输出事件发生；否则，输出事件不发生。一般用于表示某些非正常工作条件下发生的故障，其限制条件需在符号中表明。

4）否定门，简称非门，如图 13-17（d）所示。表示输出事件是输入事件的对立事件。

（4）修正逻辑门符号。对逻辑与门或逻辑或门加上修正符号，构成在各种条件下使用的修正逻辑门，简称修正门，如图 13-18 所示。如图 13-18（a）所示，系用于修正门的修正符号。修正符号内注明限制条件。因限制条件不同，修正门有以下几种：

1）优先与门，又称有序门，如图 13-18（b）所示。它表示与门的诸输入事件中，必须按一定顺序依次发生，或只有某一事件先于其他事件发生时，才能使输出事件发生。

2）组合与门，又称表决与门，如图 13-18（c）所示。当与门输入端有大于 3 个以上的输入事件时，用组合与门表示其中有任意两个先发生时，就能导致输出事件发生。

3）危险持续门，如图 13-18（d）所示。它表示在一与门诸输入事件中，输入事件都发生并须持续一定时间时，才能导致输出事件发生；如果输入事件已经发生，但未能持续一定时间，也不能引起输出事件发生。

4）异或门，又称互斥或门，如图 13-18（e）所示。它表示在或门输入端诸输入事件中，只能有一个事件发生时，才能导致输出事件发生；如果有两个或两个以上的输入事件发生时，该或门就无输出。

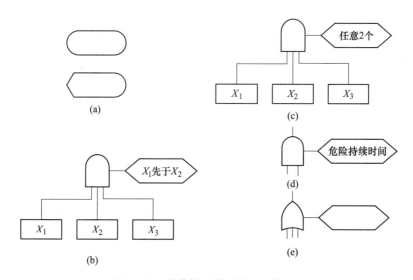

图 13-18　故障树的修正符号和修正门

13.5.1.4　故障树与可靠性逻辑图

在对系统进行可靠度计算中，常用可靠性逻辑图法，它能直观、简单地建立系统与单元间的功能关系。所谓可靠性逻辑图，是指以一定方式相连接的、代表各元件可靠度的方框，可靠性逻辑图中系统的不可靠度与故障树的系统失效概率是完全一致的，如图 13-19 所示。

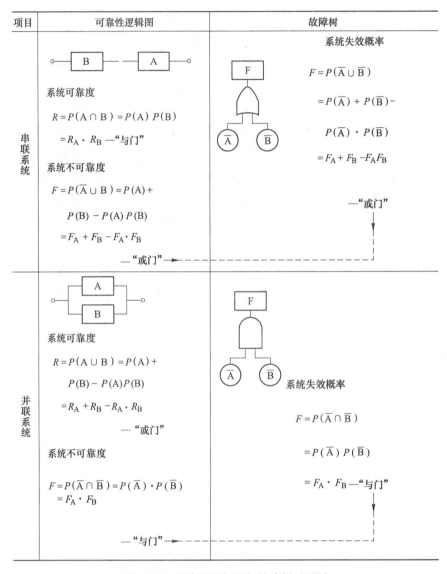

图 13-19　可靠性逻辑图与故障树对照图

　　利用可靠性逻辑图与故障树之间的上述关系，可有助于故障树的建树过程。以一个简单的串联-并联系统，以图 13-20 所示的可靠性逻辑图为例，它由 6 个独立的单元组成，系统中各单元相互独立，即其中任何一个单元既不受其他单元是否发生故障的影响，也不影响其他单元是否发生故障。系统的终端事件即其成功状态是单元 6 有输出，假定在单元 1，2 ，…，6 连接的失效率为零。

　　如果选择单元 6 无输出为系统的最不希望发生的事件，即故障树的顶事件，所得到的串-并联可靠性逻辑图系统完整的故障树图如图 13-21 所示。

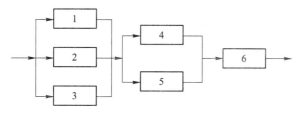

图 13-20 串-并联可靠性逻辑图

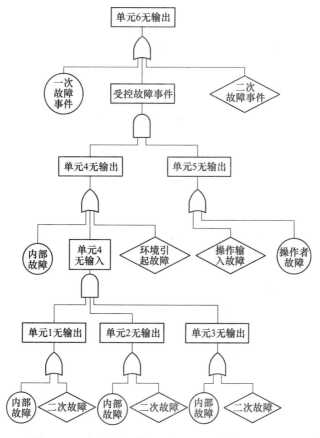

图 13-21 串-并联可靠性逻辑图系统完整的故障树

13.5.2 故障树的结构函数与运算规则

13.5.2.1 结构函数

从简单故障树可以看到，一棵完整的故障树实质上是用图形来表示系统故障（顶事件）和导致故障的诸因素（中间事件、底事件）之间的逻辑关系，因此，可以用结构函数（structure function）作为一种合适的数学工具，给出故障树的数学表述，以便于对故障树作定性分析和定量计算。

考虑一个由 n 个部件组成的系统，称系统失效为故障树的顶事件，记作 T，以各部件失效为底事件。对系统和部件均只考虑失效和成功两种状态，则对底事件 e_i 发生的概率 x_i

可定义如下：

$$x_i = \begin{cases} 1 & \text{当底事件 } e_i \text{ 发生时} \\ 0 & \text{当底事件 } e_i \text{ 不发生时} \end{cases} \quad i = 1, 2, 3, \cdots, n$$

系统顶事件 T 的状态如用 ϕ 来表示，则 ϕ 必然是底事件状态 x_i 的函数：

$$\phi = \phi(x) = \phi(x_1, x_2, \cdots, x_n)$$

同时，

$$\phi(x) = \begin{cases} 1 & \text{当顶事件 } T \text{ 发生时} \\ 0 & \text{当顶事件 } T \text{ 不发生时} \end{cases}$$

$\phi(x)$ 就是作为故障树的数学表述的结构函数。

例如，对图 13-22 所示一个与门结构故障树，结构函数如式（13-1）所示：

$$\phi(x) = \prod_{i=1}^{n} x_i \tag{13-1}$$
$$= \min(x_1, x_2, \cdots, x_n)$$

式中，$\prod$ 为连乘号，它与一个并联系统相当，所代表的工程意义是：并联系统中，只有当全部元件产生故障时，系统的故障才会出现；换言之，系统中只要有一个元件正常，系统就正常。

又如，对图 13-23 所示的或门结构故障树，结构函数为如式（13-2）所示：

$$\phi(x) = \coprod_{i=1}^{n} x_i = \max(x_1, x_2, \cdots, x_n) \tag{13-2}$$

式中，符号 $\coprod$ 的定义如式（13-3）所示：

$$\coprod_{i=1}^{n} x_i = 1 - \prod_{i=1}^{n}(1 - x_i) \tag{13-3}$$

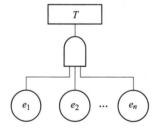

图 13-22   与门结构故障树

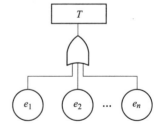

图 13-23   或门结构故障树

或门结构故障树与一个串联系统相当，它所代表的工程意义是：串联系统中，只要有一个元件产生故障，系统的故障就出现；必须所有元件都正常，系统才处于正常状态。

已经知道了与门结构故障树和或门结构故障树的结构函数，可以写出任意一棵故障树的结构函数。例如，图 13-25 是根据图 13-24 可靠性逻辑图建造的故障树，其结构函数如式（13-4）所示：

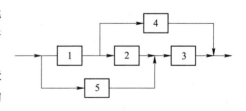

图 13-24   可靠性逻辑图

$$\varphi(x) = \left\{ x_4 \prod \left[x_3 \prod (x_2 \prod x_5) \right] \right\} \prod \left[x_1 \prod (x_3 \prod x_5) \right]$$

$$(13-4)$$

以故障树底事件之间的逻辑和、逻辑积关系所表征的结构函数，可以按布尔代数的规则进行运算。可靠性逻辑图如图 13-24 所示，故障树图如图 13-25 所示。

13.5.2.2 运算规则

定义事件是一个试验的某些可能结果的集合，则这个试验的所有试验结果就是这个集合的全集，用 I 表示。事件 A，B，C，…是组成这个集合的各个子集，称为元素，或元。若某集合中没有任何一个元素，即没有试验结果的集合，叫空集，用 0 表示。

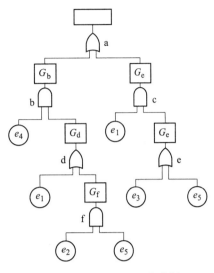

图 13-25　图 13-24 的故障树

13.5.3　故障树重要度简介

一棵故障树往往包含多个底事件，各个底事件在故障树中的重要性必然因它们所代表的元件（或部件）在系统中的位置（或作用）的不同而不同。因此，对底事件的发生在顶事件的发生中所作的贡献可称作底事件的重要度。底事件重要度在改善系统的设计、确定系统需要监控的部位、确定系统故障诊断方案中有重要作用。工程中常需作以下几种重要度计算。

13.5.3.1　概率重要度

底事件发生概率变化引起顶事件发生概率的变化程度为概率重要度 $I_g(i)$，其数学定义为：

$$I_g(i) = \frac{\partial g(q)}{\partial q_i}$$

式中　q_i——底事件发生的概率：

$$q_i = P_r\{x_i = 1\} = E\{x_i\} \quad i = 1, 2, \cdots, n$$

g——顶事件发生的概率：

$$g = g(q) = g(q_1, q_2, \cdots, q_n)$$

在图 13-26 所示的与门故障树情况下，故障树顶事件发生的概率 g 为：

$$g = P_r\left\{ \bigcap_{i=1}^{n} x_i = 1 \right\} = \prod_{i=1}^{n} q_i$$

而在如图 13-27 所示的或门故障树的情况下，则有：

$$g = P_r\left\{ \bigcup_{i=1}^{n} x_i = 1 \right\} = \sum_{i=1}^{n} q_i$$

$$= 1 - \prod_{i=1}^{n} (1 - q_i)$$

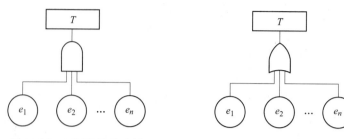

图 13-26　与门结构故障树　　　　　　图 13-27　或门结构故障树

显然，当故障树为与门、或门相结合的一般情况下，下式成立：

$$g(q) = q_i[1_i, q] + (1 - q_i)[0_i, q]$$

由此可得：

$$I_g(i) = \frac{\partial g(q)}{\partial q_i} = g[1_i, q] - g[0_i, q]$$

$$= E_x[\phi(1_i, x) - \phi(0_i, x)] \geqslant 0$$

q 值范围为 $0<q<1$，因此顶事件发生概率 g 是底事件发生概率 q_i 的单调递增函数；当底事件发生的概率 q_i 大时，则顶事件发生的概率也大。上式也表明，顶事件发生概率 g 的变化量 Δg 与底事件发生概率的变化量 Δq_i 间的近似关系为：

$$\Delta g \approx \sum_{i=1}^{n} I_g(i) \cdot \Delta q_i$$

从这里可以看出，如能使概率重要度大的底事件的发生概率下降，就可使顶事件发生概率有效地降低。

13.5.3.2　结构重要度

某个底事件的结构重要度，是在不考虑其发生概率值情况下，观察故障树的结构，以决定该事件的位置重要程度。底事件 e_i 的状态从 0 变到 1 时，由 n 个事件组合的系统状态变化有下列可能：

(1) $\phi(0_i, x) = 0 \rightarrow \phi(1_i, x) = 1$；

(2) $\phi(0_i, x) = 0 \rightarrow \phi(1_i, x) = 0$；

(3) $\phi(0_i, x) = 1 \rightarrow \phi(1_i, x) = 1$。

当底事件 e_i 由正常状态变为故障状态能使系统由正常状态变为故障状态时，称系统处于关键状态，定义如式（13-5）所示：

$$n\phi(i) = \sum_{\{x \mid x_i = 1\}} [\phi(1_i, x) - \phi(0_i, x)] \tag{13-5}$$

式（13-5）中，第 i 个底事件的某一状态与其余（$n-1$）个底事件的状态组合数为 2^{n-1}。$n_\phi(i)$ 即为第 i 个底事件由 $0 \rightarrow 1$ 时，使系统发生故障的贡献次数。$n_\phi(i) = 1$ 的次数越多（如情形 i），对系统发生故障的贡献越大，因此，第 i 个底事件的结构重要度如式（13-6）所示：

$$I\phi(i) = \frac{1}{2^{n-1}} n\phi(i)$$

$$= \frac{1}{2^{n-1}} \sum_{\{x \mid x_i = 1\}} [\phi(I_i, x) - \phi(0_i, x)] \tag{13-6}$$

13.5.3.3　关键性重要度

底事件 e_i 的关键性重要度的定义如式（13-7）所示：

$$I_c(i) = \frac{\partial \ln g(q)}{\partial \ln q_i} = \frac{\partial g}{g} \bigg/ \frac{\partial q_i}{q_i} \tag{13-7}$$

它与概率重要度 $I_g(i)$ 的关系如式（13-8）所示：

$$I_c(i) = \frac{q_i}{g} I_g(i) \tag{13-8}$$

可以看出，关键性重要度是底事件 e_i 故障概率的变化率与它引起顶事件发生概率变化率之比。

13.5.4　故障树的定性分析

对故障树进行定性分析的主要目的是找出导致顶事件发生的所有可能的故障模式，也即弄清系统（或设备）出现某种最不希望发生的事件（故障）有多少种可能性。

如果故障树的某几个底事件的集合同时发生时，将引起顶事件（系统故障）的发生，这个集合就称为割集。这就是说，一个割集代表了系统故障发生的一种可能性，即一种失效模式。而故障树的某几个底事件的集合都不发生，就能保证顶事件不发生时，则这个集合被称为路集，一个路集代表了系统成功的一种可能性。

在故障树的若干个底事件中，倘若有这样一个割集。如任意去掉其中任意一个底事件后，就不再是割集，则这个割集被称为最小割集；换言之，一个最小割集是指包含了最少数量，而又最必需的底事件的割集。由于最小割集发生时，顶事件必然发生。因此，一棵故障树的全部最小割集的完整集合代表了顶事件发生的所有可能性，即给定系统的全部故障。因此，最小割集的意义就在于它描绘出了处于故障状态的系统所必须要维修的基本故障，指出了系统中最薄弱环节。

13.5.4.1　割集和最小割集

故障树定性分析的主要任务也就只在于找出它的最小割集。

一故障树的底事件状态的集合为 $\{x_1,\ x_2,\ \cdots,\ x_n\}$。

如有一子集 $\{x_{i1},\ x_{i2},\ \cdots,\ x_{il}\}$，$i = 1,\ 2,\ \cdots,\ k$；

$$\{x_{i1},\ x_{i2},\ \cdots,\ x_{il}\} \in \{x_1,\ x_2,\ \cdots,\ x_n\}。$$

当满足条件 $x_{i1} = \cdots = x_{i1} = 1$ 时，$\phi(x) = 1$，也即该子集所含之全部底事件均发生时，顶事件必然发生，则该子集就是割集，割集数为 k；与该子集所对应的状态向量 x 称为割向量。

对于故障树的各个割集，必须找出其中若干个基本底事件组成的集合，如果表征这些基本底事件集合的状态发生，则顶事件必定发生，这样的割集就是最小割集，与最小割集包含的底事件相对应的状态向量，称为最小割向量。

13.5.4.2　路集和最小路集

一故障树的底事件状态的集合为 $\{x_1, x_2, \cdots, x_n\}$。

如有一子集 $\{x_{j1}, x_{j2}, \cdots, x_{jl}\}$，$i = 1, 2, \cdots, m$；

$$\{x_{j1}, x_{j2}, \cdots, x_{jl}\} \in \{x_1, x_2, \cdots, x_n\}。$$

当满足条件 $x_{j1} = \cdots = x_{j1} = 1$ 时，$\phi(x) = 1$，也即该子集所包含之全部底事件均不发生时，顶事件必然不发生，则该子集就是路集，路集数为 m；与该子集所对应的状态向量 $\boldsymbol{x}$ 称为路向量。

所谓最小路集，是满足以下条件的路集，若将某路集所含之底事件任意去掉一个即不成其为路集了，该路集就是一个最小路集，与最小路集包含的底事件相对应的状态向量，称为最小路向量。

13.5.5　故障树的定量分析

13.5.5.1　事件和与事件积的概率计算公式

对给定的故障树，若已知其结构函数和底事件（即系统基本故障事件的发生概率），从原则上来说，应用容斥原理中对事件和与事件积的概率计算公式，可以定量地评定故障树顶事件 T 出现的概率。

设底事件 $e_1, e_2, \cdots, e_n$ 的发生概率各为 $q_1, q_2, \cdots, q_n$，则这些"事件和"与"事件积"的概率，可按下式计算：

（1）当有 n 个独立事件。

1）积的概率如式（13-9）所示：

$$q(x_1 \cap x_2 \cap \cdots \cap x_n) = q_1 q_2 \cdots q_n = \prod_{i=1}^{n} q_i \qquad (13\text{-}9)$$

2）和的概率如式（13-10）所示：

$$q(x_1 \cup x_2 \cup \cdots \cup x_n) = 1 - (1 - q_1)(1 - q_2) \cdots (1 - q_n)$$
$$= 1 - \prod_{i=1}^{n}(1 - q_i) \qquad (13\text{-}10)$$

（2）当有 n 个相斥事件。

1）积的概率如式（13-11）所示：

$$q(x_1 \cup x_2 \cup \cdots \cup x_n) = 0 \qquad (13\text{-}11)$$

2）和的概率如式（13-12）所示：

$$q_1(x_1 \cup x_2 \cup \cdots \cup x_n) = q_1 + q_2 + \cdots + q_n$$
$$= \sum_{i=1}^{n} q_i \qquad (13\text{-}12)$$

（3）当有 n 个相容事件。

1）积的概率如式（13-13）所示：

$$q(x_1 \cap x_2 \cap \cdots \cap x_n)$$

$$= q(x_1)q(x_2/x_1)q(x_3/x_1 \cdot x_2) \cdots q(x_n/x_1 \cdot x_2 \cdots x_{n-1})$$

(13-13)

2）和的概率如式（13-14）所示：

$$q(x_1 \cup x_2 \cup \cdots \cup x_n)$$

$$= \sum_{i=1}^{n} (-1)^{i-1} \sum_{1<j_2<\cdots<j_i<n} q(x_{j_1}x_{j_2}\cdots x_{j_n})$$

(13-14)

注意：若 $q_i < 0.1$，$i = 1, 2, \cdots, n$，相容事件近似于独立事件；若 $q_i < 0.01$，$i = 1, 2, \cdots, n$，相容事件近似于相斥事件；

当故障树中包含 2 个以上同一底事件时，则必须应用布尔代数整理简化后，才能使用以上概率计算公式，否则会得出错误的计算结果。

例如，图 13-28（a）所示的故障树，顶事件为 T，底事件为 e_1、e_2 和 e_3，如直接利用上式计算，则可得式（13-15）：

$$T = (e_1 \cap e_2) \cap (e_1 \cap e_3)$$

(13-15)

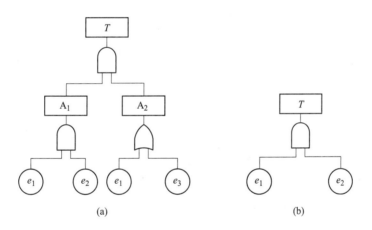

图 13-28　故障树

如已知底事件 e_1、e_2、e_3 发生的概率各为 0.1，事件 T 的概率为：

$$g(q) = (0.1 \times 0.1) \times [1 - (1 - 0.1)(1 - 0.1)] = 0.0019$$

然而，如用布尔代数运算法则整理得：

$$T = (e_1 \cap e_2) \cap (e_1 \cup e_3)$$

$$= e_1 e_2 e_1 + e_1 e_2 e_3$$

$$= e_1 e_2 + e_1 e_2 e_3 = e_1 e_2$$

$$g(q) = 0.1 \times 0.1 = 0.01$$

从故障树的具体分析可知，即使底事件 e_1 发生，或底事件 e_3 发生，会关系到中间事件 A_2 的发生，但是作为顶事件 T 发生的必要条件只是 e_1 和 e_2 的同时发生，因此，$g(q)$ 值为 0.01 的计算结果才是正确的。图 13-28（b）为本例简化后的故障树。

13.5.5.2 求顶事件发生概率的近似解

在实际工程计算中，常希望采用一种比较简便、工作量较小而又有一定精确度的近似方法，其中常用的一种方法是用顶事件发生概率的上、下限来求其近似解。

经过处理，可得式（13-16）：

$$\prod_{i=1}^{n} q_i \leqslant g(q) \leqslant \prod_{i=1}^{n} q_i \tag{13-16}$$

式（13-16）表示任何故障树顶事件发生概率值 $g(q)$ 必然介于或门结构故障树顶事件发生概率值，和与门结构故障树顶事件发生概率值之间。

在计算顶事件发生概率值过程中，可以得到一系列判别式，如式（13-17）所示：

$$\left. \begin{aligned} g(q) &\leqslant F_1 \\ g(q) &\geqslant F_1 - F_2 \\ g(q) &\leqslant F_1 - F_2 + F_3 \\ &\vdots \qquad \vdots \end{aligned} \right\} \tag{13-17}$$

因此，F_1，F_1，$-F_2$，$F_1-F_2+F_3$，…顺次给出了顶事件发生概率值的上限与下限。可以证明，当底事件发生概率值 $q_i < 0.01$，取 $g(q) = F_1 - 0.5F_2$，就可得到较为精确的近似值。

若利用最小路集计算顶事件发生概率值时，可写出如下式（13-18）：

$$\left. \begin{aligned} g(q) &\geqslant 1 - S_1 \\ g(q) &\leqslant 1 - S_1 + S_2 \\ g(q) &\geqslant 1 - S_1 + S_2 - S_3 \\ &\vdots \qquad \vdots \end{aligned} \right\} \tag{13-18}$$

因此，$1-S_1$，$1-S_1+S_2$，$1-S_1+S_2-S_3$，…顺次给出了顶事件发生概率的上、下限。

13.5.6 对废气进行冷却与净化系统的失效概率计算

图 13-29 为化工厂中使用的一种废气冷却及净化设备示意图。它是由鼓风机、冷却泵（两台）、给水泵、除尘器及循环泵（两台）等组成。若已知这 7 个基本部件的失效率均为 $\lambda = 0.001$，求这套设备的系统失效概率及其上、下限各为多少？

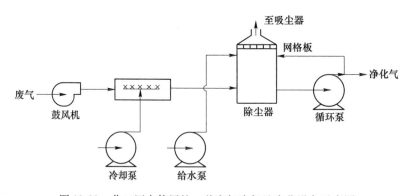

图 13-29　化工厂中使用的一种废气冷却及净化设备示意图

以鼓风机失效、泵 2 失效、泵 3 失效、给水泵失效、泵 5 失效、泵 6 失效、滤清设备失效分别为底事件 1~7，以系统失效为顶事件，按照故障树建造原则，可得废气冷却及净化设备故障树如图 13-30 所示。

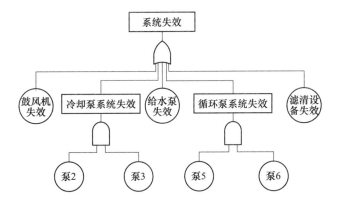

图 13-30　废气冷却及净化设备故障树

对图 13-30 所示故障树作定性分析，可得其最小割集有五组，它们是：{1}，{4}，{7}，{2、3} 和 {5、6}。有四组最小路集，它们是：{1、4、7、3、6}，{1、4、7、3、5}，{1、4、7、2、6} 和 {1、4、7、2、5}。

因此，可求得该系统的失效概率为：

$$g(q) = 1 - \left[(1 - q_1)(1 - q_4)(1 - q_7)(1 - q_2 q_3)(1 - q_5 q_6) \right]$$

将 $q_1 = q_2 = \cdots = q_7 = 0.001$ 代入，得：

$$g(q) = 1 - (0.999)^3 (0.999999)^2 = 2.999 \times 10^{-3}$$

若求系统失效概率的下限，可只取最小割集中阶数最小的三个：{1}，{4}，{7}。

$$g_L(q) = 1 - \left[(q - q_1)(1 - q_4)(1 - q_7) \right]$$
$$= 1 - (0.999)^3 = 2.997 \times 10^{-8}$$

要计算系统失效概率的上限，可只考虑最小路集中的两个 {1、4、7、3、6} 和 {1、4、7、2、5}，而得：

$$q_u(q) = \left[1 - (1 - q_1)(1 - q_4)(1 - q_7)(1 - q_3)(1 - q_6) \right] \times$$
$$\left[1 - (1 - q_1)(1 - q_4)(1 - q_7)(1 - q_2)(1 - q_5) \right]$$
$$= 1 - (1 - q_1)(1 - q_4)(1 - q_7)(1 - q_3)(1 - q_6) -$$
$$(1 - q_1)(1 - q_4)(1 - q_7)(1 - q_2)(1 - q_5) +$$
$$(1 - q_1)(1 - q_4)(1 - q_7)(1 - q_3)(1 - q_6)(1 - q_2)(1 - q_5)$$
$$= 1 - (0.999)^5 - (0.999)^5 + (0.999)^7$$
$$= 3.001 \times 10^{-3}$$

以上计算结果表明，系统失效概率的上、下限值是非常接近的。

13.6 案　例

13.6.1 案例1：GA-BP神经网络在液压缸故障诊断中的应用

13.6.1.1 概述

液压缸是液压系统的执行元件，广泛应用于冶金、矿山、工程机械和军工等领域。在其正常的工作过程中由于受到环境的恶劣影响，时常会受到各种冲击和油液污染，导致一系列故障。如图13-31所示的用于大型轧机辊缝调节的AGC伺服液压缸，其活塞直径达到1800mm，结构复杂，价格昂贵，当AGC伺服液压缸发生故障时，整条生产线停止工作，会给经济带来很大损失。因此，预测故障，快速维修至关重要。液压系统结构复杂，故障模式多，故障点难以判定，一旦发生故障，如果没有大量的故障样本，在判断故障模式和故障类型上十分困难。实际的研究过程中大多是采取人为制造故障来获取故障特征。但这种试验方法进行故障模拟的代价很大，成本很高。对液压系统建立故障模型和仿真就显得十分必要，这里运用AMESim软件对液压系统进行故障仿真，建立了故障模拟液压系统。故障诊断从本质上讲属于模式识别问题，进行液压缸故障诊断的关键就是建立实际故障与故障特征数据间的非线性映射关系，从而实现对故障现象的准确判断。神经网络有着很强的自适应、自学习和非线性映射能力，广泛应用于模式识别和故障诊断领域。而BP神经网络又因其结构简单易操作，训练算法多等优势在众多神经网络模型中被广泛采用。但BP算法也有其局限性，在训练过程中会由于参数选择不当等原因导致收敛速度较慢，且可能陷入局部较小值。针对BP算法的缺陷，这里以液压缸故障诊断为例提出了一种利用遗传算法优化（genetic algorithm optimization）GA-BP神经网络处理故障数据的诊断方法。该方法对比传统BP算法，预测精度高，误差小，为大型液压缸故障特征难提取和故障数据难收集、难处理提供了一种新的技术。

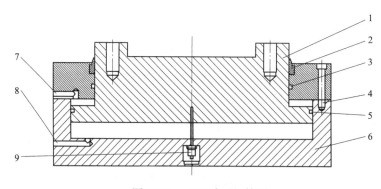

图13-31　AGC液压缸简图

1—活塞与活塞杆；2—防尘圈；3—活塞杆密封圈；4—内六角螺栓；

5—O形圈；6—缸筒；7—有杆腔油口；8—无杆腔油口；9—位移传感器

13.6.1.2 液压缸AMESim故障诊断模型

（1）液压缸AMESim模型。这里以AMESim自带液压缸为例进行故障诊断仿真，加入一些必要的液压元件进行系统建模。AMESim关于液压部分有三个不同的库可供建模，分别是 Hydraulic 库、Hydraulic Component Design 库和 Hydraulic Resistance 库。使用前两种库建立液压缸分析模型，如图 13-32 所示。

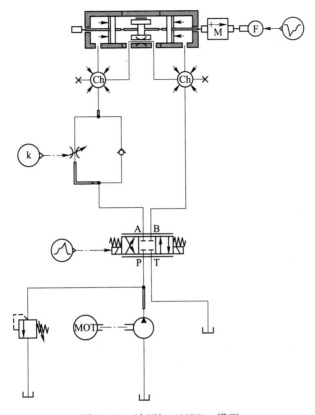

图 13-32 液压缸 AMESim 模型

为模拟其工作状态，需要对其中所有元件设置仿真参数。选择液压泵排量为 100 mL／r，电机转速参数为 1000 r/min，即泵的输出流量为 100 L/min。由于系统压力由负载所决定，根据负载计算所得系统压力为 $17×10^5$ Pa，所以设置溢流阀开启压力为 $20×10^5$ Pa。重要参数设置，如表 13-8 所示。其他未提及参数设置选择为软件默认。

表 13-8 AMESim 参数设置

参数	设定值	单位
液压泵排量	100	mL／r
电机转速	1000	r/min
溢流阀开启压力	20	10^5 Pa
活塞直径	100	mm
活塞杆直径	50	mm
质量块	10	kg
液压缸行程	1	m
恒定负载	10000	N

仿真运行时间定为 10 s，时间间隔为 0.1 s，运行仿真得到活塞杆位移和运动速度曲线，如图 13-33、图 13-34 所示。

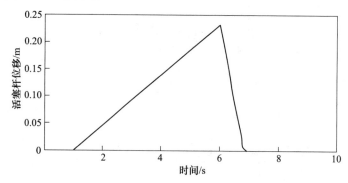

图 13-33　活塞杆位移曲线

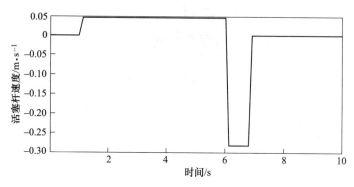

图 13-34　活塞杆速度曲线

由活塞杆位移曲线可以看出。液压系统在 1~6 s 内，液压缸左腔进油，活塞杆伸出。在 6~6.5 s 左右，液压缸右腔进油，活塞杆返程。因为存在着恒定负载的关系，活塞杆返程的速度要大于伸出速度。且由图 13-34 可知，活塞杆伸出时的速度大约为 0.046 m/s。根据液压传动计算公式，活塞杆伸出速度如式（13-19）所示：

$$v = \frac{q}{A} \tag{13-19}$$

式中　q——进入液压缸流量；

　　　A——活塞面积。

由于在进油口处设置了可变节流阀，节流阀流量公式如式（13-20）所示：

$$q_1 = KA_t \Delta p \tag{13-20}$$

式中　q_1——通过节流阀流量；

　　　K——流量系数（由节流口形状、液体流态等决定）；

　　　A_t——节流阀通流面积；

　　　Δp——节流阀两端压差。

液压泵输出流量 q_0 一部分经溢流阀溢流用于稳定系统压力，另一部分则进入节流阀 q_1。不计节流损失和管路损失有 $q = q_1$。经过理论计算得到液压缸速度为 0.0472 m/s。与仿真结果 0.046 m/s 基本相同，验证了模型的准确性。

（2）液压缸 AMESim 故障注入。运用 AMESim 模型进行故障诊断其优点就在于用户能够调整系统模型的仿真参数来模拟各种液压系统故障。AMESim 用户通过在草图模式下搭建好系统模型，在参数模式下通过改变仿真参数模拟故障类型，在运行模式下执行动态仿真，利用得到的结果用来仿真分析。这里共模拟了液压缸内泄漏、液压缸外泄漏、液压缸爬行故障、电磁换向阀电磁铁失效和液压系统进入空气共 5 种故障。

1）液压缸内泄漏。液压缸内泄漏是液压缸最难处理的故障之一，故障发生的地方在液压缸内部，隐蔽性强，难以发现。建模时选择在 HCD 库建立的液压缸模型并加入了泄漏模块，通过改变泄漏模块中径向间隙参数能够改变液压缸内泄漏量，很好地模拟液压缸内泄漏故障。将液压缸内泄漏状态简化为同心圆环缝隙流动，泄漏量公式如式（13-21）所示：

$$Q = \frac{\pi d h^3 \Delta p}{12\mu l} \tag{13-21}$$

式中　d——液压缸内径；

　　　h——活塞与缸壁间缝隙高度；

　　　Δp——缝隙两端压差；

　　　μ——液压油动力黏度；

　　　l——缝隙长度。

液压缸结构一定，液压缸内径 d 和缝隙长度 l 也就确定。液压油动力黏度与温度和压力有关，缝隙两端压差由运行工况而定。液压缸内泄漏量主要取决于缝隙高度 h，且与 h 的三次方成正比。改变 AMESim 中泄漏模块径向间隙也就是改变了液压缸活塞与缸筒壁之间的缝隙，从而达到改变内泄漏量。

2）液压缸外泄漏。液压缸外泄漏指液压缸工作过程中油液从缸内向外泄漏的现象，一般是从活塞杆与缸盖之间泄漏至外部。主要原因是由密封不严或密封件材质老化导致密封性能失效。在进油口处加入可变节流阀，通过改变节流阀元件孔口直径大小参数就能够有效模拟液压缸外泄漏故障。

3）液压缸爬行故障。液压缸爬行现象是指液压缸在较低速运行工况过程当中出现严重的速度波动，导致液压缸运行不稳定，有时还会形成一动一停、一快一慢的现象。液压缸发生爬行现象的原因有很多种，液压缸内静、动摩擦因数差异过大是其中一种，通过改变液压缸运行时受到静摩擦力和动摩擦力的大小可以有效模拟液压缸爬行现象。

4）电磁换向阀电磁铁失效。在液压系统中电子元件一般要比液压元件更容易发生故障。油路不能换向或换向动作缓慢是换向阀电磁铁失效典型的特征，它会导致液压系统无法正常工作，影响液压系统的稳定性。通过改变电磁铁输入电信号的通断能够很好地模拟换向阀电磁铁失效故障。

5）液压系统进气。液压系统进入空气主要有两种来源：①从外界被吸入到液压系统内的，包括泵吸入空气和液压缸内或液压系统管道内有气体未排干净等原因引起。②油液中混入的气体，这部分气体与油液混合在一起，当压力降低到足够低时这部分气体会以气泡形式析出，产生空化现象。液压系统进气会影响液压系统的工作效率。当系统进入空气时，液压油的体积弹性模量将大大减小，通过改变油液属性中体积弹性模量的大小可以有效模拟液压系统进气故障。

（3）故障数据采集。根据上述进行故障的注入，在 AMESim 液压缸模型中改变不同的参数设置，分别在这 5 种故障模式下进行数据采集，每种故障模式采集 10 组试验数据，加上正常工作模式共 60 组数据，因篇幅有限，记录其中 25 组数据，如表 13-9 所示。

表 13-9　部分故障数据

故障种类	样本组数	A 口流量 /L·min⁻¹	A 口压力 /10⁵ Pa	B 口流量 /L·min⁻¹	B 口压力 /10⁵ Pa	左腔流量 /L·min⁻¹	左腔压力 /10⁵ Pa	右腔流量 /L·min⁻¹	右腔压力 /10⁵ Pa
内泄漏	1	21.227	19.758	15.903	0.236	21.196	12.904	15.872	0.236
	2	21.237	19.758	15.963	0.238	20.997	12.897	15.723	0.238
	3	21.244	19.757	16.118	0.242	20.410	12.892	15.284	0.242
	4	21.246	19.757	16.418	0.250	19.225	12.891	14.397	0.250
	5	21.245	19.757	16.638	0.256	18.343	12.892	13.736	0.256
外泄漏	6	23.200	19.679	17.374	0.276	23.198	12.944	17.371	0.276
	7	25.230	19.592	18.894	0.322	25.227	12979	18.891	0.322
	8	27.290	19.495	20.439	0.373	27.288	13.018	20.436	0.373
	9	29.374	19.389	21.999	0.429	29.371	13.060	21.996	0.429
	10	30.419	19.333	22.782	0.458	30.416	13.083	22.880	0.458
电磁换向阀失效	11	0	14.661	0	2.574	0	14.661	0	2.571
	12	0	14.669	0	2.584	0	14.669	0	2.587
	13	0	14.674	0	2.591	0	14.674	0	2.591
	14	0	14.680	0	2.598	0	14.680	0	2.598
	15	0	14.682	0	2.601	0	14.682	0	2.601
爬行现象	16	17.177	19.896	12.860	0.165	17.175	15.405	12858	0.165
	17	13.354	19.998	9.996	0.111	13.352	17.274	9.995	0.111
	18	9.978	20.070	7.468	0.074	9.977	18.518	7.467	0.074
	19	4.405	20.154	3.297	0.027	4.405	19.754	3.297	0.027
	20	16.007	19.930	11.984	0.147	16.005	16.028	11.982	0.147
进入空气	21	21.301	19.757	15.900	0.236	21.299	12.913	15.898	0.236
	22	21.435	19.754	15.921	0.236	21.432	12.914	15.919	0.236
	23	21.569	19.751	15.942	0.236	21.567	12.914	15.940	0.237
	24	21.705	19.748	15.964	0.237	21.703	12.914	15.962	0.237
	25	21.774	19.747	15.975	0.237	21.771	12.915	15.973	0.237

13.6.1.3　基于 BP 神经网络液压缸故障诊断

将 AMESim 液压缸模型中各种故障模式下得到的数据信息作为神经网络输入，分别取换向阀 A 口流量、换向阀 A 口压力，换向阀 B 口流量、换向阀 B 口压力，液压缸左腔流量、液压缸左腔压力和液压缸右腔流量、液压缸右腔压力作为网络特征。其向量为 $X =$

$[X_1, X_2, X_3, X_4, X_5, X_6, X_7, X_8]$。然后在 AMESim 模型中分别注入液压缸内泄漏、液压缸外泄漏、电磁换向阀电磁铁失效，液压缸爬行故障和液压系统进入空气故障作为输出信息。故障向量分别为 $Y = [Y_1, Y_2, Y_3, Y_4, Y_5]$。对应故障代码表示为（0 0 0 0 0 1）、（0 0 0 0 1 0）、（0 0 1 0 0）、（0 1 0 0 0）。正常工作状态 Y_0 表示为（1 0 0 0 0 0）。故障信息如表 13-10 所示。

表 13-10　故障信息

故障向量	故障类型	故障向量代码
Y_1	液压缸内泄漏	000001
Y_2	液压缸外泄漏	000010
Y_3	电磁换向阀磁铁失效	000100
Y_4	爬行故障	001000
Y_5	液压系统进气故障	010000
Y_0	正常状态	100000

网络输入共 8 个特征，即输入层的神经元个数为 8。故障向量代码共 6 个特征，即输出层神经元个数为 6，隐含层节点数根据经验及多次实验选择为 5。传递函数方面隐含层传递函数选择 S 型正切函数 tansig。输出层传递函数选择 S 型对数函数 logsig。训练算法选择 BP 默认的 trainlm 训练算法。训练次数设为 1000，学习率 0.1，训练目标为 0.01。当 BP 神经网络达到均方误差性能函数设定值时，网络停止训练，满足目标要求。在 MATLAB 软件中将数据导入算法模型中，以每组故障数据中的随机 9 组作为 BP 神经网络的输入样本，开始网络训练。训练完成后将另外 1 组故障数据作为测试样本，对其测试，得到测试样本的网络输出。输出结果如表 13-11 所示。

表 13-11　BP 输出结果

	实际输出						误差
Y_0	0.7614	0.0463	0.0020	0.0000	0.0002	0.1985	
Y_1	0.0000	0.0001	0.0109	0.0136	0.0000	0.9998	
Y_2	0.0266	0.0314	0.0091	0.0000	0.9881	0.0000	
Y_5	0.0000	0.9839	0.0000	0.0000	0.0165	0.0047	0.31467
Y_4	0.0216	0.0000	0.9900	0.0014	0.0074	0.0000	
Y_3	0.0038	0.0001	0.0143	0.9893	0.0000	0.0011	

重复进行 5 次试验，得到 5 次的试验结果，如表 13-12 所示。

表 13-12　BP 实验结果误差结果

试验次数	1	2	3	4	5
误差	0.31467	0.9834	0.26101	0.38261	0.23304

从表中可以看出传统 BP 算法故障诊断误差偏大，网络预测结果并不理想，而且多次测试结果差异性也很大。传统 BP 算法故障诊断效果并不理想，存在着预测误差较大、多次诊断鲁棒性不好等缺陷，必须对其进行改进提高故障诊断的准确性。

13.6.1.4　基于 GA-BP 神经网络液压缸故障诊断

（1）遗传算法简介。遗传算法是一种高效整体寻优搜索算法，具有很强的全局搜索能力。它在搜索之前先把解空间中的所有可能解整合为一个解集合形式，每一个解集合即为一个个体，并将这些个体编码成遗传空间基因串形式，通过一系列遗传操作来进化产生新的解，最后根据预定的目标适应度函数来衡量个体的好坏，不断迭代得到最优个体。遗传算法具有解决大规模和非线性组合优化的能力。其优点对于解决 BP 神经网络初始权值和阈值难以准确选取最优问题时提供了优化方法。

（2）遗传算法优化步骤。遗传算法优化神经网络其目的就在于确定出网络的最佳初始权值和阈值。根据预先确定的网络拓扑结构得到各层连接权值和阈值总的个数，再选择合适的编码方式对个体的编码长度进行确定，接下来选择神经网络诊断输出的误差作为适应度值进行优化，将优化后获得的最优权值和阈值重新赋予到 BP 神经网络中，得到新的神经网络。

遗传算法优化具体步骤如下：

1）个体编码。在 GA-BP 神经网络中，个体包含网络所有初始权值和阈值。不同的编码方式代表着不同的遗传特性，这里选择实数编码。

编码长度如式（13-22）所示：

$$s = NM + ML + M + L \tag{13-22}$$

式中　　N——输入层节点数；

　　　　M——隐含层节点数；

　　　　L——输出层节点数。

2）初始化种群。随机初始化种群，种群规模对遗传算法优化性能影响很大，种群规模过大优化时间也越长，种群规模过小则不易找到最优解。一般选取种群规模在 40～100 之间，这里选取 40。

3）适应度函数的确定。个体的适应度越高，表示该个体越优，被选中作为父代的概率也就越大。神经网络预测误差越小代表期望个体适应度越高，诊断效果也就越好。即以 BP 神经网络预测输出与期望输出之间的误差平方和的倒数作为遗传算法的适应度函数。适应度函数如式（13-23）所示：

$$F_{it} = \frac{1}{MSE} \tag{13-23}$$

式中　　MSE——神经网络均方误差性能函数。

4）遗传操作。选择操作是基于个体适应度值进行的，将个体适应度所占的比例作为选择概率 P，最优个体直接遗传复制到下一代。交叉操作是按较大概率从群体中选取两个个体，对它们按交叉概率选取一个或多个交叉点进行交换部分基因以形成新的个体。变异操作是指随机地改变个体某个或某些基因数，进而产生新的个体。

5）得到新种群。将经过上述操作后得到的新一代染色体重新插入到父代种群个体中，得到更优的新种群和新的个体目标函数适应度值。

6）迭代寻优。不断进行循环操作得到新的种群，直到得到所需要求适应度值的个体或者运行到最大迭代次数时循环才会结束。经过遗传操作后，新形成的种群会沿着适应度高的方向不断进化，产生最优个体。

7）解码最优解。最优个体中包含着 BP 网络最佳权值和阈值。解码得到最佳神经网络连接权值和阈值并重新赋予到 BP 神经网络中，得到优化后的网络。

遗传算法优化 BP 神经网络液压缸故障诊断流程图，如图 13-35 所示。

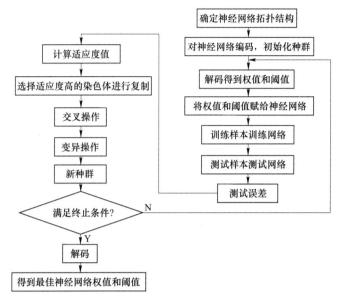

图 13-35 GA-BP 神经网络流程图

（3）GA-BP 诊断结果。利用上述方法得到优化后的 BP 网络之后，再次进行故障诊断。得到相同测试样本优化后的网络输出，输出结果如表 13-13 所示。进化过程误差曲线如图 13-36 所示。

表 13-13 GA-BP 输出结果

	实际输出						误差
Y_0	0.9826	0.0076	0.0005	0.0056	0.0000	0.0008	
Y_1	0.0000	0.0095	0.0000	0.0177	0.0000	1.0000	
Y_2	0.0000	0.0004	0.0038	0.0000	0.9855	0.0000	0.02775
Y_5	0.0101	1.0000	0.0010	0.0000	0.0036	0.0000	
Y_4	0.0002	0.0000	0.9960	0.0037	0.0045	0.0000	
Y_3	0.0118	0.0000	0.0028	0.9922	0.0000	0.0037	

通过分析表 13-13 中诊断数据可知，诊断输出值和期望输出值之间的误差明显减小。并且由进化过程误差曲线图可知，在迭代过程中误差下降很快，迭代到 28 代时误差基本稳定在最小值。而且多次试验误差相差无几，故障诊断识别精度也很高。

（4）BP 与 GA-BP 结果对比。为了方便与传统 BP 算法做对比，同样进行 5 次试验，试验误差结果如表 13-14 所示。若单个数据诊断误差超过 0.05 则判定为诊断错误，得到每次试验的正确率。将 BP 与 GA-BP 诊断结果对比，如表 13-15 所示。将试验结果 GA-BP 与

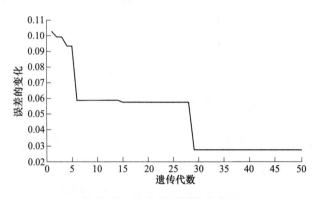

图 13-36   进化过程误差曲线图

BP 对比可以发现，GA-BP 在故障诊断正确率方面要明显优于传统 BP 神经网络，正确率能够达到 100%。测试结果表明，经遗传算法优化的 BP 神经网络可以大大减小诊断误差，提高诊断正确率，准确识别故障类型，能够运用到液压缸故障诊断当中。

表 13-14   GA-BP 试验误差结果

试验次数	1	2	3	4	5
误差	0.02775	0.02594	0.03375	0.01927	0.03287

表 13-15   BP 与 GA-BP 结果对比

试验次数		1	2	3	4	5	平均值
BP	误差	0.3146	0.9834	0.2610	0.3826	0.2330	0.4349
	正确率	94%	92%	92%	92%	86%	91.2%
GA-BP	误差	0.0277	0.0259	0.0337	0.0192	0.0328	0.0279
	正确率	100%	100%	100%	100%	100%	100%

13.6.1.5   结论

根据液压缸，特别是大型液压缸故障数据难收集难处理问题，提出利用仿真模拟出液压缸模型获取数据、采用遗传算法优化神经网络方式处理数据的液压缸故障诊断方式。研究结果表明：

（1）将遗传算法优化的 BP 神经网络模型应用到液压缸故障诊断当中，运用 AMESim 仿真出相应的液压缸模型，通过改变仿真参数模拟液压缸故障，收集故障数据。该方法能够准确识别液压缸故障类型，误差较小，表明了该方法应用到工程实践中的可行性。

（2）GA-BP 神经网络算法模型相比于传统的 BP 神经网络来说，GA-BP 能够有效弥补 BP 神经网络权值和阈值无法准确获得和随机初始化权值和阈值导致网络泛化能力不强、易陷入极小值的缺陷，并且在故障诊断的精度和效率方面均能得到提升，基于 GA-BP 神经网络液压缸故障诊断方法表现优异，可以适用于液压缸故障诊断。

13.6.2 案例2：基于故障树分析法在车辆支腿液压系统故障诊断中的应用

13.6.2.1 车辆支腿液压系统及其工作原理简介

车辆支腿液压系统在保证车辆能正常工作过程中起关键作用。支腿液压系统能确保车辆整体的水平稳定性，由于汽车轮胎材质是弹性的，它的支撑力有限，当车辆需承担大负载，为保证车身平稳，必须使用支腿，使车辆整体有刚性支撑，这样可以将车身自重及载重物体的重量传到地面，并能承受瞬间的超负荷工作，同时能使车身在横向和纵向都具有稳定性。

支腿液压系统的工作过程：在确定工作地点后，先将前支腿放下，接着放下后支腿，使车辆停在地面上，保持水平状态。当完成工作后，收起前后支腿，车辆才能运行。液压系统使用的是 H 型支腿结构，这种结构具有支撑力大、跨距大的特点，同时还能保持高稳定性。在液压系统中装有双向液压锁，当支腿升高到设定位置，通过液压锁将液压缸锁死，这样可以增强车辆的整体安全性。

工作原理如图 13-37 所示，手动换向阀 5 和手动换向阀 6 采用 M 型滑阀机能，串联在液压系统中。操控换向阀 5 改变前支腿的方向，操控换向阀 6 改变后支腿的方向。当换向阀 5 处于左方位时，液压泵输出的高压油经过单向阀进入前支腿液压缸的无杆腔，推动活塞向下运动，使支腿放下；当换向阀 5 处于右位，高压油经过单向阀进入前支腿液压缸的

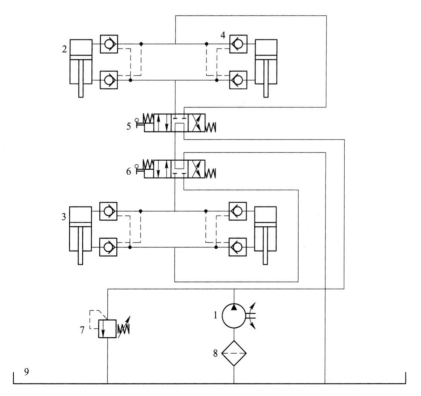

图 13-37　液压系统原理图

1—液压泵；2—前支腿液压缸；3—后支腿液压缸；4—双向液压锁；5，6—手动换向阀；

7—安全阀（溢流阀）；8—过滤器；9—油箱

有杆腔，活塞向上运动，使支腿收起；当换向阀 5 处于中位，可使液压泵卸荷，此时前支腿的一对液压缸被液压锁锁死，防止支腿下落或上升。换向阀 6 控制的后支腿和换向阀 A 控制的前支腿的原理一样。

13.6.2.2　车辆支腿液压系统的故障树分析

常见的支腿液压系统故障有：支腿动作缓慢或无力、支腿自行回缩、支腿自行下落、支腿收起或放下失灵。结合该液压系统的工作情况并查阅相关资料，总结上述故障产生的原因，建立相关的故障树，如图 13-38 所示。

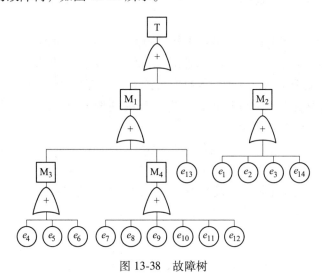

图 13-38　故障树

故障树的编号及其含义如表 13-16 所示。

表 13-16　故障树的编号及其含义

编号	含义	编号	含义
T	支腿自行下落	e_6	换向阀阀芯表面磨损
M_1	控制油路引起故障	e_7	液压锁内有异物
M_2	液压缸引起故障	e_8	液压锁弹簧失效
M_3	换向阀故障	e_9	液压锁阀体磨损
M_4	液压锁故障	e_{10}	液压锁阀芯磨损
e_1	油封损坏	e_{11}	液压锁密封不良
e_2	活塞磨损	e_{12}	液压锁阀芯与阀体配合不良
e_3	缸筒磨损	e_{13}	下腔油路泄漏
e_4	换向阀联结螺钉松动	e_{14}	活塞杆磨损
e_5	换向阀密封圈失效		

13.6.2.3　支腿液压系统故障分析

以"支腿自行下落"这一故障为例，用故障树分析法进行分析。可以看出，该故障树的叶子节点为相互独立的底事件，是最小割集。

事件的失效概率值的获取需要采集大量的历史失效数据，然后对历史数据进行分析。然而，采集大量的历史统计数据困难大。采用模糊理论方法，结合专家评估法，可以不收集大量历史数据也能求得各个底事件的失效概率。首先制定专家的岗位、学历、专业和工龄的权重，算出每位专家的权重；把自然语言表达（大、较大、中、较小、小）转化成隶属函数表达式，把表达式写成截集上、下限的形式；结合专家们的自然语言评估意见和每位专家的权重，得到平均模糊数的关系函数；再用左右模糊数排序法把模糊数转化成模糊可能值，最终确定模糊失效概率，具体流程如图 13-39 所示。

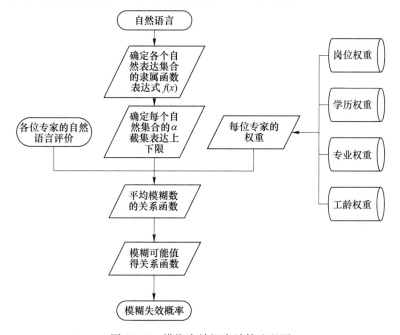

图 13-39　模糊失效概率计算流程图

底事件发生的概率如表 13-17 所示。

表 13-17　底事件发生概率

底事件编号	底事件内容	事件编号	底事件发生概率（q）	底事件不发生概率（$1-q$）
e_1	油封损坏	q_1	0.0023	0.9977
e_2	活塞磨损	q_2	0.004	0.996
e_3	缸筒磨损	q_3	0.0075	0.9925
e_4	换向阀联结螺钉松动	q_4	0.0035	0.9965
e_5	换向阀密封圈失效	q_5	0.0029	0.9971
e_6	换向阀阀芯表面磨损	q_6	0.0045	0.9955
e_7	液压锁内有异物	q_7	0.0085	0.9915
e_8	液压锁弹簧失效	q_8	0.0095	0.9905
e_9	液压锁阀体磨损	q_9	0.008	0.992

底事件编号	底事件内容	事件编号	底事件发生概率（q）	底事件不发生概率（$1-q$）
e_{10}	液压锁阀芯磨损	q_{10}	0.008	0.992
e_{11}	液压锁密封不良	q_{11}	0.0023	0.9977
e_{12}	液压锁阀芯与阀体配合不良	q_{12}	0.0075	0.9925
e_{13}	下腔油路泄漏	q_{13}	0.0029	0.9971
e_{14}	活塞杆磨损	q_{14}	0.0049	0.9951

当任一底事件发生时，均可导致顶事件"支腿自行下落"发生。因此，顶事件 T 发生（支腿自行下落）的概率为：

$$g = 1 - (1 - q_1)(1 - q_2)\cdots(1 - q_{14}) = 0.073696$$

顶事件的概率重要度 $I_g(1)$ 为：

$$I_g(1) = (1 - q_2)(1 - q_3)\cdots(1 - q_{14}) = 0.9284$$

同理，各事件的概率重要度为：

$$I_g(2) = (1 - q_1)(1 - q_3)\cdots(1 - q_{14}) = 0.9300,$$
$$I_g(3) = 0.9333, \quad I_g(4) = 0.9296, \quad I_g(5) = 0.9290, \quad I_g(6) = 0.9305,$$
$$I_g(7) = 0.9342, \quad I_g(8) = 0.9352, \quad I_g(9) = 0.9338, \quad I_g(10) = 0.9338,$$
$$I_g(11) = 0.9284, \quad I_g(12) = 0.9333, \quad I_g(13) = 0.9290, \quad I_g(14) = 0.9309$$

13.6.2.4　结论

（1）支腿液压系统出现"支腿自行下落"的故障概率为 0.073696；

（2）根据底事件的发生概率，可得出重要度由大到小排序为：e_8，e_7，$e_{10}(e_9)$，$e_{12}(e_3)$，e_{14}，e_6，e_2，e_4，$e_{13}(e_5)$，$e_{11}(e_1)$；

（3）根据底事件的关键重要度由大到小排序为：e_8，e_7，$e_{10}(e_9)$，$e_{12}(e_3)$，e_{14}，e_6，e_2，e_4，$e_{13}(e_5)$，$e_{11}(e_1)$；说明 e_8 事件是引起顶事件发生的重要因素。

（4）根据分析，在"支腿自行下落"故障，主要元件为液压锁。

13.6.3　案例 3：基于故障树分析法在装载机液压系统故障诊断中的应用

13.6.3.1　故障树分析法

（1）概述。故障树分析法（FTA）是一种可靠的分析技术，它建立在系统的故障经验库基础上，采用逆向推理，将系统级的故障现象（顶事件）与最基本的故障（底事件）之间通过适当的逻辑门（与门、或门、非门、异或门等）连成树状图，这种能体现故障传播逻辑关系的倒立的树状图就称作故障树。目前，故障树分析方法已经运用到航空、航天、核能核电等领域，被认为是简单、有效的分析方法。

（2）故障树建立步骤。故障树建立是按照严格的演绎逻辑，从顶事件开始，向下逐级追溯事件的直接原因，直至找出全部底事件为止。建树方法分为人工建树和计算机辅助建树，以下是故障树建立的一般步骤：

1）熟悉液压系统。建树前，技术人员首先应对系统的功能、结构、原理、故障状态、故障因素及其影响等做深入细致的了解，收集系统的有关技术资料。

2）确定顶事件。通常顶事件是指不希望系统发生的故障事件，或指定进行逻辑分析的故障事件。为了便于进行分析，顶事件必须定义明确，能够定量评定和进一步分解出它发生的原因。

3）构造发展故障树。由顶事件出发，寻找各级事件的全部可能的直接原因，并用故障树的符号表示各类事件及其逻辑关系，直至分析到各类底事件为止。

4）简化故障树。故障树建成后，还必须从故障树的最下一级开始，逐级写出上级事件与下级事件的逻辑关系式，直到顶事件为止，并结合逻辑运算法做进一步分析运算，删除多余的事件，使故障树更加方便分析。

（3）故障定性分析。故障树分析的关键就是求解故障树的最小割集，从而进行故障的定性分析。设故障树 FT 中有 n 个底事件 e_1，e_2，$\cdots$，e_n，$C \in \{e_i, \cdots, e_l\}$ 为某些底事件的集合，当其中全部底事件都发生时，顶事件必然发生，则称 C 为故障树的一个割集。割集就是故障底事件的集合，代表了系统发生故障的可能性。若 C 是一个割集，且任意去掉其中一个底事件后，余下的集合就不再是故障树的割集时，则称 C 为最小割集。

最小割集是底事件不能再减少的割集，是包含了最少数量而又缺一不可的事件的集合。若 FT 有 k 个最小割集，只要有一个最小割集 $K_j(j = 1, 2, \cdots, k)$ 中的全部底事件 e_t 均发生，故障必定发生，最小割集 K_j，可表示为：

$$K_j(e) = \cap\, m_t = le_t$$

13.6.3.2 工程机械液压系统分析及故障树建立

（1）液压系统工作原理图及功能。工程机械液压传动系统一般都包括液压泵、液压缸和液压马达、控制调节装置和辅助装置等四大部分。下面以 ZL50C-Ⅱ 型装载机液压系统为例进行分析，其液压系统原理图如图 13-40 所示。

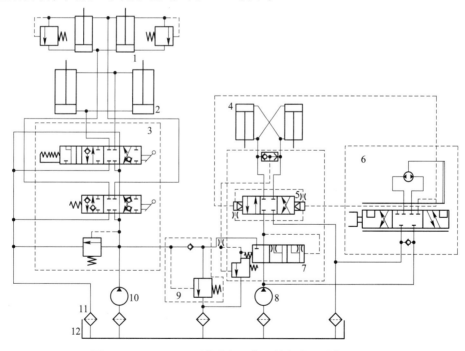

图 13-40　ZL50C-Ⅱ 型装载机工作、转向液压系统原理图

1—转斗液压缸；2—动臂液压缸；3—分配阀；4—转向液压缸；5—流量放大阀；6—转向器；

7—优先阀；8—转向泵；9—卸荷阀；10—液压泵；11—滤油器；12—油箱

装载机液压系统包括工作液压系统和转向液压系统。工作液压系统主要由油箱、过滤器、液压泵、分配阀、动臂液压缸、转斗液压缸等组成。转向液压系统主要由转向泵、转向液压缸、流量放大阀（带优先阀、溢流阀）、转向器和卸荷阀等组成。两个系统通过优先阀和卸荷阀连通，根据机械工作和行驶状态，将两泵合流作为系统卸荷。处于各种不同工况时的液压系统原理如下：

1）机械作业时。当两换向阀的阀杆均不操纵时，液压泵 10 排出的油沿分配阀 3 的中位位置回油道流回油箱。当驾驶员在驾驶室里操纵转斗操纵杆，换向阀右移或左移，液压泵排出的油经分配阀内转斗液压缸换向阀进入转斗液压缸的有杆腔或无杆腔，使转斗实现向前或向后翻转。

2）机械直线行驶。液压泵 10 排出的油沿分配阀 3 的中位位置回油道流回油箱，转向泵排出的油一部分进入转向器 6，由于方向盘没有转动，转向器 6 没有流量输出，转向泵的油全部经优先阀和卸荷阀中的单向阀，与工作泵排出的油合流，经分配阀流回油箱。

3）机械转向。转向器左移或右移，转向泵排出的油一部分通过转向器进入流量放大阀的先导控制油口，使放大阀的阀芯右移或左移，打开转向液压缸的进回油通道。转向泵排出的油除了供给转向器外，其余的全部经优先阀或流量放大阀，进入转向液压缸一腔，转向液压缸另一腔的回油经放大阀回油箱。

（2）故障现象。以 ZL50C-Ⅱ型装载机工作液压系统为例，工作液压系统的故障现象主要有：液压缸动作迟缓或举升无力；动臂自动下落；工作时尖叫或振动；油温过高。

（3）构建故障树。为了建立系统故障树，首先必须熟悉液压系统工作原理，要求对系统设计的工艺要求、技术规范、工作流程等文件和资料有深入的了解，并具有较丰富的设计和工作经验、较高的知识水平和严密清晰的逻辑思维能力。本案例对液压系统工作原理图和故障现象建立故障树如图 13-41 所示。故障树所对应的事件列表如表 13-18 所示。

表 13-18　故障树对应的事件列表

编码	事　　件	编码	事　　件
T	工作液压系统故障	e_4	液压泵磨损严重
A_1	液压缸动作缓慢或举升无力	e_5	溢流阀压力调整低、弹簧变软
A_2	动臂自动下沉	e_6	溢流阀磨损泄漏或卡滞
A_3	工作时尖叫	e_7	液压缸活塞油封损坏，液压缸拉伤
A_4	油温过高	e_8	分配阀操作软轴调整不合适或损坏
B_1	动臂液压缸和转斗液压缸动作都慢	e_9	滑阀磨损，泄漏严重，中位位置不正确
B_2	只有动臂液压缸动作慢	e_{10}	过载阀泄油
e_1	液压油箱油量少	e_{11}	低压系统进入空气
e_2	液压油箱通气孔堵塞	e_{12}	环境温度高，连续作业时间长
e_3	滤网堵塞或进油管太软变形	e_{13}	系统内泄漏量大

为找出装载机液压系统的薄弱环节，提高其工作的可靠性，采用最小割集的分析方

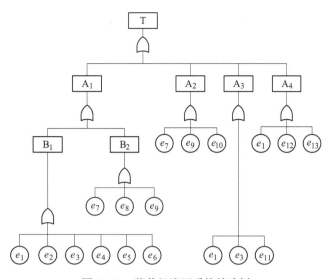

图 13-41 装载机液压系统故障树

顶事件 ⊏⊐；中间事件 ⊏⊐；底事件 ◯；或门 ⌂

法，找出处于故障状态的装载机液压系统所必须修理的基本故障。

用上行法可求出图 13-41 所示故障树的全部最小割集。运算步骤如下：

$B_1 = e_1 + e_2 + e_3 + e_4 + e_5 + e_6$

$B_2 = e_7 + e_8 + e_9$

$A_2 = e_7 + e_9 + e_{10}$

$A_3 = e_1 + e_3 + e_{11}$

$A_4 = e_1 + e_{12} + e_{13}$

$A_1 = B_1 + B_2 = e_1 + e_2 + e_3 + e_4 + e_5 + e_6 + e_7 + e_8 + e_9$，

即最小割集 $K_j(e_1)$ 为：$\{e_1\}$，$\{e_2\}$，$\{e_3\}$，$\{e_4\}$，$\{e_5\}$，$\{e_6\}$，$\{e_7\}$，$\{e_8\}$，$\{e_9\}$，$\{e_{10}\}$，$\{e_{11}\}$，$\{e_{12}\}$，$\{e_{13}\}$。

以装载机液压缸动作缓慢或举升无力 A_1 为例，根据故障树的特点和装载机液压系统的工作原理，可找出中间事件为"动臂液压缸和转斗液压缸动作都慢 B_1"和"只有动臂液压缸动作慢 B_2"。中间事件 B_1 再往下发展，可找出其底事件为液压油箱油量少 e_1、液压油箱通气孔堵塞 e_2、滤网堵塞或进油管太软变形 e_3、液压泵磨损严重 e_4、溢流阀压力调整低 e_5 和溢流阀磨损泄漏或卡滞 e_6。中间事件 B_2 往下可找出其底事件为液压缸活塞油封损坏或液压缸拉伤 e_7、分配阀操作软轴调整不合适或损坏 e_8 和滑阀磨损、泄漏严重中立位置不正确 e_9。

（4）结论。通过分析 ZL50C-Ⅱ型装载机液压系统的特点，建立了基于专家知识库的故障树。实践证明：通过对故障树分析结果进行故障诊断，可为维修人员快速查找液压系统故障点提供重要参考，大大节省了液压系统故障诊断时间，提高了工作效率。同时将故障树分析技术引入到专家故障诊断系统，促进了故障树分析和专家故障诊断系统的有效结合，提高了液压系统故障诊断的准确率。

13.6.4　案例4：基于卷积神经网络的飞机液压系统故障诊断

13.6.4.1　概述

为了提高飞机飞行时安全性和可靠性，研究飞机液压系统的故障诊断具有重要意义。因此，提升健康监控能力，在液压系统设计时设置了多个传感器用于监控系统工作状态，在系统运行过程中会产生大量的监控数据。对于飞机液压系统的复杂故障，往往存在故障特征不明显、故障原因较隐蔽等情况，此类故障很难通过直观故障现象判断或依靠单个数据源分析确定故障点。

飞机液压系统发生故障时必然会反映在监测数据上，飞机液压系统的传感器监测数据不仅可以反映系统当前的时变特性，而且可以反映系统的运行模式。理论上，只要对多元监测数据进行深度足够的信息挖掘，便可获得更深层次的系统运行特征。基于多元数据驱动的故障诊断方法不依赖于系统的失效机理和专家经验，以采集到的不同来源和不同类型的监测数据作为研究对象，利用数据挖掘技术获取其中隐含的有用信息，表征系统运行的工作状态，进而达到检测与诊断的目的，目前已成为比较实用的诊断方法。该方法能有效排除单一信息源信息不确定性的干扰，能够从系统整体运行情况中相对准确地识别复杂故障，常用方法包括机器学习法、多元统计分析法、信号处理法和信息融合法等，对来自多个不同传感器的多元数据进行信息挖掘的故障诊断算法具有重要的工程应用价值。

随着机器学习和深度学习在计算机视觉领域的迅速发展，基于机器学习和深度学习的故障诊断方法受到越来越多研究者的关注。卷积神经网络是深度学习的代表算法之一，包含卷积阶段和分类阶段。卷积阶段的目的是从输入数据中提取特征，进行卷积和池化操作。分类阶段包含多个全连接层。目前卷积神经网络方法已成功应用于故障诊断中。

应用一维卷积神经网络对飞机液压油源进行故障诊断，通过卷积神经网络从传感器数据中抽取故障特征，将经过预处理的原始传感器采集数据作为网络模型输入，使得该方法不依赖于系统失效机理和专家经验，更加有利于在工程领域的进一步推广应用。该方法相比于传统机器学习方法更适用于复杂故障诊断，可以为飞机外场保障和维修提供依据。

13.6.4.2　卷积神经网络

卷积神经网络由 LeCun 提出，是一种特殊的神经网络模型，该方法具有神经元非完全连接以及权值共享等重要特征。卷积神经网络在自学习能力、分布式并行处理和容错性等方面均具有较强的优势，相比传统的神经网络，能够显著降低网络的复杂性和权重数量，目前已广泛应用于图像处理和模式识别等领域。

卷积神经网络结构包括卷积层、采样层、全连接层等。考虑到卷积神经网络的输入数据来自不同的传感器，各传感器采集的数据之间空间相邻特征关系不明显。因此，即使卷积神经网络的输入采用二维形式，而在本案例中卷积和池化操作仍是在一维上进行的。

（1）一维卷积。在卷积神经网络中，卷积层应用卷积核对输入数据执行卷积操作以获取对应特征，卷积核与上一层的局部感受也相连，具有权值共享的特征。对于一维卷积，假设输入的一维连续数据为 $x = [x_1, \quad x_2, \quad \cdots, \quad x_N]$，其中 N 代表数据序列长度，卷积操作的特征输出定义如公式（13-24）所示：

$$z^i = \varphi(w * x_{i:i+F_L-1} + b) \tag{13-24}$$

式中　w——一维卷积核；

　　　$*$——卷积操作；

$x_{i:i+F_L-1}$——数据序列工中第一个从第 i 个点开始长度为 F_L 的数据序列；

　　b，φ——偏差项和非线性激活函数。

通过将卷积核从数据序列的第一个点滑动到最后一个点，可以得到第 j 个卷积核对应的特征图，如式（13-25）所示：

$$Z_j = \left[z_j^1, z_j^2, \cdots, z_j^{N-F_L+1} \right] \tag{13-25}$$

（2）一维池化。卷积层之后往往伴随着一个池化层，池化层主要用来抽取特征图最显著的局部信息，以减小特征尺寸及网络参数，进而减小网络计算代价，最大池化策略可描述如式（13-26）所示：

$$p^{l(i,j)} = \max_{(j-1)W+1 \leqslant t \leqslant jw} \left\{ a^{l(i,t)} \right\} \tag{13-26}$$

式中　$a^{l(i,t)}$——1 层的第 i 个池化区域的第 t 个神经元的激活值；

　　　W——池化区域的宽度。

对于本案例中采用的一维卷积，其池化区域也定义为一维区域。

13.6.4.3　数据预处理

对于复杂系统，故障模式多，故障诊断难度大。为解决复杂系统的故障诊断和健康监控问题，系统中一般会布置大量的传感器用于监测系统的工作状态。假设系统中布置用于工作状态监控的传感器数量为 N_{tw}，各传感器的采样频率相同，其在一个周期内采集数据序列分别为 L_1，L_2，$\cdots$，$L_{N_{ft}}$，各数据序列长度相，均为 N_{tw}。对于每一个数据序列，首先将其标准化如式（13-27）所示：

$$L'(k) = \frac{L_j(k) - \min(L_j)}{\max(L_j) - \min(L_j)} \times 255 \qquad j = 1, 2, \cdots, N_{ft}; k = 1, 2, \cdots, N_{tw} \tag{13-27}$$

然后将标准化后的所有传感器数据存储为大小并写为 $N_{ft} \times N_{tw}$ 的矩阵，矩阵中的每一行即对应一个传感器的采集数据，矩阵的行数 N_{ft} 即为传感器的数量，矩阵列数 N_{tw} 即为传感器数据序列的长度，则矩阵单元 $P(j, k)$ 与传感器数据序列的对应关系如式（13-28）所示：

$$P(j, k) = L'_j(k) \qquad j = 1, 2, \cdots, N_{ft}; k = 1, 2, \cdots, N_{tw} \tag{13-28}$$

此时有采集到的传感器数据序列即转换为一个二维格式的多传感器数据序列。

13.6.4.4　故障诊断方法

卷积神经网络可以通过多层非线性转换，从原始输入中获取特征信息。一般的输入层为二维格式的神经网络方法，目前均利用二维卷积核对二维输入进行二维卷积操作，试图在初始阶段就学习不同相邻特征之间的空间关系。由于不同传感器数据之间的空间特性不明显，对于由多个不同传感器采集数据组成的二维输入，采用二维卷积方法学习不同特征之间的空间关系势必会造成故障诊断效率和准确率的下降。因此，本方法采用一维卷积对多传感器数据组成的二维输入进行特征提取，本案例中所采用的卷积神经网络结构如图 13-42 所示。

输入层为二维格式，大小为 $N_{ft} \times N_{tw}$，其中 N_{ft} 为选择特征的数量，即选取的传感器数据，N_{tw} 为时间序列维度，即传感器数据序列的长度。

首先采用 3 个卷积层来抽取特征。卷积层的卷积核数量为 $F_{Ni}(i=1,2,3)$，卷积核尺寸为 $1 \times F_{Li}(i=1,2,3)$，卷积操作中在数据序列维度上采用一维零值填充方法来保证提取特征的维度不变。每个卷积层后连接一个池化层，采用最大池化策略，在前一卷积层大小为 $1 \times F_{Pi}(i=1,2,3)$ 的邻域采样 1 个点，也就是取 F_{pi} 个数的最大值。

其次，采用 2 个全连接层对卷积阶段抽取特征后的数据进行分类，全连接层均采用 Dropout 策略。全连接层的尺寸记为 $F_{Fi}(i=1,2)$。

最后为输出层，应用 Softmax 模型作为概率分类模型。Softmax 模型通过评估样本属于每一个分类标签的概率来进行样本分类，因其具有较高的计算效率而被广泛地应用于神经网络分类当中。

采用多层卷积来获取每一个输入样本的特征后，再利用全连接层对学习到的特征进行最终分类。虽然本方法采用二维数据作为神经网络的特征提取输入，但实际上卷积操作为一维卷积，即仅在每一个输入特征的时间序列维度上进行卷积操作。因此，和其他基于二维卷积神经网络的故障诊断方法相比，本方法更适用于从多个不同传感器采集的数据中提取特征信息。

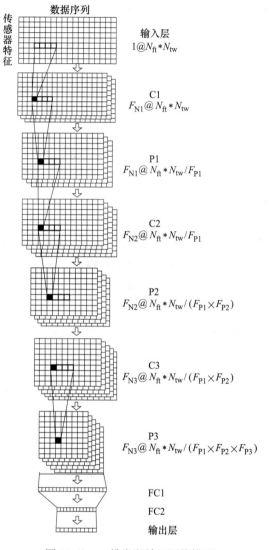

图 13-42　一维卷积神经网络模型

13.6.4.5　计算流程

本案例应用多组传感器数据进行系统故障诊断时可分为 3 个阶段：第 1 阶段主要是选取可用于飞机液压系统故障诊断的传感器，收集在不同故障模式下对应的各传感器采集的数据，将传感器数据按上述的方法进行预处理并存放为二维格式，即可作为卷积神经网络的输入；第 2 阶段建立卷积神经网络模型，采用训练样本的传感器数据及对应故障模式对网络进行训练，直到网络满足训练停止条件；第 3 阶段基于第 2 阶段训练好的卷积神经网络模型，对测试样本的传感器数据进行故障诊断，以验证卷积神经网络模型是否满足精度要求。图 13-43 为本案例故障诊断方法的流程图，具体步骤如下。

（1）选择可用于飞机液压系统故障诊断的传感器，将不同传感器采集的数据按式（13-22）进行预处理，将完成预处理后的数据按式（13-22）存放为二维格式的多传感器数据矩阵。

（2）随机选择二维多传感器数据矩阵及其对应的故障模式作为训练样本，剩余二维传

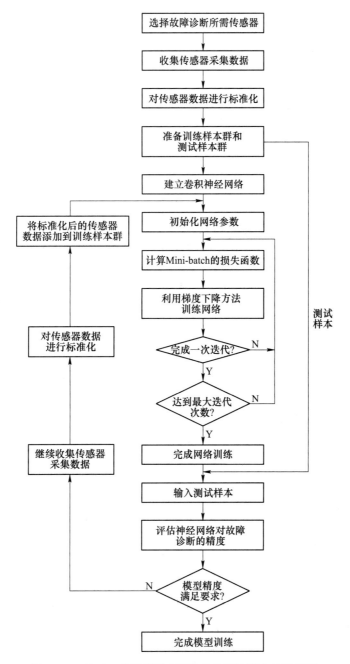

图 13-43　基于一维卷积神经网络的故障诊断方法流程图

感器数据矩阵及其对应的故障模式作为测试样本。本案例中选择 80% 的样本作为训练样本，剩余 20% 为测试样本。

（3）按照一维卷积要求设置卷积神经网络模型的结构参数，包括卷积核大小及数量、激活函数、池化区域大小及全连接层尺寸等。

（4）设置卷积神经网络模型的初始化参数，利用训练样本对卷积神经网络按图 13-43 的流程进行训练直到满足停止条件。

（5）采用训练好的卷积神经网络模型识别测试样本对应的故障特征，采用 Softmax 函数对不同二维传感器数据对应的故障模式进行概率分类，判断卷积神经网络模型是否满足精度要求。

13.6.4.6　应用

利用上述卷积神经网络方法对飞机液压系统进行故障诊断。本案例中采用的卷积神经网络模型程序采用 MATLAB2018a 编写。

（1）某飞机液压系统工作原理概述。液压系统是飞机液压动力的发生源，某型飞机液压系统的结构主要包括 2 台液压泵、2 个高压过滤器、供压组件、2 个安全阀门、3 个低压过滤器、液压油箱和传感器等。

液压泵由飞机发动机驱动产生高压液压油源，经过高压过滤器进入供压组件，由供压组件分两路输出到供压油路，分别向飞机上其他各系统供液压油，各系统回油经低压过滤器返回液压油箱。系统中设置 2 个安全阀门保证系统最高工作压力不会超压，当系统最高工作压力超限时，打开安全阀门可直接对系统进行泄压，以保证液压系统的工作安全。系统工作原理如图 13-44 所示。为监控系统工作状态，该液压系统中共设置了 14 个传感器，其中传感器 1~13 为压力传感器，用于监测系统不同位置的液压压力，传感器 14 为油位传感器，用于监测液压油箱的油位。在系统运行时，以上 14 个传感器会采集液压系统的工作数据，对系统的健康监控和故障诊断起到至关重要的作用。

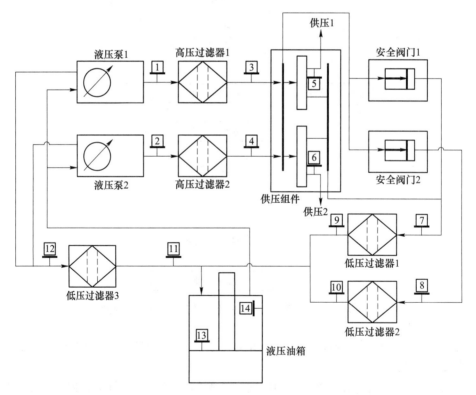

图 13-44　某飞机液压能源系统工作原理示意图

该液压系统工作状态分为正常工作状态和故障状态。正常工作状态和系统常见的 12

种不同的故障状态的详细描述如表 13-19 所示。

表 13-19　系统工作状态

工作状态类别	工作状态描述	状态代码
正常状态	系统功能均正常	0
故障状态	液压泵 1 故障	1
	液压泵 2 故障	2
	高压过滤器 1 阻塞	3
	高压过滤器 2 阻塞	4
	供压组件故障	5
	安全阀门 1 故障	6
	安全阀门 2 故障	7
	低压过滤器 1 阻塞	8
	低压过滤器 2 阻塞	9
	低压过滤器 3 阻塞	10
	液压油箱增压失效	11
	系统泄漏	12

（2）故障诊断过程。多传感器的时间序列数据包含了大量的系统工作信息，对系统故障诊断具有重要的应用价值。针对该液压系统的故障诊断，首先采集训练样本，设置每个样本数据序列长度为 60，按照表 13-19 中的每一种工作状态，分别采集 14 个传感器在不同周期内的数据序列，然后按式（13-27）将 14 个传感器采集的数据标准化到 [0，255]，按数据预处理的方法形成不同故障模式对应的多传感器数据序列，即可作为卷积神经网络模型的输入。该数据预处理方法无须人工进行特征提取，所以该方法不依赖于任何的专家经验或系统失效机理。

设置神经网络模型结构（参数如表 13-20 所示），建立卷积神经网络，随机选取训练样本。本案例中训练样本数设为 13000，测试样本取为 2600，即在系统的每个工作状态下随机选取 1000 组样本作为训练样本，200 组样本作为测试样本。利用 14 个传感器数据序列组成的样本及其对应的故障模式对卷积神经网络模型进行训练，训练时采用变学习率策略，具体参数设置如表 13-21 所示。

表 13-20　网络结构参数设置

网络结构参数	数值	网络结构参数	数值
F_{N1}	8	F_{P1}	2
F_{N2}	64	F_{P2}	2
F_{N3}	256	F_{P3}	2
F_{L1}	5	F_{F1}	64
F_{L2}	3	F_{F2}	32
F_{L3}	3		

表 13-21 网络训练参数设置

网络训练参数	数值
动量	0.9
初始学习率	0.001
学习率变化率	0.1
学习率变化所需迭代次数	8
Epoch 次数	40
Mini-batch 大小	200

（3）计算结果利用。利用上述训练好的卷积神经网络对测试样本进行故障诊断，诊断结果如表 13-22 所示。从表 13-22 中的结果可以看出，基于一维卷积神经网络的方法对该液压系统的故障诊断具有较高的准确率，可以解决该液压系统的故障诊断问题。

表 13-22 测试样本诊断结果

工作状态描述	工作状态代码	测试样本数量	正确诊断样本数量	诊断准确率/%
正常状态	0	200	196	98.00
液压泵 1 故障	1	200	200	100.00
液压泵 2 故障	2	200	200	100.00
高压过滤器 1 阻塞	3	200	200	100.00
高压过滤器 2 阻塞	4	200	199	99.50
供压组件故障	5	200	200	100.00
安全阀门 1 故障	6	200	200	100.00
安全阀门 2 故障	7	200	200	100.00
低压过滤器 1 阻塞	8	200	200	100.00
低压过滤器 2 阻塞	9	200	200	100.00
低压过滤器 3 阻塞	10	200	198	99.00
液压油箱增压失效	11	200	200	100.00
系统油液泄漏	12	200	199	99.50
合计		2600	2593	99.73

13.6.4.7 总结

采用基于一维卷积神经网络的方法对飞机液压系统进行了故障诊断应用研究。

（1）考虑到卷积神经网络的输入来自不同的传感器数据序列，各数据序列之间的空间关系不明显，因此，即使网络输入是二维形式，而实际的卷积操作均在时间序列维度上进行，可满足多传感器数据分析需求。

（2）通过对多传感器数据序列进行标准化，建立满足多传感器数据故障诊断的一维卷积神经网络模型，标准化后的数据序列即可作为训练样本对网络模型进行训练，满足训练要求的卷积神经网络模型被证明对飞机液压系统的故障诊断具有较高的准确率。

（3）基于一维卷积网络的故障诊断方法不依赖于专家经验和系统失效机理，可直接应用于飞机液压系统的故障诊断与预测；算法经适应性调整后，也可推广应用于其他系统中。

———————— **重点内容提示** ————————

了解人工智能内容及其重要性，熟悉专家系统、人工神经网络、模糊理论和故障树等在液压系统故障诊断中的应用。通过熟悉案例，掌握液压系统故障诊断方法。

思 考 题

1. 什么是人工智能（AI），为什么提出人工智能将引领人类第四次工业革命？
2. 新型专家系统有哪些内容，各有什么特点？
3. 如何应用 BP 神经网络对齿轮泵进行故障诊断？
4. 液压系统故障应用模糊诊断方法，诊断的基本原则是什么，为何提出这些原则？
5. 液压系统故障诊断采用故障树分析法有哪些特点，存在哪些不足？

附录　液压传动装置的平均失效率

组件名称	失效率 λ（失效次数/10^6 h）
齿轮泵	13
定量轴向柱塞泵	9
变量轴向柱塞泵	20
液压马达	4.3
液压缸	0.01
方向阀	1
单向阀	5
电磁阀	1.5
电-机转换器	2.5
电位计式反馈传感器	3
感应式反馈传感器	2
插塞接头	0.18
节流孔	0.5
过滤器	0.4
旋转密封	0.7
固定连接密封	0.3
管路连接	0.03
往复运动密封	0.5
机械连接	0.01
滚动轴承	0.5
齿轮传动	0.12
软管	2
油箱	1.5
高压容器	0.18
压力、温度、液压传感器	3.5
驱动电机	4.3
执行电动机	0.23
喷嘴—挡板	1.5
弹簧	0.22
压力和流动调节器	2.14
溢流阀	5.7
流量阀	8.5

参 考 文 献

[1] 党的二十大文件汇编 [M]. 北京：党建读物出版社，2022.

[2] 党的二十大报告学习辅导百问 [M]. 北京：党建读物出版社，学习出版社，2022.

[3] 王锡吉. 电子设备可靠性工程基础 [M]. 北京：电子工业出版社，1982.

[4] А Д 叶皮法诺夫. 控制系统的可靠性 [M]. 张燕林，译. 北京：国防工业出版社，1979.

[5] 川崎義人，王思年，夏琦译. 可靠性设计 [M]. 北京：机械工业出版社，1988.

[6] 金子敏夫. 油压機器の応用回路 [M]. 东京：日刊工业新闻社，1982.

[7] 雷天觉. 液压工程手册 [M]. 北京：机械工业出版社，1990.

[8] 瑟里岑. 液压和气动传动装置的可靠性 [M]. 曾德尧，译. 北京：国防工业出版社，1989.

[9] 湛从昌. 初论液压装置的可靠性设计 [C]//流体动力的节能与比例技术论文集. 广州：华南理工大学出版社，1986.

[10] 段长宝，等. 液压元件的寿命试验 [M]. 北京：国防工业出版社，1990.

[11] 胡昌寿. 可靠性工程——设计、试验、分析、管理 [M]. 北京：宇航出版社，1989.

[12] 陈健元. 机械可靠性设计 [M]. 北京：机械工业出版社，1988.

[13] 徐声钧. 液压设备液压故障诊断技术教程 [M]. 武汉：武汉工业大学出版社，1990.

[14] 周敏，湛从昌. 液压泵故障诊断专家系统研究 [J]. 武汉钢铁学院学报，1993，16（1）：113-117.

[15] 钟秉林，黄仁. 机械故障诊断学 [M]. 北京：机械工业出版社，1998.

[16] 王少萍，王占林. 液压泵故障诊断的神经网络方法 [J]. 北京航空航天大学学报，1997（6）：44-48.

[17] 湛从昌. 液压系统故障的模糊诊断方法 [J]. 液压与气动，1994（6）：2-7.

[18] 夏志新. 液压系统污染控制 [M]. 北京：机械工业出版社，1992.

[19] ZHOU R X, LIN T Q, HAN J D, et al. Fault diagnosis of airplane hydraulic pump [C]//Proceedings of the 4th World Congress on Intelligent Control and Automation. IEEE, 2002, 4：3150-3152.

[20] TAN H Z, SEPEHRIN. Parametric fault diagnosis for electrohydraulic cylinder drive units [J]. IEEE Transactions on Industrial Electronics, 2002, 49（1）：96-106.

[21] SONG R, SEPEHRIN. Fault detection and isolation in fluid power systems using a parametric estimation method [C]//IEEE CCECE 2002. Canadian Conference on Electrical and Computer Engineering. Conference Proceedings. IEEE, 2002, 1：144-149.

[22] DONG M, LI G Y, LIU C. Hydraulic component fault diagnosis research based on mathematical model [C]//Fifth World Congress on Intelligent Control and Automation. IEEE, 2004, 2：1803-1806.

[23] 周汝胜，焦宗夏，王少萍. 液压系统故障诊断技术的研究现状与发展趋势 [J]. 机械工程学报，2006，42（9）：6-14.

[24] 张梅军. 机械状态检测与故障诊断 [M]. 北京：国防工业出版社，2008.

[25] 官忠范，李笑，杨敢. 液压系统设计·调节失误实例分析 [M]. 北京：机械工业出版社，1995.

[26] 史纪定，嵇光国. 液压系统故障诊断与维修技术 [M]. 北京：机械工业出版社，1990.

[27] 湛从昌，李芳，付连东，等. 液压故障的模糊诊断原则与方法 [J]. 中国机械工程，2004，15（22）：1983-1986.

[28] 石红，王科俊，李国斌. 液压设备故障诊断技术的研究与发展 [J]. 中国机械工程，2001，12（11）：1323-1326.

[29] 吴今培，肖健华. 智能故障诊断与专家系统 [M]. 北京：科学出版社，1997.

[30] 刘鹏举. 油液污染及预防 [M]. 北京：机械工业出版社，1996.

[31] 王少萍. 工程可靠性 [M]. 北京：北京航空航天大学出版社，2000.

［32］ 于永利，朱小冬，郝建平，等．系统维修性建模理论与方法［M］．北京：国防工业出版社，2007.

［33］ 陆望龙．实用液压机械故障排除与修理大全［M］．长沙：湖南科学技术出版社，1995.

［34］ 黄志坚，袁周，等．液压设备故障诊断与监测实用技术［M］．北京：机械工业出版社，2005.

［35］ 西门子（中国）有限公司自动化驱动集团．深入浅出西门子 WinCC V6［M］．北京：北京航空航天大学出版社，2004.

［36］ F. A. 蒂尔曼，等．系统可靠性最优化［M］．北京：国防工业出版社，1988.

［37］ 赵静一，姚成玉．液压系统的可靠性研究进展［J］．液压气动与密封，2006（3）：50-52.

［38］ 赵静一，孔祥东，马保海，等．液压系统可靠性研究的现状与发展［J］．机械设计与制造，1999（1）：8-9.

［39］ 吴波，丁毓峰，黎明发．机械系统可靠性维修及决策模型［M］．北京：化学工业出版社，2007.

［40］ 湛从昌，蔡倩．液压元件及系统计算机辅助监测与故障诊断［J］．机床与液压，1997（6）：53-54.

［41］ 王文林，湛从昌．轴向柱塞泵的故障诊断技术研究［J］．武汉冶金科技大学学报，1997，20（3）：340-347.

［42］ 郭嫒，罗严，曾良才．GA-BP 神经网络在液压缸故障诊断仿真中的应用［J］．机械设计与制造，2022（11）：48-52，57.

［43］ 王云龙，侯远龙．故障树分析法在装载机液压系统故障诊断中的应用［J］．机床与液压，2013，41（13）：183-185.

［44］ 何勃，张文瀚，解海涛．基于卷积神经网络的飞机液压系统故障诊断［J］．测控技术，2023，42（5）：79-84.

［45］ 朱继洲．故障树原理和应用［M］．西安：西安交通大学出版社，1989.

［46］ GUO Y, ZENG Y C, FU L D, et al. Modeling and Experimental study for online measurement of hydraulic cylinder micro leakage based on convolutional neural network［J］. Sensors, 2019, 19（9）：2159.

［47］ 湛从昌，陈新元，郭嫒，等．液压可靠性设计基础与设计准则［M］．北京：冶金工业出版社，2018.